鄱阳湖水系四大家鱼资源及其与环境的关系研究

吴志强 等 著

科学出版社

北京

内 容 简 介

四大家鱼是我国重要的水产资源，长江和鄱阳湖是我国重要的四大家鱼产区，研究现阶段鄱阳湖水系四大家鱼资源及其与环境的关系具有重要的意义。本书是国家自然科学基金项目"鄱阳湖水系四大家鱼的资源现状及仔稚鱼洄游规律研究"等工作的积累和综合，全书包括 6 章，分别是：鄱阳湖水系及其渔业资源、鄱阳湖水系四大家鱼资源调查、鄱阳湖水系四大家鱼的形态度量特征、鄱阳湖水系四大家鱼的遗传多样性分析、四大家鱼仔幼鱼耳石特征与生长特性研究、四大家鱼幼鱼洄游及其与环境的关系研究。

本书可供水产养殖和科学研究单位人员以及大中专院校师生参考。

图书在版编目（CIP）数据

鄱阳湖水系四大家鱼资源及其与环境的关系研究/吴志强等著.—北京： 科学出版社， 2012

ISBN 978-7-03-032947-9

Ⅰ.① 鄱…　Ⅱ.① 吴…　Ⅲ.① 鄱阳湖—家鱼—鱼类资源—研究
Ⅳ.① S922.5

中国版本图书馆 CIP 数据核字（2011）第 252438 号

责任编辑：罗　静 / 责任校对：柏连海
责任印制：钱玉芬 / 封面设计：耕者设计工作室

科 学 出 版 社 出版
北京东黄城根北街 16 号
邮政编码：100717
http://www.sciencep.com

新科印刷有限公司 印刷
科学出版社发行　各地新华书店经销

*

2012 年 1 月第 一 版　开本：B5（720 × 1000）
2012 年 1 月第一次印刷　印张：17 1/2
字数：352 000
定价：75.00 元
（如有印装质量问题，我社负责调换）

前　言

　　鄱阳湖水系是一个独特的以五大河流为辐射、以鄱阳湖为中心的向心水系，由于现阶段渔业、污染、水利工程建设等原因，近十年来鄱阳湖及赣江等河流水位和环境发生了较大的变化，鄱阳湖区四大家鱼渔获量日渐减少，同时也给原存在于鄱阳湖水系的赣江等河流的四大家鱼产卵场带来了严重的威胁。产卵场的存在与否，亲鱼的资源量如何，仔稚鱼和幼鱼由长江及赣江等河流洄游进入鄱阳湖的时间和空间格局与水位、流量和流态等环境因素的关系，是值得人们关注和研究的问题。本书可为保护野生四大家鱼种质资源提供重要的参考依据，对鄱阳湖水系的渔业资源保护具有重要的意义。

　　青鱼、草鱼、鲢、鳙俗称四大家鱼，是我国重要的水产资源。长江和鄱阳湖是我国重要的四大家鱼产区，每年在长江中完成产卵和孵化的四大家鱼幼鱼通过湖口进入鄱阳湖，构成了鄱阳湖渔业资源的重要组成部分。此外，在鄱阳湖水系的赣江等五条河流中，也存在四大家鱼的种群。因此，研究现阶段鄱阳湖水系四大家鱼资源现状，探讨江湖洄游鱼类的洄游规律，研究和分析四大家鱼资源与环境的变化关系同样具有重要的意义。

　　本书是作者主持的国家自然科学基金项目"鄱阳湖水系四大家鱼的资源现状及仔稚鱼洄游规律研究（30760188）"和江西省自然科学基金项目"鄱阳湖湖口地区渔业资源和四大家鱼洄游规律研究"工作的积累和综合。有3位博士研究生和9位硕士研究生参加了本课题的研究，并完成了他们的博士和硕士学位论文，在学术期刊上发表标注上述项目课题资助的论文有18篇。

　　本书的编著者名单如下。

　　第1章鄱阳湖水系及其渔业资源：吴志强、胡茂林、张建铭、朱日财、花麒、陈彦良、刘彬彬、黄亮亮。第2章鄱阳湖水系四大家鱼资源调查：吴志强、张建铭、朱日财、花麒、陈彦良、刘彬彬、邹淑珍。第3章鄱阳湖水系四大家鱼的形态度量特征：吴志强、张希。第4章鄱阳湖水系四大家鱼的遗传多样性分析：吴志强、张建铭、朱日财、花麒、陈彦良、刘彬彬、邓梦颖、王尚洪。第5章四大家鱼仔幼鱼耳石特征与生长特性研究：吴志强、李建军、朱其广。第6章四大家鱼幼鱼洄游及其与环境的关系研究：吴志强、胡茂林、朱其广。

　　本书由吴志强主编，参与本书编排、制图和校对等工作的还有张建铭、朱其广、邓立华等同志，特此致谢。

　　本书的出版得到了"桂林理工大学广西环境工程与保护评价重点实验室"、"广西环境工程高校人才小高地创新团队建设项目"和"桂林理工大学博士学位授权立项建设单位建设经费"等的资助。

　　书中不足之处，敬请各位读者批评指正。

吴志强

桂林理工大学

2011 年 8 月 1 日

目　　录

第1章 鄱阳湖水系及其渔业资源

1.1 鄱阳湖水系简介

1.1.1 鄱阳湖概况

鄱阳湖是我国第一大淡水湖，位于江西省北部，长江中下游交界处南岸，界于东经 $115°49'\sim116°46'$、北纬 $28°24'\sim29°46'$。它纳江西境内的赣江、抚河、修河、饶河和信江五河来水，经湖口注入长江（图1.1）。整个鄱阳湖流域面积约16.2万 km^2，占江西省国土面积的 96% [1]。

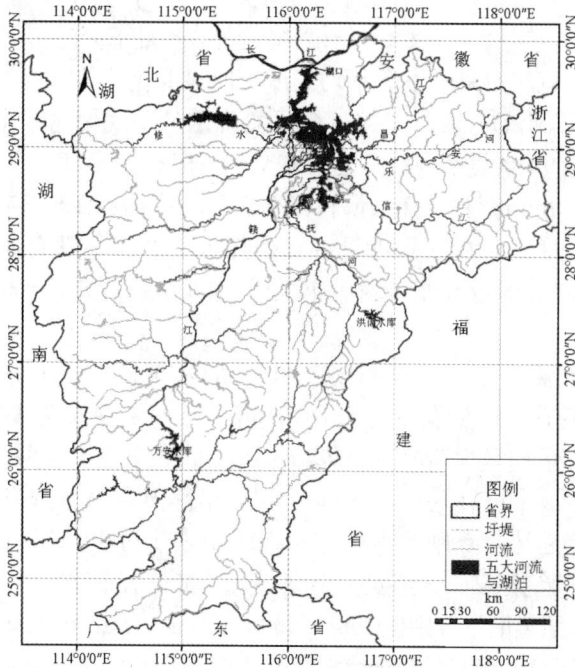

图 1.1 鄱阳湖水系

Fig. 1.1 The river system of Poyang Lake

1.1.1.1 鄱阳湖的自然环境

（1）地质地貌

鄱阳湖是横截山系而成，处在构造转折地带和差异运动最为显著的地区，它的产生与断裂和南北向构造线的活动密切相关。南昌—九江、都昌—鄱阳、三阳—砂帽山南麓，这三条继承性新构造断裂线约略控制着近代湖积平原发育的范围，使其与一只斜放的三角瓶近似。鄱阳湖整个湖盆的轮廓则由北东—西南向这组主要基底断裂控制。湖盆中孤山孤岛众多，或由震旦系和变质的板溪系、或由第三纪红层所组成，主要分布于东部[2]。

(2) 气候条件

① 气温：据 1961～2003 年气象部门的实测资料，鄱阳湖流域多年平均气温为17.53℃。自 1986 年开始，全流域的气温呈现上升趋势，1990 年进入显著性增温时期。20 世纪 90 年代平均温度比 1961～1990 年高出约 0.27℃，1991～2003 年的平均温度比 1961～1990 年高出约 0.42℃，而 1998 年增温幅度达到 40 年来的最大值。整个流域全年有 8 个月的月均温度具有上升趋势，其中 6 月、12 月的上升趋势较为显著，3 月、7 月、8 月、9 月有下降趋势，8 月下降趋势非常显著。就季节变化而言，鄱阳湖流域春夏秋三季平均温度无明显变化趋势[3,4]。

② 降水：鄱阳湖流域 1961～1989 年平均降水量呈现振荡状态，无明显上升或下降趋势，20 世纪 90 年代呈现明显上升趋势。1991～2003 年平均降水量比 1961～1990 年高出 167.19mm。夏季降水量和夏季暴雨频率均在 1992 年发生突变式的增加，而夏季暴雨强度以及夏季暴雨量占夏季降水量的比率没有显著变化。1991～2003 年的夏季平均暴雨量和平均降水量分别比 1961～1990 年高出约 107.81mm和 156.48mm[3,4]。

③ 蒸发：有文献[5]分析了鄱阳湖 1955～2004 年各月的水面蒸发量和蒸发水量，得出湖区多年平均年蒸发量为 1081.2mm，年蒸发水量为 27.06×10⁸m³。各月蒸发量和年蒸发量均呈逐渐减少趋势，年蒸发量平均每年减少 2.79mm；年蒸发水量平均每年减少 0.05×10⁸m³。1961～2000 年鄱阳湖流域蒸发皿蒸发量和参照蒸散量均呈现下降趋势，夏季尤为显著。1992 年之前的 30 年夏季参照蒸散量相对平稳，无明显变化趋势，1992 年发生突变，蒸散量显著下降。20 世纪 90 年代夏季蒸发皿蒸发量和参照蒸散量分别比 1961～1990 年减少 76mm 和 42mm。而秋季下降趋势明显，于 1981 年发生突变后趋于稳定；春季有较为稳定的下降趋势，并未检测到突变；冬季无显著的变化趋势[3,4]。

1.1.1.2 鄱阳湖的形态特征

鄱阳湖属构造湖，高水是湖，低水是河，汛期五河洪水入湖，湖水漫滩，湖面扩大，水流平缓；冬春季节，湖水落槽，湖滩显露，湖面变小，比降增大，水流湍急，与河道无异[6,7]。因此，洪、枯水期时，鄱阳湖湖面积、容积相差极大。按一般习惯，以湖口水文站的水位代表鄱阳湖水位。当湖口水文站水位处于记录到的历年最高值 21.69m（吴淞高程，下同）时（1983 年 7 月 13 日），直通长江的鄱阳湖湖水面积为 3210.22km²，对应的湖水容积为 252 亿 m³，居全国五大淡水湖之首。如加上已被人工围堵的湖汊在内，湖水总面积为 4646.64km²，对应的湖水总容积为 333 亿 m³。当湖口水文站水位处于历年最低值 5.90m 时（1963 年 2 月 6 日），鄱阳湖湖水面积只有 146km²，是最高水位时的 1/22，这时对应的湖水容积为 4.5 亿 m³，是最高水位时的 1/56。洪、枯水期所出现的这种湖水面积的大变幅，形成了鄱阳湖"高水湖相，低水河相"的湖盆特征，从而出现"洪水一片，枯水一线"的独特景观[8]。

鄱阳湖形似葫芦，以松门山为界，分为东（南）、西（北）两部分。东部宽阔，较浅，为主湖区；西部狭窄，较深，为入江水道区。鄱阳湖平均宽 16.9km，最宽处 70km，最窄处仅 3.0km；最大长度 173km。湖盆自东、西向中，由南向北倾斜，湖底高程一般由 12m 降至湖口约 1m。褚溪口、鞋山湖底高程为 -3～-1m，在蛤蟆石附近为最深，高程为 -7.5m。滩地面积约 938km²，有沙滩、泥滩、草洲三种类型，高程都在 12～18m。沙滩高程较低，草洲最高，主要分布在东、南、西部各河入湖三角洲扩散区。湖中岛屿有 25 处共 41 个，多数在中低水位时表现为滩丘，有石岛、土岛、土石岛和沙岛四种类型。面积共 103km²，最大的 41.6km²，最小的不足 0.01km²，岛屿率 3.5%。由于大量围垦，湖面积、容积急剧减小，致使湖区形态参数发生很大变化，高程 22m 的湖面积比 1954 年（以下湖泊形态参数的比较都以 1954 年为准）少了 1185km²，岛屿率因此增加了 1.0%，容积少了 74 亿 m³。岸线缩短、变直，现长度 1200km，比原来减少了 849km；形态变得较为规则，发展系数由 9.0 变为 6.3；湖盆形态系数由 85 变为 97；湖盆特征指数为 0.88。湖面缩小，流域面积未变，补给系数由 39 增至 55。多年平均入湖流量变化不大，而湖容积变小，调节系数由 14.0% 变为 10.9%。湖容积主要在高程 16m 以上时开始减少。因湖面平均水位在 16m 以下，所以换水周期减少不多，由 9.9d 减为 9.7d[6,7]。

1.1.1.3　鄱阳湖的水文特性

（1）水位

鄱阳湖属季节性、吞吐型湖泊，水位季节、年变化显著。尹宗贤等[6]指出鄱阳湖水位有以下特点。a. 受五河、长江洪水双重影响，高水位时间长。每年 4～6 月水位随五河洪水入湖而上涨，7～9 月因长江洪水顶托或倒灌而维持高水位，10 月后期才能稳定退水。b. 水位年过程线有单峰和双峰两种类型。单峰型水位过程是在五河洪水和长江洪水相遇，或五河洪水较长江洪水大时出现的，洪峰水位即是年最高水位；双峰型水位过程是在五河洪水与长江洪水不相遇的情况下出现的，第一个峰是五河洪水造成的，第二个峰是长江洪水倒灌入湖造成的。c. 年变幅大，历年最高、最低水位差 9.70～15.79m。d. 当长江中下游洪水位逐渐提高时，鄱阳湖高水位出现频率增大趋势明显。e. 湖口洪水位主要受长江控制，当五河洪水大，长江洪水小，湖口水位相对较低，反之亦然。f. 鄱阳湖涨水面水位主要受五河洪水控制，退水面水位主要受长江洪水控制。湖水涨水早迟和水位变化大小取决于五河洪水，退水早迟和快慢取决于长江洪水。g. 鄱阳湖低水位为河相，各处在同一时段水位相差很大，上游高于下游；高水位为湖相，水面常不平，一般可差 0.2m 左右，差值随水位降低而增加。

闵骞[9]根据都昌水文站 1953～1992 年水位资料，分析了鄱阳湖水位季节、年际和沿程变化特征，指出鄱阳湖多年平均水位为 12.62～16.55m。月平均水位 7 月最高，1 月最低，1～7 月逐渐上升，7 月至翌年 1 月逐渐下降。年最高水位一般出现在 5～9 月，大多数年出现在 7～8 月；年最低水位一般出现在 12 月至翌年 3 月，大多数年出现在 12 月至翌年 1 月。月平均水位年变化幅度 8 月最大，其次是 9 月、10 月；2 月最小，其次是 1 月、12 月。在水位相同的情况下，涨水段水位的年变化小于退水段。鄱阳湖水位的沿程变化与都昌水位变化刚好相反。当都昌水位在 18m 以上时，鄱阳湖水位落差很小（0.10m 以下）；当都昌水位在 12m 以下时，鄱阳湖水位落差较大（2.00m 以上）。特别是水位退至 9m 以下时，落差在 4m 以上。

(2) 风浪

鄱阳湖是江西省大风集中区域。每年 6～8 月为南风或偏南风，大风多发生在小暑前后。其他月份均为北风或偏北风。冬、春季寒潮入侵，必有偏北大风。最多的年份，星子湖区六级以上大风可达 86d，平均每年 45d。大风浪区主要有鞋山、老爷庙和瓢山三个湖区。老爷庙湖区处于沿湖山势、湖底转向和五河来水混合处，风大、浪高、流急，变化剧烈复杂，是最危险的大风浪区[10]。同时，尹宗贤等[10]还给出了鄱阳湖浪高与持续时间内风速、平均水深和吹程之间的关系方程以及鄱阳湖风浪爬高与坡面糙率、坡度和浪高之间的关系方程。此外，鄱阳湖大风还引起风壅水（增减水）现象，使湖面倾斜。北风引起北岸水位降低、南岸水位升高；南风则相反。增减水的变幅受水位高低、风速大小及持续时间长短控制[10]。

(3) 湖流

鄱阳湖湖流特点是枯水流速大，洪水流速小[10]。在湖面上分布总特征是湖的北部流速最大，南部次之，中部最小[11]。从表现形式上主要有吞吐流和风生流，因江湖关系导致吞吐流可分为重力型、倒灌型和顶托型三种基本形态。a. 重力型湖流为鄱阳湖湖流的主要形式，时间最长。湖流较规则地自上而下沿主槽方向流动，有时在主槽两侧产生旋流。主槽流速大，离主槽越远，流速越小。枯水期呈河相景观,比降增大,流速变快;汛期湖水漫滩,呈湖相景观,比降减小,流速变慢。b. 倒灌型湖流主要是受长江洪水影响所形成,多出现于五河洪水基本结束、长江水位上涨高于同时期湖水位时。一般发生在 7～10 月,少数年份的 6 月、11 月也会发生。倒灌程度主要由长江流量和湖水位高低而定,倒灌范围取决于倒灌流量大小,同时也与倒灌期长短、湖水位高低、内河水情有关。c. 顶托型湖流是由长江、五河同时涨水产生或者五大河流大汛基本结束,长江涨水所形成。是介于重力型与倒灌型湖流之间的过渡流态。顶托型湖流每年均有,出现时间之长仅次于重力型湖流,是鄱阳湖第二大湖流形态。出现顶托型湖流时,全湖流速变小,甚至大部分湖区流速为零。入江水道流速较其他湖区稍大,分布情况与重力型相似。

风生流是由于外力沿湖面作用时产生的摩擦力所引起的流动,这种外力主要是风。风生流大小取决于风力条件(风力、持续时间、吹程等)和湖域水深等因素。风不仅影响湖水面的平面运动,而且会造成湖水的垂直运动,产生上下环流。无论鄱阳湖属于哪种湖流类型,只要有风影响,都会同时存在风生流。风生流的影响程度,除与风生流自身强度有关外,还随各类湖流的大小而有所不同[12]。

(4) 泥沙

鄱阳湖泥沙主要来自五河。尹宗贤等[10]分析了 1956～1983 年资料,指出五河平均每年进湖泥沙量(悬移质,下同)1838.5 万 t,占全流域的 87.2%。五河中赣江最多(占 61.7%),信江 13.1%,修河 11.6%,抚河、饶河都小于 10%。湖区面积年平均来沙量为 270 万 t,占全流域的 12.8%。流域多年平均年进湖泥沙量 2108.5 万 t,最多年 3402.5 万 t,最少年 509.2 万 t。湖口多年平均年出湖泥沙量为 1040.6 万 t,最多年 2170 万 t,最少年 −372 万 t。进湖泥沙集中在五河大汛期(4～6 月),占年进湖泥沙的 68.8%。出湖泥沙集中在长江大汛前的 2～6 月,占年总量的 91.3%。7～9 月长江大汛期,江沙倒灌入湖,年平均倒灌 120.4 万 t,最多年接近 700 万 t,江沙倒灌主要发生在鄱阳湖流态为顶托型和倒灌型湖流期间。

湖区含沙量随水位高低变化。水位在 12m(星子水位,下同)时含沙量最大,平均为 100～180g/m³;12m 以下随水位升高而减小,至 20m 时接近于零;12m 以下随水位升高而增大。在湖面上,湖口水道区最大,依次向主湖、南部湖区、东北湖湾等湖区逐渐减少。倒灌期受长江较高含沙量影响,湖口水道区含沙量猛增,其他湖区递减现象特别明显。水位在 14～16m 时,褚溪口、南部湖区受赣江影响,含沙量大于其他湖区。在同一湖区,主航道含沙量大,离主航道越远,含沙量相对越小。在垂线各深度上,湖口水道具有河道的水流特性,含沙量从水面到湖底逐渐增大,都昌以上湖区含沙量在垂线上分布均匀,褚溪口湖区介于两者之间,仍属均匀型。在时程上,一个水文年度中有 3 或 4 个明显过程。约 3 月上旬,五河第一次洪水,湖区含沙量形成第一个大沙峰;4 月较大洪水夹带的泥沙也较多,湖区含沙量出现第二个峰；10 月淤泥入槽，造成第三个峰；江水倒灌期间，产生第四个峰[10]。

（5）水温

鄱阳湖年平均水温 18℃左右，历年最高水温由北向南为 34.0～38.2℃，平均为 32.6～35.0℃；历年最低水温 0℃，平均 0.4～2.0℃。平均年变幅 32.9℃。1 年内有升温和降温两个阶段，由 2～3 月增温至 7～8 月达最高点，以后逐渐降温，至翌年 1～2 月达最低点。个别年在局部湖区（如 1977 年 1 月在都昌、矶山一带）可产生薄冰封。日最高水温出现在 15～17 时，日最低水温出现在 6～8 时。湖中深水区表层水温平均日温差 1.7℃，底层 1.4℃；秋季高于其他季节，近岸区高于深水区。中高水位的水温分布，一般是南部高于北部，东部湖湾高于西部，沿岸高于湖心，冬季北部最低水温高于南部。由于鄱阳湖较浅，湖流、风的作用对水温影响大。水温在不同深度上的差异不大，一般在 1℃以内，晴天无风时可达 2℃左右。正温成层是主要分布形式，浅水区风浪较大时，同温成层分布形式也较多，冬季则有逆温成层现象[10]。

1.1.1.4 鄱阳湖的水质状况

（1）化学性质

鄱阳湖水的化学类型主要为重碳酸钾钠型和重碳酸钙盐型两种[13]。其污染物主要来自五河[13]。目前水质状况如下[13-18]：a. 河口各垂线全年 pH 为 6.5～8.0，年均值为 7.0～7.2；湖区各垂线 pH 为 6.4～8.2，年均值为 7.0～7.2。全湖除湖口附近出现过轻污染（Ⅱ类水）外，均为Ⅰ类水。b. 河口各垂线悬浮物（SS）含量为 0～398.6 mg/L；湖区各垂线 SS 含量为 0～993.6mg/L。一年中 3～5 月、11 月至翌年 2 月的含量较大，6～9 月较小。c. 一年中 1～3 月总硬度较大，4～7 月较小。河口各垂线总硬度为 7.17～51.8mg/L，湖区各垂线总硬度为 11.3～57.2mg/L。除蛤蟆石湖区出现过短时间Ⅱ类水外，其他湖区为Ⅰ类水。d. 溶解氧（dissolved oxygen，DO）年均值为 7.74mg/L，接近我国湖泊一级清洁水的标准。e. 湖中各垂线化学需氧量（chemical oxygen demend，COD）年均值为 0.9～4.9mg/L，达Ⅱ类水标准。f. 河口各垂线生化需氧量（biochemicol oxygen demand，BOD）含量为 0～7.3mg/L。g. 无论是河口还是湖区，三氮（氨氮、亚硝酸盐氮、硝酸盐氮）含量的变化均无明显规律。从年均值来看，各垂线均达Ⅰ类水标准。h. 一年中总磷（TP）含量以 6 月、10 月较大，4 月和 7～8 月较小。而总氮（TN）含量 8～9 月较大，1～4 月较小，均达良好水质。

（2）重金属污染

据文献记载[19~21]，20 世纪 90 年代，鄱阳湖水体和底泥已存在重金属污染，但仅限于局部范围。吕兰军[20,21]指出，虽然信江东支河口、乐安河口、鄱阳河口以及湖区的龙口、常蒎、湖口等区域铜、锌含量超过渔业用水标准，但鄱阳湖水体受到重金属污染尚较轻微；而河口、湖区沉积物中的铜、锌、铅等重金属含量均较高，是鄱阳湖相应背景值的几倍甚至几十倍。

1.1.2 赣江概况

赣江位于长江中下游南岸，是江西省内第一大河流，长江的第七大支流。赣江发源于江西省石城县洋地乡石寮崠（赣源崠），位于东经 116°22′，北纬25°77′。赣江是注入鄱阳湖的主支，其河口位置为江西省永修县吴城镇望江亭，位于东经116°01′，北纬 29°11′。赣江主河道全长 823km，以赣州、新干为界，赣江分为上游、中游和下游三段，其中上游长 312km，中游长 303km，下游 208km。流域面积 82 809km²，约占全省总面积的 50%[22,23]。

1.1.2.1 自然环境

（1）地质地貌

赣江流域呈现山地丘陵为主体的地貌格局，山地丘陵占流域面积的 64.7%（其中山地占 43.9%，丘陵占 20.8%），低丘（海拔 200m 以下）岗地占 31.5%，平原、水域等仅占 3.9%。赣江流域西部为罗霄山脉，构成赣江水系与湘江水系的分水岭，由一系列北东向山脉构成，自北向南依次有九岭山、武功山、万洋山、诸广山等，海拔多在 1000m 以上；南端地处南岭东段，主要山地有大庾岭和九连山，大致走向东西，构成赣江水系与珠江水系的分水岭；东端主要由若干东北方向山地构成，其南端为武夷山，系赣江水系与闽江水系的分水岭；北端为雪山，系赣江水系与抚河水系的分水岭；流域南部为花岗岩低山丘陵区，并在其间夹有若干规模较小的红岩丘陵盆地，中部为吉泰红岩丘陵盆地区，北部则为赣江下游，是一个以山地、丘陵为主体兼有低丘岗地和少量平原的地貌组合类型[24]。

（2）流域形态特征

赣州以上为赣江上游，贡水为主河道，习惯上称为东源，流域面积27 095km²，河长312km。上游河段，河道多弯曲，水浅流急，流经变质岩区，山岭峻峭。属山区性河流，多深涧溪流，落差较大，水力资源丰富。沿途注入主要支流有湘水、濂江、梅江、平江、桃江、章水等。

赣江自赣州市至新干县为中游，河段长 303km，东岸有孤江、乌江，西岸有遂川江、蜀水及禾水。干流水流一般较为平缓，河床中多为粗、细沙及红砾石岩，部分穿切山丘间的河段则多急流险滩。赣州至万安的 90km，因流经变质岩山区，河床深邃，水急滩险，以"十八险滩"著称，素为舟师所忌。自 1993 年万安县县城以南 2km 处建有万安大型水电站以来，险滩均被淹没，现已不复存在。出吉安后赣江穿流于低谷之间，江中偶有浅滩，其中有段河谷格外束狭，遂称"狭江"。

赣江自新干以下称为下游。新干至吴城干流长 208km，东岸无较大支流汇入，西岸有袁河、锦江汇入。江水流经辽阔的冲积平原，地势平坦，河面宽阔，两岸傍河筑有堤防[22]。

(3) 气候状况

赣江流域地处南岭以北，长江以南，属亚热带湿润季风气候区，气候温和，雨量丰沛，四季分明，光照充足，春雨、梅雨明显，夏秋间晴热干燥，冬季阴冷，但霜冻期较短。赣江流域南北地跨 4 个纬度，干流天然落差达 937m，导致南北气候出现差异，这些差异主要表现在以下几个方面：

① 气温：根据 1959～2004 年气象部门的统计，南北年平均气温相差 3℃左右，流域平均气温 16.3～19.5℃，以于都县的 19.7℃最高，南高北低；流域内相应≥10℃的积温，上游区＞6000℃，中游区＞5500℃，下游区＜5500℃，同样无霜期南部比北部长。但由于南北地势不同，南部山地多，北部低丘岗地多，南北年平均最低气温和最高气温均差别不大[24,25]。

② 降水：受地理位置、地形和气候条件的影响，流域内降水分布很不均匀，多少相差悬殊，其分布特点是：山区多于河谷盆地，形成以罗霄山脉南端为中心及以九岭山脉为中心的两个高值区；以吉泰盆地和赣州为中心的两个低值区。全流域 1956～2000 年平均降水量为 1400～2000mm。西部山区年降水量普遍在 1700mm 以上，河谷盆地均小于 1500mm。年平均降水量最大的站为处于九岭山脉的院前站，降水量达 2077mm，最小为处于赣州的长村站，降水量仅 1372mm。流域内年平均最大降水量与最小降水量比值为 1.54[26]。

③ 蒸发：受气候变化影响，赣江流域水面蒸发量的地域分布总的趋势是山区小于丘陵，丘陵小于盆地、平原。蒸发量以南昌为最大，其次为赣州，均大于 1200mm。以罗霄山脉井冈山为中心低值区，蒸发量普遍小于 800mm。流域最大站年蒸发量 1307mm，最小站年蒸发量 707mm，其比值为 1.85。蒸发量年内变化较大，夏季气温高，蒸发量大；冬季气温低，蒸发量小。全流域月最大蒸发量绝大多数出现在 7 月，其蒸发量占年蒸发量的 22%左右；月最小蒸发量出现在 1 月，其蒸发量占年蒸发量的 5.5%左右[26]。

1.1.3　抚河概况

抚河位于江西省东部，为江西省五大河流之一。抚河发源于广昌、石城、宁都三县交界处——灵华峰东侧的里木庄，位于东经 116°17′，北纬 26°31′，河口为进贤县三阳乡，位于东经 116°16′，北纬 28°37′。主河道长 348km，流域面积 16 493km²，约占全省总面积的 10%。流域内山地占 27%，丘陵占 63%，平原占 10%。流域形状呈菱形，南北宽，东西狭，地形东南高，西北低。流域内河系发达，抚河流域 10km² 以上河流有 382 条，其中 10～30km² 有 229 条，30～100km² 有 105 条，100～300km² 有 34 条，300～1000km² 有 8 条，1000～3000km² 有 4 条，3000～10 000km² 有 1 条，大于 10 000km² 河流有 1 条[22]。

1.1.3.1　自然环境

(1) 形态特征

抚河上游分为两大支流：盱江和黎滩河。主支盱江发源于武夷山麓广昌县境内的里木庄，流至南城以下万年桥，与从右岸而来的黎滩河相汇。盱江全长 150km，河宽 200～400m。盱江为抚河上游河段，属山区性河流，细沙河床，河宽 300m 左右，落差大，河道多弯曲。黎滩河全长 65km。在黎滩河下游，南城县洪门镇上游 2km 处，建有赣东最大的人工湖——洪门水库。上述两支交汇之后，始称抚河。自南城至抚州为抚河中游河段，属丘陵、平原河流，河道平坦宽浅，河宽 400～500m，有疏山、廖坊两处火成岩坝段，以下为逐步开展的平原或丘陵；抚州以下为下游，两岸为冲积台地，海拔高程一般在 50m 以下，河宽 400～800m，水流集中、平缓，田畴广阔。过柴埠口，抚河进入赣抚平原。至箭江口，抚河分为东、西两支：东支为主流，经梁家渡下泄，由青岚湖入鄱阳湖；西支分而为三，水系略显混乱，大部分经向塘、午阳回归主流，经整治后西支仅在大水年分洪，一般年份独流入湖[27-30]。

(2) 气象条件

① 气象特征：抚河流域属亚热带湿润季风气候区，降水量充沛，具有降水量集中、时空变化大、春季夏季常发生洪水的明显季风气候特征。抚河流域暴雨、洪水多发生于 4～9 月，3 月、10 月也会有较小量级的暴雨、洪水发生。

② 气温：抚河流域内多年平均气温为 17.3～18.3℃，极端最高气温 42.1℃（崇仁站 1971 年 7 月 31 日），极端最低气温－12.7℃（抚州站 1991 年 12 月 29 日），最热月一般出现在 7 月，最冷月一般出现在 1 月或 12 月。

③ 降水：抚河流域多年平均降水量约 1700mm，各地多年平均降水量在 1600～

2000mm，总趋势是由西南向东北渐增，上中游大于下游。降水量的年际及年内分配极不均匀，最大年降水量为 3100mm（1970 年云峰站），最小年降水量为903.4mm（1963 年刁水站），降水量主要集中在 3～6 月，约占全年的 60％，7～9 月降水量占全年的 19％，10 月至翌年 2 月，降水量较小。

④ 蒸发：在廖坊水利枢纽库区的南城站测试得到多年平均蒸发量 1564.3mm，最大年蒸发量 1893.2mm（1963 年），最小年蒸发量 1340mm（1954 年），最大月蒸发量 340.3mm（1971 年 7 月），最小月蒸发量 25.0mm（1957 年 2 月）。

1.1.3.2　水文特性

根据以往的监测记录可知，抚河流域降水量集中，暴雨、洪水多发生于 4～9 月。而且鉴于本次研究的采样时间，对 2008 年抚河流域 2～8 月的水文情况进行监测记录。

（1）水位

按抚河流域从上游而下的顺序，对沙子岭、南丰、廖家湾、李家渡等水文站所测得的水位数据进行监测记录。记录显示，抚河流域 2008 年 2～8 月沙子岭水文站测得平均水位为 120.65m，最高水位为 122.13m（7 月 3 日），最低水位为120.38m（5 月 15 日）；南丰平均水位为 74.61m，最高水位为 77.15m（7 月 3 日），最低水位为 74.09m（5 月 16 日）；南城平均水位为 64.03m，最高水位为65.54m（7 月 3 日），最低水位为 63.46m（5 月 16 日）；廖家湾平均水位为35.95m，最高水位为 37.51m（7 月 3 日），最低水位为 34.86mm（2 月 19 日）；李家渡平均水位为 24.38m，最高水位为 27.69m（7 月 4 日），最低水位为 22.35m（7 月 24 日）；温家圳平均水位为 19.90m，最高水位为 23.56m（7 月 4 日），最低水位为 16.02m（6 月 10 日）。抚河流域 2～8 月最高水位均出现于 7 月 3～4 日。

（2）流量

按抚河流域从上游而下的顺序，对沙子岭、南丰、南城、廖家湾、李家渡、温家圳等水文站所测得的水位数据进行监测记录。记录显示，抚河流域 2008 年2～8 月沙子岭水文站测得平均流量为 22.47m³/s，最大流量 352 m³/s（7 月 3 日），最小流量为 3.44 m³/s（5 月 15 日）；南丰平均流量为 59.35 m³/s，最大流量为 694.00 m³/s（7 月 3 日），最小流量为 10.6 m³/s（5 月 16 日）；廖家湾平均流量为 260.44 m³/s，最大流量为 1060.00 m³/s（7 月 4 日），最小流量为37.00 m³/s（5 月 25 日）；李家渡平均流量为 280.21 m³/s，最大流量为2230.00m³/s（7 月 4 日），最小流量为 1.50m³/s（2 月 15 日）。抚河流域 2～8 月最大流量均出现于 7 月 3～4 日。

1.1.4　信江概况

1.1.4.1　自然特征及地理环境

信江位于江西省东北部,为鄱阳湖水系五大河流之一。发源于浙赣两省交界的怀玉山南的玉山,与武夷山北麓的丰溪水在上饶汇合后始称信江[22]。

信江发源于浙赣边界玉山县三清乡平家源,位于东经 $118°44'$,北纬 $28°59'$。由东向西流经上饶、铅山、弋阳、贵溪、鹰潭等市县,在余干县瑞洪镇章家村注入鄱阳湖,河口位置为东经 $116°23'$,北纬 $28°44'$。信江主河道全长 359km,流域面积 17 599km²。整个流域西濒鄱阳湖,北以怀玉山脉与饶河流域分界,南隔武夷山脉与福建接壤,东与浙江毗邻。主要支流有丰溪河、铅山河、白塔河。在余干的八字嘴附近分为两支:主支经瑞洪至康山注入鄱阳湖,全长 313km;北支余水河注入赣江。流域内耕地 26 万多公顷。信江上游沿岸一带以中低山为主,地形起伏较大。中游为信江盆地,地势由北、东、南三面边缘渐次向中间降低,并向西倾斜,其间有红色岩层组成的较低平山体、红层地貌发育;下游为鄱阳湖冲积平原。流域内山地面积占 40%、丘陵占 35%、平原占 25%。流域位于亚热带湿润季风气候区。

1.1.4.2　流域概况

信江流域多年平均降水量 1855mm。上游约 1800mm,在闽赣交界铅山河上游最大可达 2150mm,铅山南面武夷山一带为暴雨区,中游南部山区约 2000mm,下游约 1600mm。多年平均径流上游约 1100mm,武夷山主峰附近可达 1500mm。中游南部山区约 1400mm,下游约 800mm。上游怀玉山一带为江西省暴雨中心之一,年均降水量达 1810mm,4～6 月占全年降水量的 50%;7～9 月仅占 18%,故常出现上半年多雨易涝、下半年少雨易旱的情况。信江流域已建成各种灌溉设施共约 5.5 万座,控制水量 23 亿 m³,占信江年均水量 165.8 亿 m³ 的 13.9% 左右。有效灌溉面积已达 20.5 万 hm²,其中旱涝保收面积 13.5 万多公顷,分别占流域内耕地面积的 79% 和 52%。信江流域现有圩堤 425.7km,保护耕地 4.3 万 hm²。水能蕴藏量达 85.91 万 kW,现仅开发 5.27 万 kW。

1.1.4.3　河流分段

上饶以上为信江上游,长 115km,以中低山为主,地形起伏较大;上饶至鹰潭为中游,长 144km,为信江盆地,其边缘地势由北、东、南三面渐次向中间降低,并向西倾斜;鹰潭以下为下游,长 69km,属鄱阳湖平原,地势平坦开阔,流域内山地面积占 40%、丘陵占 35%、平原占 25%。信江流域属亚热带季风气候区，年降水量 1600～2100mm，主汛期为 4～6 月，此时期来水占全年总水量的 55％以上。

1.1.4.4 信江水利工程

（1）七一水库

七一水库水利枢纽位于信江上游的主要支流金沙溪中游的棠梨山，距玉山县城北 16km，坝址控制流域面积 324km²；库区多年平均降水量 1826mm，多年平均径流量 3.97 亿 m³，总库容 2.49 亿 m³，为年调节的大（二）型水库。

七一水库是一座以灌溉为主，结合发电、防洪、养殖、航运等综合利用的大型水利工程。水利枢纽按照三百年一遇洪水设计、千年一遇洪水校核，电站装机容量 1.037 万 kW，年发电量 2939.3 万 kW·h。枢纽主要建筑物由主坝、副坝、溢洪道、发电引水系统和厂房、灌溉洞、放空隧洞等组成。水库下游河道是按二十年一遇防洪标准设计的，安全泄量为 700m³/s，防护对象为玉山县双明镇、玉山县县城、上饶市市区等地及浙赣铁路、311 高速、320 国道，影响人口约 70 万，耕地面积 100 万亩[①]。

（2）七星水库

七星水库水利枢纽位于信江上游的丰溪河主支十五都港上游，地处广丰县境内七星村附近，距广丰县城 51km，控制流域面积 219km²；流域暴雨多为峰面气旋雨和台风雨，多年平均降水量为 1740mm，多年平均流量为 7.55m³/s，多年平均径流总量为 2.374 亿 m³，总库容量 0.9986 亿 m³，属年调节型水库。

七星水库是一座以发电为主，兼顾防洪、灌溉、水产综合利用的中型枢纽工程。水利枢纽按照百年一遇洪水设计、五百年一遇洪水校核；电站装机三台，总容量 9600kW，年均发电为 2384 万 kW·h。枢纽工程主要建筑物由拦河大坝、引水系统、发电厂房、升压开关站、放空导流洞等组成。水库下游河道安全泄量为 700m³/s，防护对象为广丰县及上饶市市区，条铺、军潭、黄家潭三座水利设施，80km 交通干线，影响人口 21.31 万，耕地 9.595 万亩。

（3）大坳水库

大坳水库水利枢纽位于信江一级支流石溪水中游，地处上饶县上泸镇境内，水库控制流域面积 390km²；多年平均降水量 1983mm，坝址多年平均径流量 5.67 亿 m³，总库容 2.757 亿 m³，为多年调节型水库。

---

① 1 亩≈666.7m²，后同。

大坳水库是具有防洪、灌溉、发电、供水、养殖等综合效益的大（二）型水利枢纽工程。水利枢纽按照百年一遇洪水设计，两千年一遇洪水校核，水库正常蓄水位 217m，电站装机 4 万 kW。枢纽工程主要建筑物由砼面板堆石大坝、岸边式溢洪道、闸室、放空洞、发电引水系统、厂区等组成。水库下游防洪标准为二十年一遇，下游河道安全泄量为 800m³/s，防护对象为 4 镇、1 乡，人口 11 万，耕地 7 万亩，无铁路和重要公路。

（4）信州水利枢纽

信州水利枢纽工程是一座以建设城市景观为主要任务的水利工程，水库在信江主河道、玉山水和丰溪河上形成总长度 17.4km，宽 400～500m，局部宽 800m 的主体水面景观；槠溪河回水可到罗桥，水面长度 6.5km，平均宽度约 60m；成为上饶市的主体景观。

信州水利枢纽工程坝址位于上饶市城区下游边缘，控制流域面积 5234km²。坝址处多年平均流量 188.9m³/s，正常蓄水位为 66m（黄海系统，以下同），相应库容 2718 万 m³，水面面积 743 万 m²，工程自 2005 年 11 月 12 日进入正常运行阶段，水位控制在 66m。水闸调度运用指标：信州水利枢纽闸坝工程设计的正常蓄水位 66m，正常蓄水位时水库面积为 743 万 m²，相应库容 2718m³。五十年一遇设计洪水位 68.91m，设计洪峰流量为 8844m³/s；五百年一遇校核洪水位 69.67m，校核洪峰流量 11 729m³/s。

（5）界牌航运枢纽

界牌航运枢纽为信江航运工程的第一个梯级枢纽，位于信江中游鹰潭市主城区下游 12.5km 的界牌童家附近，枢纽以航运为主，兼有发电等功能。由交通部门投资，以航运为主，保证信江界牌—贵溪枯水期通航水深。原设计是黄海高程 26m（中水位）以下，水量调节，发电养航，26m 以上则恢复天然河道。

界牌航运枢纽自 2002 年 8 月正常运行。其主要建筑物有：1000t 级船闸 1 座、装机 1 万 kW 发电机组 2 台、泄水闸 20 孔、溢流坝 132m，并有平板堤、副坝、公路桥等。由于信江航运建设工程下游的两个梯级还未建成，信江通航标准目前未得到提高，为确保原有通航标准，界牌航运枢纽目前蓄水位 24m。界牌航运枢纽挡水建筑物属低坝型，正常运行时对洪水的调节没有错峰、削峰的效果。

1.1.5　修河概况

1.1.5.1　地形地貌

修河，又名修水，为江西省五大河流之一，属鄱阳湖水系，位于江西省西北部，发源于铜鼓县高桥乡叶家山，源头位于东经 114°14′，北纬 28°31′。源河为金沙河[22]，东流至修水县城前，先后有东津、铜鼓两条河流汇入，水量大增；修水以下过武宁至永修，两岸陆续有小支流注入，至永修县城有潦河汇入，再行 30km 到达进入鄱阳湖河口——永修县吴城镇望江亭，此处位置为东经 116°01′，北纬 29°12′。修河主河道长 419km，流域面积 14 797km²，占全省总面积的 8.9%。总体观之，修河流域呈东西宽、南北狭窄的长方形，西北高，东南低。地势海拔为 10～1200m，山地占 47%，丘陵占 37%，平原占 16%。修河流域河系发达，流域面积大于 10km² 的河流 305 条，其中 10～30km² 的河流 172 条、30～100km² 的河流 96 条、100～300km² 的河流 24 条、300～1000km² 的河流 9 条、1000～3000km² 的河流 2 条、3000～10 000km² 的河流 1 条、大于 10 000km² 的河流 1 条。

自抱子石以上为上游山区，河道平均坡降为 1.05‰，群峰夹岸，水流湍急，河面宽 50～100m；抱子石至柘林为中游丘陵区，三都、武宁两大盆地位于此段，河道平均坡降为 0.42‰，水面逐渐拓宽，由 150m 扩至 300～400m；柘林以下为下游，河道渐入冲积平原，水势平缓，坦坦荡荡，平均坡降仅为 0.12‰。

1.1.5.2 气候与监测

修河流域气候较佳。它属亚洲东南季风区，平均气温 17℃，无霜期 260～280d，雨量丰沛。修河流域水文站网布设完善，有虬津、万家埠等 16 个水文站，141 处配套雨量站，13 处水质监测站。观测项目包括雨量、蒸发量、水位、流量、含沙量、水质等。修河流域多年平均降水量 1663mm，由西南向东递减。暴雨中心在支流潦河上游，可达 2000mm 及以上，最大值 2023mm。多年平均水面蒸发量为 800～1100mm，由山区向下平原逐渐增大。多年平均径流深与降水相似，由下游约 500mm 向潦河上游及修河南边与锦江的分水界增大到约 1200mm。修河洪水由暴雨形成，每年 4～6 月为雨季，暴雨集中。修河万家埠水文站多年平均流量为 112m³/s，实测最大流量为 5600m³/s（1977 年 6 月 15 日），最小流量为 2.12 m³/s（1963 年 4 月 12 日），修河虬津水文站多年平均流量为 317m³/s，实测最大流量为 3420m³/s（1998 年 8 月 1 日），最小流量为 0m³/s（2005 年 6 月 11 日）。

1.1.5.3 水利设施

1992 年江西省水利规划设计院编制了《江西省修河流域规划报告》，在该规划报告中，修河干流梯级开发方案共分 10 级，即坑口—东津—黄溪＋引水渠—港口（扩建）＋引水渠—郭家滩（扩建）＋引水渠—抱子石＋通航渠—三都—下坊—柘林—虬津。各级电站基本情况见表 1.1[31,32]。

表 1.1 修河梯级水库电站规划

Tab. 1.1 Step reservoir Station planning table in Xiu River

梯级水库 名称	工程地址	控制流域 面积/km²	正常蓄 水位/m	总库容 /10⁴m³	最大 坝高/m	装机容量 /10⁴kW	备注
1 坑口	修水县复源乡坑口村	820	220	2 990	37.1	2.0	已建
2 东津	修水县程坊乡	1 080	190	79 500	8.5	6.4	已建
3 黄溪	修水县马坳镇黄溪村	1 100	121		11.5	2.56	规划
4 港口	修水县马坳镇	1 121	113		5.0		规划
5 郭家滩	修水县杭口镇高段村	2 581	103	2 620	8.0	1.0	已建
6 抱子石	修水县四都镇	5 343	95	4 810	24.5	4.0	已建
7 三都	修水县三都镇	5 556	77.5		20.2	1.0	筹建中
8 下坊	武宁县澧溪镇	6 501	73		23.5	3.6	通过初设
9 柘林	永修县柘林镇	9 340	65	792 000	63.5	42.0	已建
10 虬津	永修县虬津镇	9 914	19.5		20.4	1.25	通过可研

东津水库位于修河上游。坝址在修水县程坊乡，于 1969 年 9 月动工，1995 年 5 月竣工。水库集水面积 1080km²，多年平均径流量 9.49×10⁸m³，库容 7.95×10⁸m³，是一座以发电为主，兼顾灌溉、养殖的大型年调节水库。多年平均发电量 1.164×10⁸kW·h。

郭家滩水电站改建工程位于江西省西北部修水县境内，修河干流上游，坝址以上控制流域面积 2581km²，坝址多年平均径流量 23.2×10⁸m³，总库容 2620×10⁴m³，为日调节型水库。工程主要任务为发电，多年平均发电量 4.043×10⁸kW·h。工程静态总投资 5476.44 万元，工程总投资 5923.09 万元，工程总工期 18 个月。2003 年 9 月 1 日，郭家滩水电站改建前期工程开工，一期围堰下河。2003 年 10 月 16 日，主体工程开工，工程于 2005 年 8 月底竣工。

抱子石水电站为修河干流开发 10 个梯级中的第 6 个梯级，位于修水县四都镇境内，距修水县城下游约 14.5km，坝址控制流域面积为 5343km²，水库校核水位 94.12m，总库容 4810×10⁴m³。工程开发的主要任务为发电，多年平均发电量 1.2775×10⁸kW·h，为日调节性能的中型水电站。该工程于 2001 年 12 月 7 日开工，2005 年 1 月 30 日建成投产。

柘林水库位于修河干流中游河道，坝址在九江市永修县，于 1958 年动工，1985 年 12 月 31 日竣工。水库集水面积 9340km²，多年平均径流量为 80.6×10⁸m³，是一座以防洪为主，兼顾发电、灌溉、航运、养殖等综合效益的大型水利水电工程。水库总库容为 79.2×10⁸m³，其电厂安有水轮发电机 4 台，单机容量 4.5×10⁴kW，总装机 18×10⁴kW，是江西省电网中调峰、调频和事故备用的骨干电厂，多年平均发电量 6.3×10⁸kW·h，柘林电厂是湖北省、江西省联网唯一接口的枢纽，两条 220kV 输电线将湖北与柘林、柘林与南昌连接起来，实现了江西与华中电网的并网运行。通过水库调节，柘林水库为下游承担防洪任务，保护农田 14 667hm²，保护京九铁路、昌九高速公路以及永修县城；在干旱季节，补偿灌溉农田 23 333hm²。

1.1.6 饶河概况

饶河是乐安河与昌江在波阳县境姚公渡汇合后的总称。主河长 299km，流域面积为 15 428km²，在江西境内的流域面积为 13 247km²，位于江西省东北部。流域内河长 30km 以上的干、支流有 28 条，集水面积 10km² 以上的河流 290 余条。饶河姚公渡至入湖口龙口河长 34km，以乐安河为主河，全长 313km。

1.1.6.1 乐安河

乐安河石镇街以上集水面积 8367km²，主河长 279km。乐安河发源于皖赣边界玉龙山西侧婺源县境半岭村，流经婺源、德兴、乐平、万年等县市，在鄱阳县姚公渡与昌江汇合，沿途接纳 30km 以上支流 18 条，至乐平市市区进入平原地区，河宽增至 200m，石镇街以下增至 500m。

1.1.6.2 昌江

昌江渡峰坑以上集水面积 5013km²，主河全长 253km，江西境内河长 168km。昌江发源于安徽省祁门县境大山间，经过倒湖进入江西省境内，始称昌江（又称鄱江），流经浮梁县、景德镇市在姚公渡与乐安河会合，沿途接纳 30km 以上支流8 条。

1.2 鄱阳湖水系渔业资源

1.2.1 鄱阳湖的渔业状况

1.2.1.1 鱼类区系

据报道[33-37]，江西有鱼类 220 种（附表）[38]。鄱阳湖累计记录鱼类 136 种[37]（附表），隶属25科78属。其中鲤科最多，有 71 种，占鄱阳湖鱼类总种数的 52.2%；其次是鲿科，12 种，占 8.8%；鳅科 9 种，占 5.9%；银鱼科和鮨科分别有 5 种，各占 3.7%；其他各科均在 4 种以下。在 1980 年前，鄱阳湖已记录鱼类 117 种；1982～1990 年，记录鱼类 103 种；1997～2000 年，记录鱼类 101 种。

　　按鱼类的栖息习性，鄱阳湖鱼类可以分为定居性、半洄游性、洄游性和山溪性四个生态类群[33]。大多数种类属湖泊定居性鱼类，它们的繁殖、生长、发育过程都在鄱阳湖中进行，如鲤、鲫、红鳍原鲌、黄颡鱼、鲇、乌鳢等，这些鱼类是鄱阳湖渔业的重要基础。青鱼、草鱼、鲢、鳙、鳡、鯮、鳤、赤眼鳟等属半洄游性鱼类，它们在湖中生长发育，但必须到江河流水中繁殖，进行江湖之间的洄游活动，其中青鱼、草鱼、鲢、鳙是我国淡水养殖的主要对象，在鄱阳湖渔业中有着重要地位。鲥、鲚和鳗鲡是海淡水洄游性鱼类，前两种具有溯河洄游习性，它们在海水中生长和发育，性成熟后必须到淡水中繁殖产卵；后一种恰好与前两者相反，属降河洄游类型，性成熟后必须到海水中繁殖产卵，幼鱼溯河到湖泊中生长、发育。还有一类属山溪性鱼类，如中华纹胸鮡、胡子鲇和月鳢等，它们原本生活在鄱阳湖水系上游的溪流中，后随流水入湖，经过长期适应而生存下来。

1.2.1.2　渔具渔法

　　鄱阳湖水面大，生境复杂，既有流水也有静水，既有浅水洲滩也有深水沟潭，适合不同生态习性的鱼类栖息和繁衍。在鄱阳湖为了捕捞不同生境的鱼类，相应的渔具渔法也非常多。主要渔具渔法有网簖、电捕鱼、虾毫、刺网、卡子、饵钓、虾托等（表 1.2）[37]。

表 1.2　鄱阳湖的渔具和渔法

Tab. 1.2 Fishing and fishing tools used in Poyang Lake

类别	渔具名称	类别	渔具名称
刺网类	浮刺网	钩卡类	饵钓
	沉刺网		毛钓
	拖刺网		卡钓
围网类	稀围网（大网）		挂钩
拖网类	银鱼拖网		拖钩
	毛鱼拖网		甩钩
	虾拖网		滚钩
张网类	手罾	投刺类	鱼叉
	桩张网		灯叉
	锚张网		镖
	套张网		泥鳅针叉
敷网类	扳罾（大罾）	窝渔类	把场（打把）
	障网		迷魂阵
掩网类	撒网	笼壕类	花篮
	麻罩		鳜鱼篓子
操网类	虾托		鳝鱼篓子
	虾撮		裤络（裤形篓子）
	舀子		组络（流水篓子）
	夹杆子		虾毫（虾笼、虾篓子）

续表

类别	渔具名称	类别	渔具名称
	赶罾	禽兽类	鸬鹚
抓耙类	抓耙（耙子）	其他	电捕鱼

由于坚固耐用的合成材料广泛使用，在 20 世纪 50 年代经常可见的竹箔渔法已被网簖所取代。目前网簖在鄱阳湖是最常见和数量最多的渔具。根据网目大小可将网簖分为密眼和稀眼两类。前者网目直径为 5～10mm，主要在沿岸带作业；后者网目直径一般为 15～30 mm，通常安置在较深的水域。因受长江水位影响，鄱阳湖水位落差大，季节性明显，5 月水位上涨，9 月开始下降，所以，网簖捕捞旺季在春、夏、秋鱼类繁育和生长季节。秋末至翌年春初，由于水位下降，原先能插网簖的许多水域先后变成了无水的洲滩，再加上水温低，鱼类活动减少，网簖鱼产量往往很低。

除了网簖外，在秋末至翌年仲春，电捕也是鄱阳湖常见的一种渔捞方式。设备通常安装在带船尾发动机的木船上，俗称"电捕船"。一条电捕船一般以一台 12～20 马力①的 195 型柴油机为动力，带一台具整流装置的发电机。电捕船可独立操作，也可与围网等配合，以便提高功效。电捕鱼始于 20 世纪 70 年代，进入 20 世纪 80 年代后，鉴于其对鱼类资源造成较大损害，被明确列为禁止使用的有害渔具。但随着小型柴油机和发电机的普及，加之该渔法简便易行且效率高，仍被非法使用，禁而不止。

此外，由于湖面广阔，流水作业生境多，拖网、围网类渔具经常可见，各种形式的张网也常使用。在秋冬退水期间，各类操网也广泛应用于湖滩草洲中。

1.2.1.3　鱼产量估算

鄱阳湖跨界 11 个县市，作业渔船多且分散，渔货自产自销，要想较准确地统计全湖鱼产量，很不容易。为了对该湖鱼产量有个粗略的估算，根据湖区 11 个县市的渔业统计资料，将各县市天然水域的鱼类捕捞量之和视为鄱阳湖鱼产量[34]。如果鄱阳湖面积以 252 000hm² 计，则可算出每年的单位面积产量。自 1950 年以来的各个时期的年均鱼产量：在 20 世纪 60 年代以前，年均鱼产量大约是 88kg/hm²；在 70 年代，产量明显下降，约为 62kg/hm²；随后鱼产量逐步上升，至 90 年代，高达 198kg/hm²。如果鄱阳湖面积的统计不包括其周围现已分隔开来的众多中小型湖泊，那么，1980 年以后的鱼产量估算可能有所偏高，因为各县市统计的天然捕捞量可能包括了境内其他湖泊的天然捕捞量[37]。

在鄱阳湖，除了鱼类外，虾类也是重要的渔捞对象。据鄱阳县渔民介绍，每年

① 1 马力=735.498 75W，后同。

秋季退水期间是捕捞虾的旺季，鄱阳湖湖滩草洲中的虾类资源特别丰富，亩产一般为 5～10kg。据对鄱阳县双港镇 10 条捕虾船的调查，1997 年每条虾船产量为 2000～3000kg，小杂鱼为 400～500kg，每船产值在 8000 元左右。单是该镇的杨家村，捕虾船就有 200 条，整个鄱阳县在鄱阳湖作业的虾船约 500 条，按每船产 2000kg 虾计算，仅鄱阳县渔民每年在鄱阳湖捕虾就约 1000t。由此可见，虾类在鄱阳湖渔业中有着重要地位[37]。

1.2.2　赣江的渔业状况

1.2.2.1　渔业概况

据文献初步统计[39]，赣江流域有渔业队 250 多个，渔业人口 22 600 多，占全省渔业人口的 27%。大小船只 4000 多条，占全省船只总数的 28%。捕捞工具主要有三层刺网、丝网、撒网、浮网、大围网、捞子网和滚钩等 20 余种。捕捞对象主要有青鱼、草鱼、鲤、鳜、鳊、鲂、翘嘴红鲌、蒙古红鲌、鳡、乌鳢及黄颡鱼等，占总产量的 70%～85%。其次是鲥鱼、赤眼鳟、银飘鱼以及鲸等，亦有一定比例。赣江鱼产量在 20 世纪 50 年代为 3500 多吨，到了 80 年代下降到 2200 多吨。以峡江县的鲥鱼产量来看，其下降幅度比较大，从 1982 年开始，年平均下降 46.2%（表 1.3）。

表 1.3 1973～1986 年峡江县鲥鱼产量
Tab. 1.3 Production of Tenualosa reevesii from 1973 to 1986

年份	1973	1974	1975	1979	1980	1981	1982	1983	1984	1985	1986
年产量/kg	7769	1232	6640	3384	4340	8280	4600	4200	1000	500	248

据文献记载[35,39]，赣江重要鱼类产卵场的分布如下：万安以上有赣州储潭、望前滩、良口滩及万安四处，万安以下有百嘉下、泰和、沿溪渡、吉水、小港、峡江、新干及三湖八处，且都是青鱼、草鱼、鲢、鳙等鱼类的产卵场，12 处产卵场又以沿溪渡、吉水、小港及峡江为主，占产卵量的 3/4。鲥鱼的产卵场集中在峡江至新干一带，该江段水深 3～4m，深潭可达 10m，河床为砂石底质。

1.2.2.2　鱼类区系

据文献记载[39]，赣江鱼类计 118 种和 5 个亚种，隶属 11 目 22 科 74 属。其中以鲤科为主，占赣江鱼类总数的 58.5%；其次为鲿科 9.3%，鳅科 5.9%，鮨科 5.1%，鳀科、银鱼科、鲇科、塘鳢科、虾虎鱼科、斗鱼科和鳢科等各占 1.7%；其余 11 科共占 9.3%。

赣江鲤科鱼类中，以鉤亚科和鲌亚科最多，各占鲤科种类的 23.2%，其次是雅罗鱼亚科和鳊鲅亚科，各占 14.4%，鲃亚科占 8.7%，鮈亚科占 7.3%，鲤亚科、鳅鲅亚科和鲢亚科各占 2.9%。其中很多是我国江河平原区的特产鱼类。如青鱼、草鱼、鲢、鳙、鳡、鳊、鲂、红鳍鲌、翘嘴红鲌、银鲴、黄尾鲴、细鳞斜颌鲴及银飘鱼等。它们在各个水域中已成为渔业的重要对象。

从主要生活水域和洄游习性来看，赣江鱼类大致可分 4 个类型[40]：a. 海淡水洄游性鱼类，如中华鲟、白鲟、鲥鱼、长颌鲚、弓斑园鲀、舌鳎、鳗鲡等；b. 江湖半洄游性鱼类，如青鱼、草鱼、鲢、鳙、鳡、鳡、鲴；c. 湖泊定居性鱼类，如鲤、鲫、鲂、乌鳢、鳊、鲇、鳜、黄颡鱼；d. 山溪定居鱼类，如异华鲮、胡子鲇、月鳢、鳗、中华纹胸鳉、平舟原缨口鳅、东坡长汀拟吸腹鳅。

1.2.3　抚河的渔业状况

1.2.3.1　鱼类区系

根据文献记载[41~43]，抚河流域累计记录鱼类 132 种，分属 9 目 20 科，分别是鲱形目的鲱科、银鱼科；鲤形目的鲤科、鳅科、腹吸鳅科、鲇科、鲍科、鲅科、鲱科、胡子鲇科；鲟形目的鲟科；颌针鱼目的颌针鱼科；合鳃目的合鳃科；鳗鲡目的鳗鲡科；鳢形目的鳢科；鲈形目的鲭科、攀鲈科、塘鳢科、鰕虎鱼科；刺鳅目的刺鳅科。

抚河流域以鲤科鱼类占主要地位，共有 78 种，占鱼类总种数的 59.10%；其次是鲍科，15 种，占 11.36%；鳅科 6 种，占 4.55%；鲭科 5 种，占 3.79%；其他各科均在 4 种以下。在 1985 年，抚河流域记录鱼类 84 种；1996 年，记录鱼类125 种。

按鱼类的栖息习性，抚河流域鱼类可以分为定居性、半洄游性、洄游性和山溪性四个生态类群。大多数种类属于定居性鱼类，它们的繁殖、生长、发育过程都定居于某一处进行，如鲤、鲫、鲌、黄颡鱼、鲇、乌鳢等。半洄游性鱼类数量较少，如青鱼、草鱼、鲢、鳙、赤眼鳟等，它们在湖中生长发育，但必须到江河流水中繁殖，进行江湖之间的洄游活动，青鱼、草鱼、鲢、鳙是我国重要的淡水养殖鱼类，合称四大家鱼，是本次研究的重点研究对象，在抚河流域中草鱼数量较多，鲢、鳙次之，青鱼数量稀少。鳗鲡是海淡水洄游性鱼类，属于降河洄游类型，性成熟后必须到海水中繁殖产卵，幼鱼溯河洄游到湖泊中生长、发育。最后一类是山溪性鱼类，如胡子鲇、月鳢等，它们原本生活在溪流中，后随水流入河流湖泊，适应后生存下来。

1.2.3.2　渔具渔法

抚州市附近现仅存两个渔村，一个是金溪县汪家村，一个是上顿渡镇下黄村。两个渔村共有渔船 40 余条（专业渔船 10 余条，非专业渔船 30 余条），每条专业渔船年产值 3 万~4 万元，非专业渔船年产值 1 万~2 万元。网具主要有丝网、流网、刺网、三层网、滚钩、虾笼，渔业方式以电渔为主，即用电捕鱼，通过升压装置把电瓶的电压升高后，把电极放入水中，让鱼类及水生生物触电昏死浮出水面，再用网捞取。电渔对各种水生生物伤害极大，而且极大地影响鱼类的繁殖。

1.2.4　信江的渔业状况

信江有丰富的水生资源，资料显示[44]，鱼类有 112 种，分属于 11 目 22 科。虾类 2 科 7 种，蟹类 2 科 4 种，蚌类 3 科 17 属 51 种，螺类 6 科 16 属 27 种，两栖动物 25 种。在鱼类中，鲤科鱼类 88 种，占主导地位。除常见的青鱼、草鱼、鲢、鳙、鳡、鳤、鲴鱼等之外，较为有名的地方名贵经济鱼类有刺鲃（军鱼、上军鱼等）、花鳎等。

据郭治之等[45]调查，信江余江段共有鱼类 112 种，分别隶属 11 目 22 科 70 属；主要捕捞对象为草鱼、鳊、鲂、鲌、银鲴、圆吻鲴、鲤、鳜及鲶科的一些种类；产量以鳊、鲂、鳜居首位，其次为鳤、鲌，银鲴和黄尾密鲴第三，第四是鲤科鱼类。从主要渔获物来看，此次调查结果与过去相比存在明显变化。尽管都是以鲤科鱼类为主，但在过去产量居首位的鳜，以及较常见的鳤、鲌等，在数量上均有明显的减少；取而代之的是鳊、鲴和鲤、鲫。鳊和鲴在数量上明显高出其他种类。在此次调查中还发现，四大家鱼资源明显减少，虽然在体重上所占比例高达 18.09%，但是数量在整个渔获物中所占比例只有 1.95%。

1.2.5　修河的渔业状况

1.2.5.1　生态类型

按鱼类的生活习性，修河鱼类可以分为定居性、半洄游性和山溪性三大生态类群。大多数鱼类属于定居性鱼类，它们的生长、发育、繁殖都在江河中进行，如鲤、鲫、黄颡鱼等，这几种是修河渔业的重要组成部分。除此以外还在采样点发现了大量的短颌鲚，短颌鲚是鄱阳湖重要的经济鱼类，产量很大，近年来在修河发现的短颌鲚可能为鄱阳湖短颌鲚上溯到修河的群体。青鱼、草鱼、鲢、鳙四大家鱼属于江河洄游性鱼类。山溪性鱼类有胡子鲇，它们本来生活在江河上游的溪流中，后流入江河。由于柘林水库的截留，下游水位较低，大型鱼类如青鱼、草鱼、鲢、鳙、鳤等产量越来越低。

1.2.5.2　渔具渔法

修河流域面积较大，自抱子石以上为上游山区，水流湍急，河面宽 50～100m；抱子石至柘林为中游丘陵区，水面逐渐拓宽，由 150m 扩至 300～400m，柘林水库水位较深，鱼类资源丰富；柘林以下为下游，河道渐入冲积平原，水势平缓，水位较低，所以修河渔民使用的渔具较多，调查中渔民使用的渔具主要有丝网、流刺网、三层网、拖网、滚钩、虾笼，渔业方式主要有迷魂阵、电捕鱼。

目前，在修河下游最常见和数量最多的渔具渔法是三层网和电捕。前者由三层网构成，中间一层网目较小，丝径也较细。外面两层网目大，丝径较粗。可在河流里形成几个网袋，鱼进去后就出不来。电捕是修河最常见的捕鱼方式。每年的 4 月 1 日至 6 月 30 日，整个修河实施禁渔，除库区（武宁大桥至柘林大坝）外，均不允许以任何方式捕鱼，但是在 4～6 月采样期间捕鱼并未停止[46-51]。

1.2.6 饶河的渔业状况

饶河有南北二支，北支称昌江河，南支称乐安河，南、北两支于鄱阳县姚公渡汇合后称鄱江，曲折西流，在鄱阳县莲湖附近注入鄱阳湖。饶河流域内地势平坦，两侧河湖交错，众水相连，鱼产富饶，水鸟成群，江面宽阔，水深丈余。

饶河及鄱阳湖渔业有著名的"春鲇、夏鲤、秋鳜、冬鳊"四季时鱼之分。春鲇：其为底层鱼类，喜荤食，常栖深水污泥之中。入秋则蛰伏泥淖。据《本草纲目》说，鲇有和脾养血之功，春食鲇鱼，不仅鲜美无比，更使人精力倍增。夏鲤：鲤为广食性鱼类。长期以来，鲤为吉祥的象征，"鲤鱼跳龙门"，使鲤在人们眼中有着升腾的隐喻，年节婚庆，红白喜事，都喜欢以鲤鱼入席。然而，鲤鱼味道唯有夏季真正鲜美。这种鱼仲春产卵，消耗较大。只有随着水温上升，食物增多，因为产卵而消瘦的鲤鱼，才会渐渐变得背圆体丰，肉脂明显增多，味道愈显鲜美。秋鳜：鳜在农历三四月产卵，是嗜荤鱼类，随着它的长大，食欲也逐日增大。冬鳊：鳊鱼的正名叫鲂。"鲂者，腹内有肪也。"此鱼为中水鱼群，农历四五月产卵，入秋后喜在河港深潭集群越冬。

鄱阳渔业还有著名的三鲜。银鱼：古称脍残鱼，又名白小。这种鱼小而剔透，洁白晶莹，纤柔圆嫩，浑体透明。虽然，银鱼并非鄱阳特有，但鄱阳银鱼名扬遐迩，独享盛名。之所以说鄱阳银鱼独特，主要是它品质上乘，体长 6cm 左右，农历九月出水，与其他银鱼品种"面条"和"锈花针"不同。鄱阳银鱼肉质细嫩，味道鲜美。鳗鲡：又称白鳝，简称鳗，洄游性鱼类。此鱼在秋季游入深海产卵，幼鱼变态后，进入淡水生长。形状如蛇，无鳞有舌，大者长数尺。肉嫩如豆腐，味美似河豚，为荤食属性鱼类。鲚：俗名凤尾、刨花鱼，是名贵的经济鱼类，食用历史悠久，知名度高，倍受美食家青睐。

鄱阳渔业还有一些独特的渔业产品。独特虫鱼：虫鱼学名鰕虎鱼，也称春鱼，端午节前后才有；体长 15～20mm，通体晶莹，散有黑点。虫鱼是世界上体长最小的鱼种，"小鱼一斤千头"。少刺黄颡：俗称黄牙头，青黄色，腹部淡黄，头大扁平，全身无鳞，胸鳍的后上方与腹鳍的前上方有硬棘，棘后缘有锯齿。黄颡鱼白天栖于江河湖水的底层，夜晚则浮在水面，食性较广。此鱼以肉质细嫩无软刺而著称。

鄱阳湖是淡水鱼的重要产地,渔具生产工艺先进,其中用铁丝制作的渔钩,至今仍是鄱阳县的独特产品。相传,这种手工技艺是在一百多年前从湖北大冶传入并继承下来的。驿前鱼钩一向以钢火适度,钩刃锋利,价格低廉著称。近年来,除生产捕捞天然鱼的渔钩之外,还研制出适合休闲垂钓的系列玩具渔钩,受到世界各国垂钓者的青睐。饶州渔卡,扬名国内。这种用毛竹桠削制成的渔具,品种众多,工艺精致,对保护鱼类资源和发展渔业生产有着不可低估的作用。相传,渔卡是姜太公发明的,直钩钓直鱼,说的就是渔卡。渔卡削成后,如同竹针,捕捞时弯成弓形,套上芦苇制成的筒筒,插上鱼饵,才能发挥它的作用。渔卡虽冠饶州,实际上却是鄱阳镇管驿前村的重要特产。

1.3　四大家鱼概述

1.3.1　分类地位及地理分布

青鱼(*Mylopharyngodon piceus*)属鲤形目、鲤科、雅罗鱼亚科、青鱼属。俗称螺蛳青、乌青、青鲩。分布范围广,除青藏高原外,从黑龙江到珠江、元江的中国东中部地区均有分布。

草鱼(*Ctenopharyngodon idellus*)属鲤形目、鲤科、雅罗鱼亚科、草鱼属。俗称草鲩、鲩、混子、草混等。分布范围广,除西藏和新疆外,从黑龙江至珠江、云南元江的中国东中部地区均有分布。

鲢(*Hypophthalmichthys molitrix*)属鲤形目、鲤科、鲢亚科、鲢属。俗称白鲢、鲢子。分布于我国东部地区各江河、湖泊、水库,自元江、珠江、长江、黄河至黑龙江均有分布。

鳙(*Aristichthys nobilis*)属鲤形目、鲤科、鲢亚科、鳙属。俗称花鲢、黑鲢、胖头鱼。广泛分布于全国各大水系。黄河以北各水体数量较少,东北和西北地区均为人工引种的养殖种类。

1.3.2　形态特征

青鱼体长,近圆筒形,腹部圆,无腹棱。头宽,稍扁。吻短,钝尖。口小,前位。上颌稍突出。无须。眼较小,中侧位。眼间隔宽凸。侧线完全,浅弧形下弯。体被圆鳞,侧线鳞39~46。背鳍无硬刺,具7或8分支鳍条,起点稍前于腹鳍起点,距吻端较距尾鳍基稍近。臀鳍无硬刺,具8分支鳍条,起点距腹鳍基较距尾鳍基稍近或相等。尾鳍浅分叉,上下叶末端钝。第四围眶骨稍大,与眶上骨相距较近,但不相接;第五围眶骨管状。鳃盖膜与颊部相连。鳃耙短小,稀疏。下咽齿1

行，臼齿状，磨面光滑。鳔大，2室（图1.2）。

图 1.2 青鱼
Fig. 1.2 black carp

草鱼体延长，前部亚圆筒形，后部侧扁，无腹棱。头中大，顶部较宽。吻短钝。口大，前位，下颌稍短。无须，中侧位。眼间隔宽圆。侧线完全，浅弧形下弯。体被圆鳞，侧线鳞36~48。背鳍无硬刺，具7分支鳍条，起点稍前于腹鳍起点。臀鳍无硬刺，具7或8分支鳍条，起点距尾鳍基较距腹鳍基为近。尾鳍浅分叉，上下叶末端钝。第四围眶骨稍大，与眶上骨相距较近，但不相接；第五围眶骨管状。鳃盖膜与颊部相连。鳃耙短小。下咽齿2行，主行齿侧扁，梳状。鳔大，2室（图1.3）。

图 1.3 草鱼
Fig. 1.3 grass carp

鲢体稍延长，侧扁，腹部窄，腹棱完全，存在于胸鳍基至肛门间，头颇大，头背部较宽。吻圆钝。口较宽，端位，斜裂。唇薄。无须。眼小，位于头侧中轴之下方，近吻端。眼间距宽。左、右鳃盖膜彼此相连，不连于颊部。鳃上器发达。体被细小圆鳞。侧线完全，广弧形下弯。背鳍短，无硬刺，具6或7不分支鳍条。臀鳍无硬刺，具11~14分支鳍条。鳃耙细密，互连为多孔膜质片。下咽齿1行。鳔2室。腹膜黑色（图1.4）。

图 1.4 鲢
Fig. 1.4 silver carp

　　鳙体延长，侧扁，稍厚，腹棱不完全，仅存在于腹鳍至肛门间。头很大。吻短钝。口大，端位，斜裂。唇薄。无须，眼较小，位于头侧中轴之下方，近吻端。眼间距宽。左、右鳃盖膜彼此相连，不连于颊部。鳃上器发达。体被细小圆鳞。侧线完全，广弧形下弯。背鳍短，无硬刺，具 7 或 8 分支鳍条。臀鳍无硬刺，具 10～13 分支鳍条。鳃耙细长而密集，互不相连。下咽齿 1 行。鳔 2 室。腹膜黑色[15]（图 1.5）。

35mm

图 1.5 鳙

Fig. 1.5 bighead carp

附表　江西鱼类名录

Additional tab fish species in Jiangxi Province

编号	鱼名（拉丁名）	分　布							
		鄱阳湖	赣江	抚河	信江	赣东北	赣西北	赣南	寻乌水
1	中华鲟 *Acipenser sinensis* Gray, 1835	+	+						
2	白鲟 *Psephurus gladius* (Martens, 1862)	+							
3	鲥 *Tenualosa reevesii* (Richardson, 1846)	+	+		+	+			
4	刀鲚 *Coilia nasus* Temminck & Schlegel, 1846	+	+	+	+	+			
5	太湖新银鱼 *Neosalanx tangkahkeii* (Wu 1931)	+		+	+				
6	乔氏新银鱼 *Neosalanx jordani* Wakiya & Takahashi, 1937	+							
7	寡齿新银鱼 *Neosalanx oligodontis* Chen, 1956b	+							
8	大银鱼 *Protosalanx chinensis* (Basilewsky, 1855)	+							
9	短吻间银鱼 *Hemisalanx brachyrostralis* (Fang, 1934) b	+		+	+				
10	鳗鲡 *Anguilla japonica* Temminck & Schlegel, 1846	+	+		+	+		+	
11	胭脂鱼 *Myxocyprinus asiaticus* (Bleeker, 1865)			+					
12	宽鳍鱲 *Zacco platypus* (Temminck & Schlegel, 1846)	+	+	+	+	+	+	+	
13	异鱲 *Parazacco spilurus* (Günther, 1868)							+	
14	马口鱼 *Opsariichthys bidens* Günther, 1873	+	+	+	+	+	+	+	+
15	尖头鳄 *Phoxinus oxycephalus* (Sauvage & Dabry de Thiersant, 1874)	+	+		+	+	+		
16	青鱼 *Mylopharyngodon piceus* (Richardson, 1846)	+	+	+	+	+	+	+	
17	草鱼 *Ctenopharyngodon idella* (Valenciennes 1844)	+	+	+	+	+	+	+	
18	赤眼鳟 *Squaliobarbus curriculus* (Richardson, 1846)	+	+	+	+	+	+	+	

编号	鱼名（拉丁名）	分布							
		鄱阳湖	赣江	抚河	信江	赣东北	赣西北	赣南	寻乌水
19	鳡 *Ochetobius elongatus* （Kner，1867）	+	+	+	+	+	+		
20	鯮 *Luciobrama macrocephalus* （Lacepède，1803）	+	+	+	+	+			
21	鳤 *Elopichthys bambusa* （Richardson，1845）	+	+	+	+	+			
22	银飘鱼 *Pseudolaubuca sinensis* Bleeker，1865	+	+	+	+	+		+	+
23	寡鳞飘鱼 *Pseudolaubuca engraulis* （Nichols，1925）	+							
24	伍氏华鳊 *Sinibrama wui* （Rendahl，1932）b					+	+		
25	大眼华鳊 *Sinibrama macrops* （Günther，1868）		+		+		+	+	+
26	似鲚 *Toxabramis swinhonis* Günther，1873	+	+	+	+	+	+		+
27	鲦 *Hemiculter leucisculus* （Basilewsky，1855）	+	+	+	+	+	+		+
28	贝氏鲦 *Hemiculter lucidus* （Dybowski 1872）	+	+	+	+				
29	张氏鲦 *Hemiculter tchangi* Fang，1942				+				
30	半鲦 *Hemiculterella sauvagei* Warpachowski，1887						+		
31	伍氏半鲦 *Hemiculterella wui* （Wang，1935）		+		+	+			
32	海南拟鲦 *Pseudohemiculter hainanensis* （Boulenger，1900）		+			+			+
33	南方拟鲦 *Pseudohemiculter dispar* （Peters，1881）		+			+		+	
34	红鳍原鲌 *Chanodichthys erythropterus* （Basilewsky，1855）	+	+	+	+	+			
35	达氏鲌 *Chanodichthys dabryi* （Bleeker，1871）	+	+	+	+	+			
36	尖头鲌 *Chanodichthys oxycephalus* （Bleeker，1871）	+							
37	翘嘴鲌 *Chanodichthys alburnus* Basilewsky，1855	+	+	+	+	+			
38	蒙古鲌 *Chanodichthys mongolicus* （Basilewsky，1855 ）	+	+	+	+	+	+		
39	拟尖头鲌 *Culter oxycephaloides* Kreyenberg & Pappenheim 1908	+			+				
40	鳊 *Parabramis pekinensis* （Basilewsky，411855）	+	+	+	+	+			
41	鲂 *Megalobrama skolkovii* Dybowski，1872	+							
42	三角鲂 *Megalobrama terminalis* （Richardson，1846）	+	+	+	+	+			
43	团头鲂 *Megalobrama amblycephala* Yih，1955	+	+	+	+				+
44	银鲴 *Xenocypris argentea* Günther，1868	+	+	+	+	+	+		
45	黄尾鲴 *Xenocypris davidi* Bleeker，1871	+	+	+	+	+	+		+
46	细鳞斜颌鲴 *Plagiognathops microlepis* （Bleeker 1871）	+	+	+	+	+			
47	圆吻鲴 *Distoechodon tumirostris* Peters，1881	+	+	+	+	+	+		
48	似鳊 *Pseudobrama simoni* （Bleeker，1865）	+	+	+	+	+			
49	鲢 *Hypophthalmichthys molitrix* （Valenciennes，1844）	+	+	+	+	+	+	+	+
50	鳙 *Hypophthalmichthys nobilis* （Richardson，1845）	+	+	+	+	+	+	+	+
51	长吻鲏 *Hemibarbus longirostris* （Regan，1908）		+			+			
52	唇鲏 *Hemibarbus labeo* （Pallas，1776）	+	+	+	+	+	+	+	+
53	花棘鲏 *Hemibarbus umbrifer* （Lin，1931）	+	+	+	+	+		+	
54	花鲏 *Hemibarbus maculatus* Bleeker，1871	+	+	+	+	+	+	+	
55	似刺鳊鮈 *Paracanthobrama guichenoti* Bleeker，1865	+				+			
56	似鲏 *Belligobio nummifer* （Boulenger，1901）						+		
57	麦穗鱼 *Pseudorasbora parva* （Temminck & Schlegel，1846）	+	+	+	+	+	+	+	+

续表

编号	鱼名（拉丁名）	分 布							
		鄱阳湖	赣江	抚河	信江	赣东北	赣西北	赣南	寻乌水
58	长麦穗鱼 *Pseudorasbora elongata* Wu, 1939	+				+			
59	华鳈 *Sarcocheilichthys sinensis* Bleeker, 1871	+	+	+	+	+	+	+	
60	小鳈 *Sarcocheilichthys parvus* Nichols, 1930	+	+	+	+	+	+		
61	江西鳈 *Sarcocheilichthys kiangsiensis* Nichols, 1930	+	+	+	+	+	+	+	
62	黑鳍鳈 *Sarcocheilichthys nigripinnis* (Günther, 1873)	+	+	+	+	+	+	+	
63	隐须颌须鮈 *Gnathopogon nicholsi* (Fang, 1943)					+			
64	济南颌须鮈 *Gnathopogon tsinanensis* (Mori, 1928)				+	+			
65	短须颌须鮈 *Gnathopogon imberbis* (Sauvage & Dabry de Thiersant, 1874)	+				+	+		
66	银鮈 *Squalidus argentatus* (Sauvage & Dabry de Thiersant, 1874)	+	+	+	+	+	+		
67	亮银鮈 *Squalidus nitens* (Günther, 1873)	+							
68	点纹银鮈 *Squalidus wolterstorffi* (Regan, 1908)	+	+	+	+				
69	兴凯银鮈 *Squalidus chankaensis* Dybowski, 1872					+			
70	暗斑银鮈 *Squalidus atromaculatus* (Nichols & Pope, 1927)					+			
71	铜鱼 *Coreius heterodon* (Bleeker, 1865)	+				+			
72	北方铜鱼 *Coreius septentrionalis* (Nichols, 1925)	+							
73	吻鮈 *Rhinogobio typus* Bleeker, 1871		+	+	+	+	+		
74	湖南吻鮈 *Rhinogobio hunanensis* Tang, 1980	+							
75	圆筒吻鮈 *Rhinogobio cylindricus* Günther, 1888	+							
76	片唇鮈 *Platysmacheilus exiguus* (Lin, 1932)		+	+	+				
77	长须片唇鮈 *Platysmacheilus longibarbatus* Luo, Le & Chen, 1977		+		+				
78	裸腹片唇鮈 *Platysmacheilus nudiventris* Luo, Le & Chen 1977				+				
79	胡鮈 *Huigobio chenhsienensis* Fang, 1938		+			+	+	+	
80	棒花鱼 *Abbottina rivularis* (Basilewsky, 1855)	+	+	+	+	+	+	+	+
81	辽宁棒花鱼 *Abbottina liaoningensis* Qin, 1987					+			
82	乐山小鳔鮈 *Microphysogobio kiatingensis* (Wu, 1930)		+						
83	福建小鳔鮈 *Microphysogobio fukiensis* (Nichols, 1926)		+	+	+	+			
84	长体小鳔鮈 *Microphysogobio elongatus* (Yao & Yang 1977)		+						+
85	洞庭小鳔鮈 *Microphysogobio tungtingensis* (Nichols, 1926)	+			+	+	+		
86	似鮈 *Pseudogobio vaillanti* (Sauvage, 1878)		+	+	+	+	+		+
87	桂林似鮈 *Pseudogobio guilinensis* Yao & Yang, 1977		+						
88	蛇鮈 *Saurogobio dabryi* Bleeker, 1871	+	+	+	+	+	+		
89	细尾蛇鮈 *Saurogobio gracilicaudatus* Yao & Yang, 1977		+		+	+			
90	长蛇鮈 *Saurogobio dumerili* Bleeker, 1871	+		+	+	+			

续表

编号	鱼名（拉丁名）	分布							
		鄱阳湖	赣江	抚河	信江	赣东北	赣西北	赣南	寻乌水
91	光唇蛇鮈 *Saurogobio gymnocheilus* Lo, Yao & Chen, 1998	+			+		+		
92	董氏鳅鮀 *Gobiobotia tungi* Fang, 1933		+		+		+		
93	南方长须鳅鮀 *Gobiobotia longibarba* Fang & Wang, 1931		+	+	+	+	+		
94	江西鳅鮀 *Gobiobotia jiangxiensis* Zhang & Liu, 1995						+		
95	宜昌鳅鮀 *Gobiobotia filifer* (Garman, 1912)	+	+	+				+	
96	无须鱊 *Acheilognathus gracilis* Nichols, 1926	+		+			+		
97	大鳍鱊 *Acheilognathus macropterus* (Bleeker, 1871)	+		+	+	+	+	+	
98	须鱊 *Acheilognathus barbatus* Nichols, 1926			+					
99	多鳞鱊 *Acheilognathus polylepis* (Wu, 1964)			+			+		
100	兴凯鱊 *Acheilognathus chankaensis* (Dybowski, 1872)	+			+		+		
101	越南鱊 *Acheilognathus tonkinensis* (Vaillant 1892)	+	+		+		+		
102	短须鱊 *Acheilognathus barbatulus* Günther, 1873	+	+		+		+		
103	寡鳞鱊 *Acheilognathus hypselonotus* (Bleeker, 1871)	+							
104	巨口鱊 *Acheilognathus tabira* Jordan & Thompson, 1914	+							
105	长身鱊 *Acheilognathus elongatus* (Regan, 1908)	+							
106	斑条鱊 *Acheilognathus taenianalis* (Günther, 1873)					+			
107	白河鱊 *Acheilognathus peihoensis* (Fowler, 1910)					+			
108	广西副鱊 *Acheilognathus meridianus* (Wu, 1939)		+	+			+	+	
109	彩鱊 *Acheilognathus imberbis* Günther, 1868	+				+	+		
110	革条鱊 *Tanakia himantegus* (Günther 1868)					+			
111	高体鳑鲏 *Rhodeus ocellatus* (Kner, 1866)	+	+	+	+	+	+	+	+
112	中华鳑鲏 *Rhodeus sinensis* (Günther 1868)	+	+	+		+			
113	彩石鳑鲏 *Rhodeus lighti* (Wu, 1931)	+	+	+					
114	方氏鳑鲏 *Rhodeus fangi* (Miao, 1934)	+	+						
115	光倒刺鲃 *Spinibarbus hollandi* Oshima 1919	+	+	+	+	+	+	+	
116	条纹二须鲃 *Puntius semifasciolatus* (Günther, 1868)		+					+	+
117	台湾光唇鱼 *Acrossocheilus paradoxus* (Günther 1868)	+	+	+					+
118	光唇鱼 *Acrossocheilus fasciatus* (Steindachner, 1892)	+							
119	侧条光唇鱼 *Acrossocheilus parallens* (Nichols, 1931)		+	+	+	+	+	+	+
120	半刺光唇鱼 *Acrossocheilus hemispinus* (Nichols, 1925)		+	+	+	+	+	+	+
121	北江光唇鱼 *Acrossocheilus beijiangensis* Wu & Lin, 1977								+
122	薄颌光唇鱼 *Acrossocheilus kreyenbergii* (Regan, 1908)				+				
123	细身光唇鱼 *Onychostoma elongatum* (Pellegrin & Chevey 1934)		+					+	
124	小口白甲鱼 *Onychostoma lini* (Wu, 1939)		+						+
125	白甲鱼 *Onychostoma simum* (Sauvage & Dabry de Thiersant, 1874)		+						
126	南方白甲鱼 *Onychostoma gerlachi* (Peters, 1881)								+
127	稀有白甲鱼 *Onychostoma rarum* (Lin, 1933)	+							
128	台湾白甲鱼 *Onychostoma barbatulum* (Pellegrin, 1908)		+		+	+	+	+	+

续表

编号	鱼名（拉丁名）	分布							
		鄱阳湖	赣江	抚河	信江	赣东北	赣西北	赣南	寻乌水
129	瓣结鱼 *Tor brevifilis* (Peters, 1881)		+		+	+			
130	异华鲮 *Parasinilabeo assimilis* Wu & Yao, 1977					+			
131	鲮 *Cirrhinus molitorella* (Valenciennes, 1844)								+
132	泸溪直口鲮 *Rectoris luxiensis* Wu & Yao, 1977						+		
133	东方墨头鱼 *Garra orientalis* Nichols, 1925		+					+	
134	鲤 *Cyprinus carpio* Linnaeus, 1758	+	+	+	+	+	+	+	+
135	三角鲤 *Cyprinus multitaeniata* Pellegrin & Chevey, 1936							+	
136	鲫 *Carassius auratus* (Linnaeus, 1758)	+						+	
137	带纹条鳅 *Nemacheilus fasciatus* (Valenciennes, 1846)		+				+	+	+
138	江西副沙鳅 *Parabotia kiangsiensis* Liu & Guo 1986					+			
139	点面副沙鳅 *Parabotia maculosa* (Wu, 1939)		+			+		+	
140	漓江副沙鳅 *Parabotia lijiangensis* Chen, 1980				+	+	+		
141	花斑副沙鳅 *Parabotia fasciata* Dabry de Thiersant, 1872	+	+	+	+	+		+	
142	武昌副沙鳅 *Parabotia banarescui* (Nalbant, 1965)	+	+		+	+	+		
143	宽体沙鳅 *Botia reevesae* (Chang, 1944)						+		
144	张氏薄鳅 *Leptobotia tchangi* Fang, 1936		+			+			
145	斑纹薄鳅 *Leptobotia tientainensis* (Wu, 1930)					+			
146	长薄鳅 *Leptobotia elongata* (Bleeker, 1870)	+							
147	紫薄鳅 *Leptobotia taeniops* (Sauvage, 1878)	+	+		+	+			
148	北方花鳅 *Cobitis taenia* Linnaeus, 1758	+	+	+	+				
149	中华花鳅 *Cobitis sinensis* Sauvage & Dabry de Thiersant 1874	+		+	+	+	+	+	
150	大斑花鳅 *Cobitis macrostigma* Dabry de Thiersant, 1872	+							
151	泥鳅 *Misgurnus anguillicaudatus* (Cantor, 1842)	+	+	+	+	+		+	+
152	大鳞副泥鳅 *Paramisgurnus dabryanus* Dabry de Thiersant, 1872	+	+	+	+	+		+	
153	犁头鳅 *Lepturichthys fimbriata* (Günther, 1888)	+	+		+	+			
154	缨口鳅 *Formosania davidi* (Sauvage, 1878)				+			+	
155	中华近原吸鳅 *Erromyzon sinensis* (Chen, 1980)				+				
156	原缨口鳅 *Vanmanenia stenosoma* (Boulenger, 1901)					+			
157	海南原缨口鳅 *Vanmanenia hainanensis* Chen & Zheng, 1980								+
158	信宜原缨口鳅 *Vanmanenia xinyiensis* Zheng & Chen, 1980						+	+	
159	平舟原缨口鳅 *Vanmanenia pinchowensis* (Fang, 1935)			+		+	+		+
160	裸腹原缨口鳅 *Vanmanenia gymnetrus* Chen, 1980		+						+
161	拟腹吸鳅 *Pseudogastromyzon fasciatus* (Sauvage, 1878)			+	+				
162	花斑拟腹吸鳅 *Pseudogastromyzon myseri* Herre, 1932								+
163	东坡拟腹吸鳅 *Pseudogastromyzon changtingensis* Liang 1942		+		+				+

续表

编号	鱼名（拉丁名）	分布							
		鄱阳湖	赣江	抚河	信江	赣东北	赣西北	赣南	寻乌水
164	方氏拟腹吸鳅 *Pseudogastromyzon fangi* （Nichols, 1931）								+
165	鲇 *Silurus asotus* Linnaeus, 1758	+	+	+	+	+	+	+	+
166	南方鲇 *Silurus meridionalis* Chen, 1977	+							+
167	越南鲇 *Pterocryptis cochinchinensis* （Valenciennes 1840）		+					+	
168	胡子鲇 *Clarias fuscus* （Lacepède, 1803）	+		+	+		+	+	+
169	黄颡鱼 *Tachysurus fulvidraco* （Richardson 1846）	+	+	+	+	+	+		+
170	光泽黄颡鱼 *Tachysurus nitidus* Sauvage & Dabry de Thiersant, 1874	+	+	+		+			
171	长脂拟鲿 *Tachysurus adiposalis* （Oshima 1919）					+		+	
172	长须黄颡鱼 *Pelteobagrus eupogon* （Boulenger, 1892）	+				+			
173	乌苏拟鲿 *Pelteobagrus ussuriensis* （Dybowski 1872）	+				+			
174	瓦氏黄颡鱼 *Pseudobagrus vachellii* （Richardson 1846）	+	+	+	+	+		+	
175	长吻鮠 *Pseudobagrus longirostris* （Günther 1864）	+	+	+					
176	细叉黄颡鱼 *Pseudobagrus tenuifurcatus* （Nichols 1931）					+			
177	粗唇鮠 *Pseudobagrus crassilabris* （Günther 1864）	+		+	+	+			
178	盎堂拟鲿 *Pseudobagrus ondon* Shaw, 1930					+	+	+	
179	条纹拟鲿 *Pseudobagrus taeniatus* （Günther, 1873）						+		
180	短臀拟鲿 *Pseudobagrus brevicaudatus* （Wu, 1930）					+			
181	圆尾拟鲿 *Pseudobagrus tenuis* （Günther, 1873）	+	+	+		+		+	
182	细体拟鲿 *Pseudobagrus pratti* （Günther, 1892）	+	+	+		+			
183	白边拟鲿 *Pseudobagrus albomarginatus* （Rendahl, 1928）	+	+	+					
184	切尾拟鲿 *Pseudobagrus truncatus* （Regan, 1913）			+	+	+			
185	大鳍鳠 *Hemibagrus macropterus* Bleeker, 1870	+	+	+		+		+	+
186	黑尾鮡 *Liobagrus nigricauda* Regan, 1904	+		+			+		
187	司氏鮡 *Liobagrus styani* Regan, 1908	+					+		
188	鳗尾鮡 *Liobagrus anguillicauda* Nichols, 1926	+					+		
189	白缘鮡 *Liobagrus marginatus* （Günther, 1892）	+		+					
190	宽鳍纹胸鮡 *Glyptothorax fokiensis* （Rendahl, 1925）		+	+			+	+	+
191	中华纹胸鮡 *Glyptothorax sinensis* （Regan, 1908）	+	+	+			+	+	+
192	青鳉 *Oryzias latipes* （Temminck & Schlegel, 1846）	+	+	+			+		+
193	食蚊鱼 *Gambusia affinis* （Baird & Girard, 1853）		+	+					
194	间下鱵 *Hyporhamphus intermedius* （Cantor, 1842）	+			+				
195	黄鳝 *Monopterus albus* （Zuiew, 1793）	+	+	+	+	+	+	+	
196	长身鳜 *Siniperca roulei* Wu, 1930	+	+	+			+	+	
197	鳜 *Siniperca chuatsi* （Basilewsky, 1855）	+	+	+	+	+	+	+	+
198	大眼鳜 *Siniperca knerii* Garman, 1912	+	+	+		+	+	+	+
199	波纹鳜 *Siniperca undulate* Fang & Chong, 1932	+	+	+		+		+	
200	暗鳜 *Siniperca obscura* Nichols, 1930			+	+	+		+	
201	斑鳜 *Siniperca scherzeri* Steindachner, 1892	+	+	+	+	+	+	+	

续表

编号	鱼名（拉丁名）	分布							
		鄱阳湖	赣江	抚河	信江	赣东北	赣西北	赣南	寻乌水
202	褐塘鳢 *Eleotris fusca* (Forster, 1801)	+							
203	中华沙塘鳢 *Odontobutis sinensis* Wu, Chen & Chong, 2002	+	+	+		+			
204	黄黝鱼 *Micropercops cinctus* (Dabry de Thiersant 1872)	+	+	+	+	+			
205	粘皮鲻虾虎鱼 *Mugilogobius myxodermus* (Herre, 1935)	+			+				
206	子陵吻虾虎鱼 *Rhinogobius giurinus* (Rutter, 1897)	+	+	+	+	+	+	+	+
207	真吻虾虎鱼 *Rhinogobius similis* Gill, 1859		+			+		+	
208	溪吻虾虎鱼 *Rhinogobius duospilus* (Herre, 1935)							+	
209	褐吻虾虎鱼 *Rhinogobius brunneus* (Temminck & Schlegel, 1845)		+						
210	波氏吻虾虎鱼 *Rhinogobius cliffordpopei* (Nichols, 1925)	+	+						+
211	喀氏吻虾虎鱼 *Rhinogobius clarki* Evermann & Shaw, 1927					+			
212	叉尾斗鱼 *Macropodus opercularis* (Linnaeus, 1758)	+	+			+			
213	乌鳢 *Channa argus* (Cantor, 1842)	+	+	+		+		+	
214	斑鳢 *Channa maculata* (Lacepède, 1801)		+						
215	月鳢 *Channa asiatica* (Linnaeus, 1758) b	+	+	+		+			
216	中华刺鳅 *Sinobdella sinensis* (Bleeker, 1870) b	+	+	+	+	+		+	
217	三线舌鳎 *Cynoglossus trigrammus* Günther, 1862	+							
218	窄体舌鳎 *Cynoglossus gracilis* Günther, 1873	+							
219	弓斑东方鲀 *Takifugu ocellatus* (Linnaeus, 1758)	+				+			
220	中华多纪鲀 *Takifugu chinensis* (Abe, 1949)	+				+			

参 考 文 献

[1] 鄱阳湖研究编委会. 鄱阳湖研究. 上海：上海科学技术出版社，1988

[2] 黄第藩，杨世倬，刘中庆，等. 长江下游三大淡水湖的湖泊地质及其形成与发展. 海洋与湖沼，1965，7 (4)：396—426

[3] 郭华，姜彤，王国杰，等. 1961～2003 年间鄱阳湖流域气候变化趋势及突变分析. 湖泊科学，2006，18 (5)：443—451

[4] 姜彤，苏布达，王艳君，等. 四十年来长江流域气温、降水与径流变化趋势. 气候变化研究进展，2005，1 (2)：65—68

[5] 闵骞，刘影. 鄱阳湖水面蒸发量的计算与变化趋势分析（1955～2004 年）. 湖泊科学，2006，18 (5)：452—457

[6] 尹宗贤，张俊才. 鄱阳湖水文特征（Ⅰ）. 海洋与湖沼，1987，18 (1)：22—27

[7] 程永健，张俊才. 鄱阳湖水文气候特征. 江西水利科技，1991，17 (4)：291—297

[8] 张本. 鄱阳湖一些水文特征和整治战略. 长江流域资源与环境，1993，2 (1)：36—42

[9] 闵骞. 鄱阳湖水位变化规律的研究. 湖泊科学，1995，7 (3)：281—288

[10] 尹宗贤，张俊才. 鄱阳湖水文特征（Ⅱ）. 海洋与湖沼，1987，18（2）：208—214

[11] 熊道光. 鄱阳湖湖流特性分析与研究. 海洋与湖沼，1991，22（3）：200—207

[12] 程时长，卢兵. 鄱阳湖湖流特征. 江西水利科技，2003，29（2）：105—108

[13] 李博之. 鄱阳湖水体污染现状与水质预测、规划研究. 长江流域资源与环境，1996，5（1）：60—66

[14] 吕兰军. 鄱阳湖水化学特性分析. 海洋湖沼通报，1993，（1）：32—40

[15] 白雪，吕兰军. 鄱阳湖水质参数时空分布规律探讨. 江西水利科技，1994，20（2）：181—188

[16] 吕兰军. 鄱阳湖水质现状及变化趋势. 湖泊科学，1994，6（1）：86—93

[17] 曾慧卿，何宗健，彭希珑. 鄱阳湖水质状况及保护对策. 江西科学，2003，21（3）：226—229

[18] 万金保，蒋胜韬. 鄱阳湖水质分析及保护对策. 江西师范大学学报（自然科学版），2005，29（3）：260—263

[19] 刘惠明. 鄱阳湖水环境重金属污染研究. 环境科学与技术，1990，13（1）：1—5

[20] 吕兰军. 鄱阳湖水及其沉积物中的重金属调查. 上海环境科学，1994，13（5）：17—22

[21] 吕兰军. 鄱阳湖重金属污染现状调查与分析. 人民长江，1994，25（4）：32—38

[22] 江西省水文局. 江西水系. 武汉：长江出版社，2007

[23] 程宗锦. 赣江探源. 南昌：江西科学技术出版社，2003：8—9

[24] 谭晦如，吕桦. 鄱阳湖流域的构成——赣江流域. 江西省山江湖办（内刊），2008

[25] 杨荣清，胡立平，史良云. 江西河流概述. 江西水利科技，2003，29（1）：27—30

[26] 杨荣清，胡立平，史良云. 赣江流域水文特性分析. 水资源研究，2003，24（1）：35—38

[27] 董鸿彪. 奔流千古，抚河巨变. 中国水利，1984（5）：34—36

[28] 董鸿彪. 抚河. 江西水利科技，1984（4）：59—62

[29] 杨海保. 抚河流域水土流失发展态势研究. 江西水利科技，2007，33（2）：121—125

[30] 熊小琴，胡魁德. 抚河流域水文特性分析. 江西水利科技，2004，30（2）：105—110

[31] 熊俊伟. 一鼓作气把修河上游水电梯级开发滚动起来. 江西能源，1999（3）：9—10

[32] 孔琼菊，方国华. 修河流域水量分配方案研究. 人民长江，2009，40（1）：27—30

[33] 郭治之. 鄱阳湖鱼类调查报告. 江西大学学报（自然科学版），1963，（2）：121—130

[34] 张本. 鄱阳湖渔业发展战略的研究. 湖泊渔业，1986，（3）：3—7

[35] 郭治之，刘瑞兰. 江西鱼类的研究. 南昌大学学报（理科版），1995，19（3）：222—232

[36] 胡茂林，吴志强，周辉明，等. 鄱阳湖南矶山自然保护区渔业特点及资源现状. 长江流域资源与环境，2005，14（5）：561—565

[37] 李钟杰. 长江流域湖泊的渔业资源与环境保护. 北京：科学出版社，2005

[38] Huang LL，Wu ZQ，Li JH. Fish fauna，biogeography and conservation of freshwater fish in Poyang Lake Basin，China. Environ Biol Fish，2011，12（4）：396—410

[39] 田见龙. 万安大坝截流前赣江鱼类调查及渔业利用意见. 淡水渔业，1989，1：33—39

[40] 蒋以洁. 江西鱼类区系初步分析. 江西水产科技，1985，（1）：1—16

[41] 刘世平. 江西省抚河流域鱼类资源调查. 南昌大学学报（理科版），1985，（1）：68—71

[42] 傅剑夫，黄顺林，童水明，等. 抚州地区鱼类资源调查报告. 江西水产科技，1996，（2）：5—9

[43] 傅剑夫. 从抚州地区鱼类资源调查情况谈鱼类资源保护举措. 江西农业经济，1996，（1）：38—39

[44] 童晓峰. 信江水域渔业现状及资源保护策略. 江西水产科技，2009（4）：9—11

[45] 郭治之，刘瑞兰. 江西余江县（信江）鱼类调查报告. 江西大学学报，1983，2：11—21

[46] 胡茂林. 鄱阳湖湖口水位、水环境特征分析及其对鱼类群落与洄游的影响（南昌大学博士学位论文），2009

[47] 陈彦良. 信江鹰潭段四大家鱼资源现状及其遗传多样性分析（南昌大学硕士学位论文），2010

［48］花麒. 抚河抚州河段四大家鱼资源现状及其遗传多样性分析（南昌大学硕士学位论文），2010
［49］朱日财. 赣江赣州江段四大家鱼生物学特性及其遗传多样性研究（南昌大学硕士学位论文），2010
［50］张建铭. 赣江峡江段四大家鱼资源及其遗传多样性研究（南昌大学硕士学位论文），2010
［51］刘彬彬. 修河下游四大家鱼资源与遗传多样性的 ISSR 分析（南昌大学硕士学位论文），2010

第2章 鄱阳湖水系四大家鱼资源调查

2.1 赣江峡江段四大家鱼资源现状

2.1.1 资源调查及其生物学研究

2.1.1.1 材料与方法

(1) 样本采集

采样点设在峡江县巴邱镇（图 2.1），采样时间为 2008 年 4～6 月和 2009 年 4～6月，采样方法按常规生物学方法进行[1]。每天早上从渔船上收集四大家鱼样本，并记录每条鱼的编号、采集时间和捕捞渔具等。现场对样本进行体长（精确到0.1cm）、体重（精确到 0.05kg）等常规生物学测定，并取背鳍下方侧线附近 5～10 枚鳞片，保存于封口袋中。同时现场解剖，观察性腺发育程度，取性成熟雌鱼卵粒保存于 10％福尔马林（以 35％～40％的甲醛溶液为基准稀释 10 倍）中。

图 2.1 赣江峡江采样点位置

Fig. 2.1 The stations of the survey in the Xiajiang reach of Ganjiang River

(2) 年龄与生长

① 年龄材料及处理：取采集到的四大家鱼的鳞片 3 或 4 片放入稀氨水或温开

水中浸泡数分钟，清水冲洗后用牙刷刷洗干净并吸干水分，夹在两个载玻片的中央，两端用胶纸固定好，贴上标签。置低倍镜下观察，记数其年轮，确定鱼龄，并拍照。年龄鉴定方法参照文献[2]的方法进行。采用下列归纳统计方法区分年龄组：1～1，1 龄鱼，指大致度过了一个生长周期，鳞片上无年轮，或第一个年轮刚形成；2～2，2 龄鱼，指大致度过了两个生长周期，鳞片上有 1 个年轮，或第二个年轮刚形成；3～3，3 龄鱼，依次类推。

② 体长与体重的关系：一般用来表示鱼类体长（L）和体重（W）的数学相关式虽然有好几种，但最为常用的是

$$W = aL^b$$

或

$$\lg W = \lg a + b \lg L$$

式中，a、b 为常数。

Brown[3]指出，b 值通常为 2.5～4.0。如果鱼的体长、体高和体宽等速生长，比重不变，则 b=3，或接近 3。

依据体长体重的相关式计算丰满度（K），有以下三种方法[4,5]。

Fulton 丰满度公式

$$K = 100\ (W/L^b)$$

Clark 丰满度公式

$$K = 100\ (W_0/L^b)$$

相对丰满度（K_n）

$$K_n = W/\hat{W}$$

式中，K 为丰满度系数；K_n 为相对丰满度；W 为实测体重，以 g 为单位；W_0 为去内脏体重，以 g 为单位；$\hat{W}$ 为按体长体重相关式推算的体重；L 为体长，以 cm 为单位；b 为体长体重相关式指数。

若属于等速生长（isometric growth）类型，式中 b=3；若属于异速生长（allometric growth）类型，式中 b 是由标准条件下的种类所测得[5]。

(3) 繁殖生物学

① 繁殖力（fecundity）：繁殖力体现了物种或种群对环境变化的适应特征。繁殖力分为以下两类：绝对繁殖力（absolute fecundity）：指 1 尾雌鱼在繁殖季节前卵巢中所含有的成熟卵粒数。相对繁殖力（relative fecundity）：雌鱼单位体重的平均怀卵量。二者之间的关系：相对繁殖力＝绝对繁殖力/体重。一般来说，鱼类的繁殖力（F）与体长（L）呈幂指数相关，而与体重（W）呈直线相关，其关系式为：$F = aL^b$；$F = a + bW$。

② 成熟系数（coefficient of maturing）：成熟系数也称性体指标（gonad somatic index，GSI），是一种常用的描述性腺相对大小的指标。GSI 主要用于衡量性腺发育程度和鱼体能量资源在性腺和躯体之间的分配比例。当这种能量比达到一定阈值时，鱼才进入性成熟状态。在繁殖周期内，GSI 的变化反映了正在发育的性腺的生长过程。因此，它的变化通常与组织学法和目测法测得的结果是一致的。表达式如下：

$$GSI=100（性腺重/体重），$$

式中，GSI 为取百分数，体重一般用去内脏体重。

（4）数据处理

采用 Microsoft Excel 2003 和 SPSS 17.0 软件进行数据处理、分析及制图。

2.1.1.2　结果与分析

（1）组成分析

本次调查共采集四大家鱼 464 尾。其中青鱼 49 尾，占 10.56%；草鱼 272 尾，占 58.62%；鲢 84 尾，占 18.10%；鳙 59 尾，占 12.72%（图 2.2）。

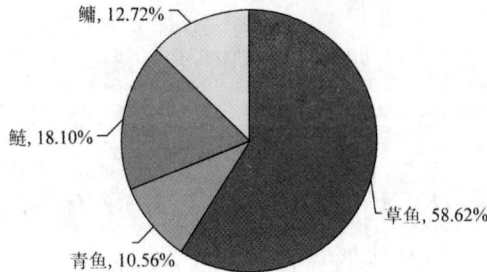

图 2.2 四大家鱼的组成

Fig. 2.2 Composition of four major Chinese carps

（2）鳞片特征与年龄组成

① 鳞片特征：四大家鱼的鳞片属圆鳞，柔软扁薄，富有弹性，一般为圆形或亚圆形，前端插入鳞囊内，后端翘起，压叠在后一鳞片的前端，呈覆瓦状排列。鳞片由两层构成：上层是骨质层，比较硬脆，由骨质组成，使鳞片坚固；下层是纤维层，比较柔韧，由成层的胶原纤维束排列而成。

典型的圆鳞表面可以分为四个区：前区，亦称基区，埋在真皮深层内；后区，亦称顶区，即未被周围鳞片覆盖的扇形区域；上、下侧区分别处于前后之间的背腹部，后区边缘光滑。整个鳞片表面都有鳞嵴环绕中心排列，后区鳞嵴常变异成许多瘤状突起。鳞焦偏于基区或顶区，鳞沟辐射状或仅向基区或顶区辐射。

② 年轮特征：青鱼和草鱼的年轮以切割型为主，在上、下侧区和前区或后区交界处特别明显；但也可以看到疏密型，主要分布在前区；后区年轮特征常不显著，环片变形、断裂、融合，成为一些瘤突，年轮部位的瘤突可能更明显。因此，鳞片表面四个区基本上连续。

鲢和鳙的年轮由封闭的"O"型环片向敞开的"U"型环片呈规则交替排列，并且环片群总是由"O"型群转向"U"型群，在后侧区这两组环片交界处形成切割现象，并可见到由密到疏的环片群过渡。在鳞片表面的其他区域，环片均由密到疏地过渡，从而形成年轮。因此，它实际上也是一种环片疏密排列和切割相结合的一种形式。绝大多数个体，年轮常以一个明显的轮圈形式出现。

③ 年龄组成：表 2.1 列出了赣江峡江段四大家鱼亲鱼的年龄组成，年龄结构相对简单，以 1 龄和 2 龄鱼为主。其中青鱼 1 龄、2 龄的数量占 61.2%，草鱼 1 龄、2 龄的数量占 83.1%，而鲢和鳙 1 龄、2 龄的数量比例都超过 90%。4 种鱼中仅青鱼年龄结构相对较丰富，其 4 龄、5 龄鱼数目占 22.4%。

表 2.1 四大家鱼的年龄结构
Tab. 2.1 Age structure of four major Chinese carps

年龄/龄	青鱼		草鱼		鲢		鳙	
	尾数/尾	比例/%	尾数/尾	比例/%	尾数/尾	比例/%	尾数/尾	比例/%
1	27	55.1	114	41.9	56	66.7	53	89.8
2	3	6.1	112	41.2	23	27.4	4	6.8
3	8	16.3	40	14.7	5	6.0	1	1.7
4	8	16.3	5	1.84	0	0	1	1.7
5	3	6.1	1	0.37	0	0	0	0
合计	49	100.0	272	100.0	84	100.0	59	100.0

(3) 生长

① 体长与体重的分布：由图 2.3 和图 2.4 可以看出，青鱼体长范围为 10.5～108cm，平均 46.18±35.99cm，体重范围 0.03～30kg，平均 6.71±9.52kg，以体长 10～20cm 和 90～108cm、体重 0～3kg 和 18～28kg 个体为主，占群体总数的 70% 左右。草鱼体长范围 16～75cm，平均 38.12±12.34cm，体重范围 0.09～10kg，平均 1.63±1.55kg，以体长 20～55cm、体重 0～4kg 个体为主，占群体总数的 90% 左右。鲢体长范围 21.5～80cm，平均 31.31±10.43cm，体重范围为 0.16～7kg，平均 0.78±1.15kg，以体长 20～50cm、体重 0～1.5kg 个体为主，所占比例超过群体总数的 90%。鳙体长范围 11.8～92cm，平均 22.81±13.18cm，体重范围 0.03～15kg，平均 0.61±2.03kg，以体长 5～25cm、体重 0～1kg 个体为主，所占比例超过群体总数的 85%。

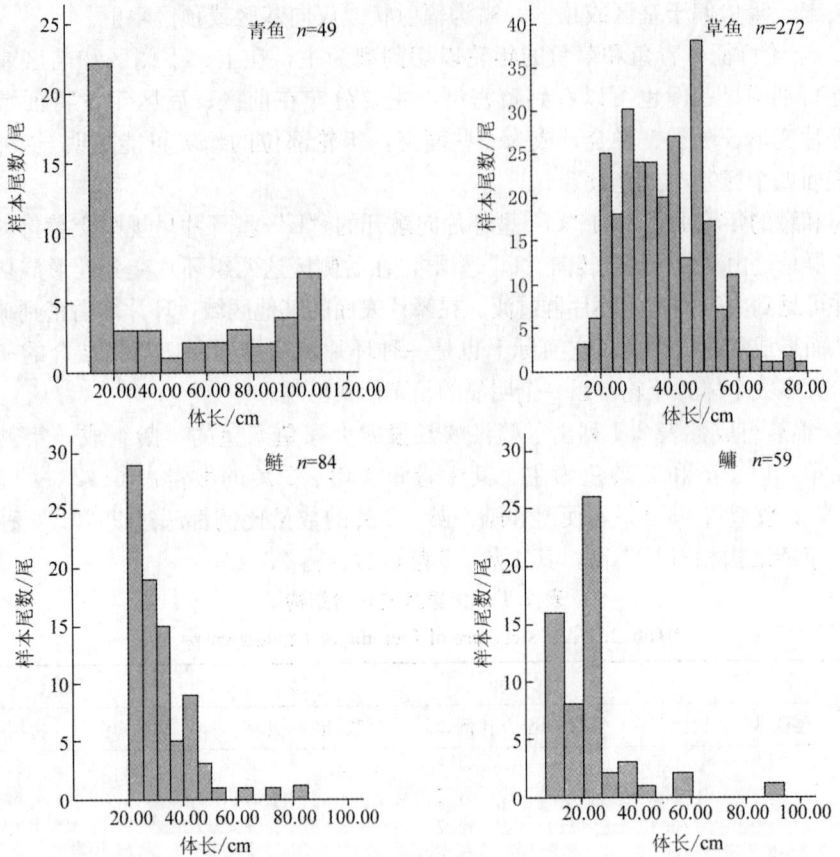

图 2.3 四大家鱼体长分布

Fig. 2.3 Body length distribution of four major Chinese carps

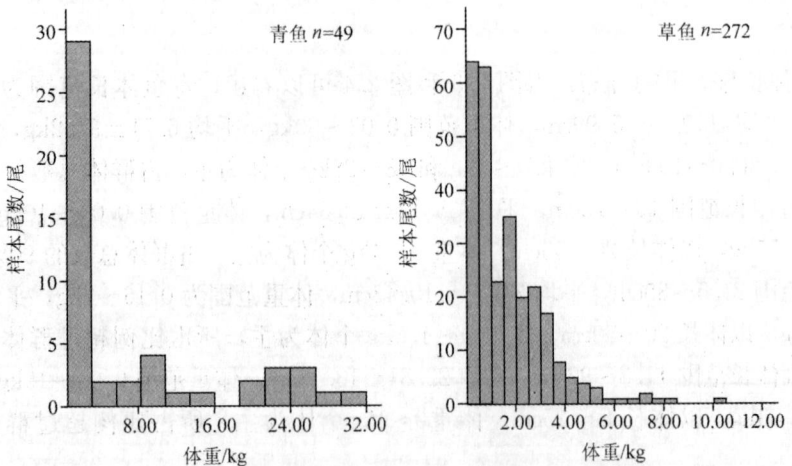

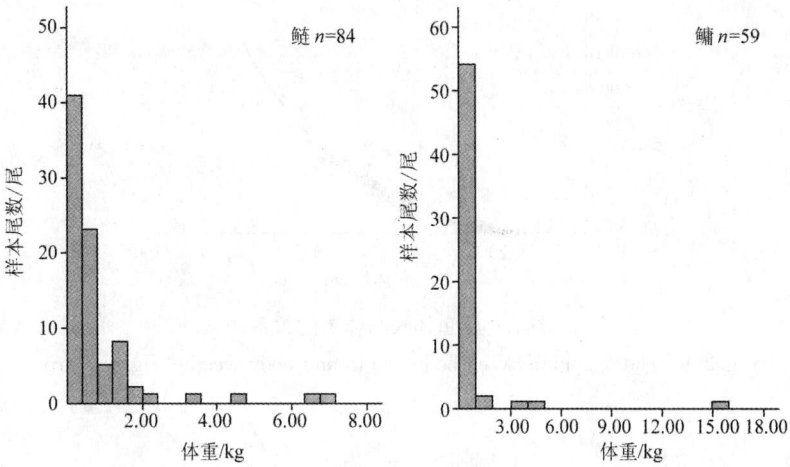

图 2.4 四大家鱼体重分布

Fig. 2.4 Body weight distribution of four major Chinese carps

② 体长与体重的关系：根据赣江峡江段四大家鱼亲鱼体长（L）、体重（W）的实测数据做散点图，从点图上分析：青鱼的体重与体长成幂函数关系（图 2.5），其回归方程为

$$W=0.0134L^{3.1147} \quad (r^2=0.995，r 为相关系数；n=49，n 为样本数),$$

经 F 检验（方差齐性检验），回归极显著（$P<0.01$，P 为"无效假设"成立的概率水平）；

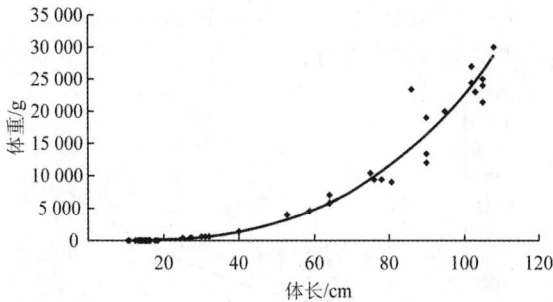

图 2.5 青鱼体长与体重的关系

Fig. 2.5 Relationship between body length and body weight of black carp

草鱼的体重与体长成幂函数关系（图 2.6），其回归方程为

$$W=0.0164L^{3.0669} \quad (r^2=0.974，n=272),$$

经 F 检验，回归极显著（$P<0.01$）；

鲢的体重与体长成幂函数关系（图 2.7），其回归方程为

$$W=0.0183L^{2.9982} \quad (r^2=0.977，n=84),$$

经 F 检验，回归极显著（$P<0.01$）；

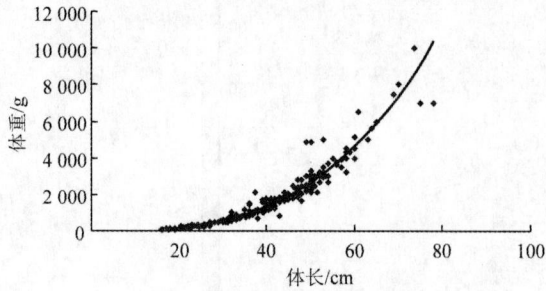

图 2.6 草鱼体长与体重的关系

Fig. 2.6 Relationship between body length and body weight of grass carp

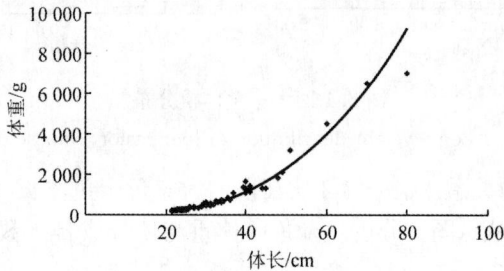

图 2.7 鲢体长与体重的关系

Fig. 2.7 Relationship between body length and body weight of silver carp

鳙的体重与体长成幂函数关系（图 2.8），其回归方程为

$$W=0.0873L^{2.5481}\ (r^2=0.874,\ n=59),$$

经 F 检验，回归极显著（$P<0.01$）。

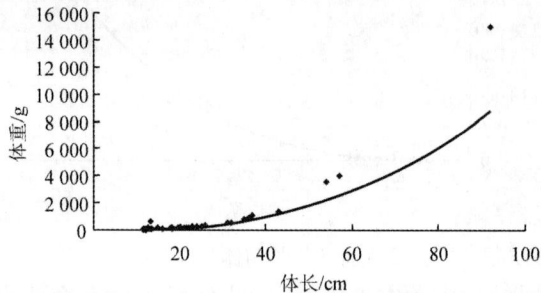

图 2.8 鳙体长与体重的关系

Fig. 2.8 Relationship between body length and body weight of bighead carp

赣江峡江段青鱼、草鱼、鲢体长与体重关系式中的幂指数 b 分别为 3.1147、3.0669、2.9982，都接近于 3，表明这三种鱼体重与体长的立方基本呈正比关系，其生长属于等速生长型。而鳙体长与体重关系式中的幂指数 b=2.5481，不接近于 3，说明鳙个体体长与体重的生长速度不相同，即为异速生长型。

③ 丰满度：丰满度是鱼类体长与体重关系的另一种表达方式，常用作衡量鱼体丰满程度和营养状况以及环境条件的指标。赣江峡江段四大家鱼繁殖季节丰满度的变化如图 2.9 所示，青鱼和草鱼的丰满度变化表现为先增大后减小，其原因可能是 5 月中下旬到 6 月初期间，水位的升高刺激青鱼和草鱼的产卵活动，使它们消耗了大量的能量，产卵活动结束后，它们的丰满度有所下降；而鲢和鳙群体则相反，可能是由于鲢、鳙的产卵活动提前所致。

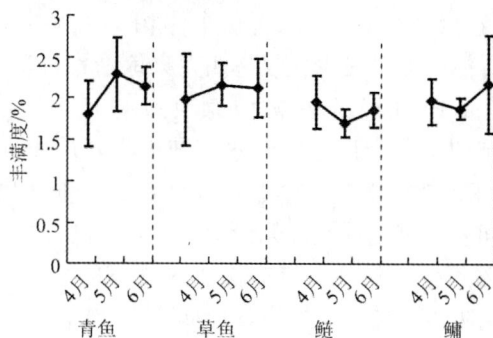

图 2.9 四大家鱼 4～6 月丰满度的变化

Fig. 2.9 Changes of fullness of four major Chinese carps from April to June

④ 繁殖群体：繁殖群体中，共采集到性成熟青鱼 8 尾，草鱼 5 尾，鲢、鳙各 1 尾，仅占四大家鱼总数的 3.2%。表 2.2 列出了青鱼、草鱼、鲢、鳙繁殖群体的体长、体重、绝对繁殖力、相对繁殖力、成熟系数的范围和平均值及不同年龄组的尾数。

表 2.2 四大家鱼繁殖群体的各项参数

Tab. 2.2 Parameters of reproduction groups of four major Chinese carps

种类		青鱼	草鱼	鲢	鳙
体长/cm	范围	90～108	50.5～73.5	70	92
	均值（±std）	99.75±7.09	67.6±9.87	70	92
体重/kg	范围	1.34～30	2.5～10	6.5	15
	均值（±std）	2.23±5.17	7±2.76	6.5	15
绝对繁殖力/粒	范围	$6.88 \times 10^5 \sim$ 4.62×10^6	$2.68 \times 10^5 \sim$ 1.7×10^6	7.14×10^5	1.53×10^6
	均值（±std）	$1.48 \times 10^6 \pm$ 1.33×10^6	$8.58 \times 10^5 \pm$ 5.63×10^5	7.14×10^5	1.53×10^6
相对繁殖力/（粒/g）	范围	33～154	61～213	110	102
	均值（±std）	76±40.42	121±57.71	110	102
成熟系数/%	范围	5.8～23.3	5.7～21.25	13.1	14
	均值（±std）	11.63±6.83	12.45±5.7	13.1	14
年龄/a	3 龄	2 尾	3 尾	1 尾	0 尾
	4 龄	3 尾	1 尾	0 尾	1 尾
	5 龄	3 尾	1 尾	0 尾	0 尾

2.1.2.3 讨论

(1) 四大家鱼资源现状及保护措施

研究结果表明：赣江峡江段四大家鱼资源匮乏，四大家鱼占总渔获物的比例很少，除草鱼还有一定数量外，青鱼、鲢、鳙较难捕捞到。它们的年龄以 1～2 龄为主，数量超过四大家鱼总数的 80%。除青鱼个体相对较大外，草鱼、鲢、鳙均个体较小。另外，繁殖群体的数量极少，仅占四大家鱼总数的 3.2%。

其原因分析如下：a. 1993 年建成的万安水电站，未建鱼道，阻隔了鱼类洄游通道，大坝的兴建影响到了鱼类产卵场的水文和水情，从而导致了鱼类资源的减少；b. 长期以来，赣江天然渔业方式紊乱，非法渔具、渔法屡禁不止，特别是电捕鱼的大规模使用，捕捞没有选择性，无论鱼大小，一网打尽，渔获物中小杂鱼的比例不断增加；c. 挖沙作业，沿江两岸非法乱采乱挖的采沙船随处可见，大量采沙将江底的底泥和草场吸走，使鱼类栖息、产卵环境和底栖生物的生存场所受到极大破坏。

赣江峡江段历来是四大家鱼重要的产卵繁殖地，受不合理的捕捞方式和违规的挖沙作业等人为因素的影响，该江段鱼类资源匮乏。加上为了满足赣江流域的航运、发电和防洪等水资源综合利用的需求，在该江段即将兴建峡江水利枢纽，这将进一步阻碍这一江段江河洄游性四大家鱼的洄游，也势必加剧野生四大家鱼资源的减少。因此，四大家鱼资源衰退的情况应引起有关部门的重视，对即将兴建的峡江水利枢纽必须考虑建设鱼道，同时在这一江段进行人工增殖放流、规范捕捞方式，这对有效地保护峡江段乃至整个赣江四大家鱼资源都有非常重要的作用。

(2) 峡江水利枢纽的兴建对鱼类的影响预测

峡江水利枢纽建成后，将使赣江中游原有的一些自然环境发生变化，从而对水生生物带来一定的影响，改变原有的生态平衡，因此要通过鱼类等水生生物长时间的调节，才能建立新的平衡。下面就峡江水利枢纽的兴建对鱼类可能产生的影响阐述一些观点，另外，为建坝前后赣江鱼类生物多样性的保护提出一些对策和建议。

① 水温变化的影响：水库建成后，库区河道水位抬升，流速减缓，水库水温结构也将发生变化。水库水温结构一般分为分层型和混合型。通常采用径流—库容比（α 值）来判别水库水温结构，其公式为

$$\alpha = 多年平均入库径流量/总库容$$

判别标准：$\alpha < 10$ 时水库水温为分层型；$\alpha > 20$ 时水库水温为完全混合型。

峡江水库为低水头河床式，水库调节性能差。经计算，峡江水库 α 值为 75，远大于 20，说明库水交替频繁，因此可以判定峡江水库水温属完全混合型，库水

与天然河道水温相比整体不会发生变化，不存在下泄水和灌区引水的水温影响问题。因此，水温对鱼类的影响较小，能满足产卵所需的温度。

② 水位变化的影响：水库蓄水改变了河流自然的季节水位特征。库区水流显著减缓，水位抬高，水深增加，使水底光照强度不够，底栖鱼类的生存受到挑战，但浮游生物数量会增加，这会为摄食浮游生物的鱼类提供食料，从而使生活在中上层的鲢、鳙等鱼类的数量增加。

坝下江段，一些喜流水和靠水流刺激才会产卵的鱼类，由于建坝后水位下降，水流速度达不到要求，这些鱼类，尤其是四大家鱼的产卵将受很大影响，因此，建议在 4～6 月可适当的泄洪，增加水流刺激，使这些鱼类能顺利地产卵，以保护坝下鱼类的产卵场。

③ 水质的影响：水库本身不会排放污染物，但水库运行将会改变库区及坝下游河段的水文情势，影响水体中污染物的稀释、扩散及降解过程。水库对库区河段水质的影响，主要是因为水位抬高、过水断面增大、水深增加、流速减缓；对坝下河段水质的影响，则主要是因为水库下泄的流量和水质与天然状态不同。

峡江水库为季节调节性水库，对径流的调节性能较差，库区污染物排放量又相对较小。总体分析，建库后库区总体水质与天然河道状态的水质相比不会产生大的变化，但局部河段（排污口河段）将发生近岸水域污染带比天然状态变宽缩短的现象，污染带内溶解氧含量下降会比较明显。由此可见，库区水质对鱼类的影响主要限于局部河段的工业污染，但也应引起有关部门的重视，适当限制工业污水的排放，以免污染进一步扩散。

水库形成后，受各种因素的影响，营养物质易在水库中富集，其中氮、磷是水库富营养化最重要的营养物质。当水体中磷和无机氮达到一定浓度，水体就处于"富营养化状态"，此时水体中藻类和其他水生生物异常繁殖，水体混浊，透明度降低，导致阳光入射强度和深度降低，溶解氧减少，大量的水生生物死亡，就可能使水库出现"藻化"，使水生生态系统受到严重破坏，直接影响工业供水和人畜饮水质量，给人类健康和水产养殖带来威胁。

万安水库 2002 年实测数据[6]显示，总磷浓度为 0.02～0.026mg/L，总氮浓度为 0.66～0.8mg/L，该水库属中等营养化水平。峡江水库单位面积的年氮磷负荷量与万安水库相近，加上调节性能差，水库水体年内替换次数（约 75 次）较频繁，且为低水头河床式电站，可以认为，峡江水库总体不会出现富营养化现象，但由于水库对陆域中植被等有机体的淹没，有机质残体中的营养物质将释放进入水库水体中，不排除在水库蓄水后的 2～3 年，在水库的库汊部分水流缓慢的局部水域可能出现一定的水质富营养化现象。因此，富营养化对鱼类的影响不大，可能在水库蓄水后的几年内会产生一定的影响，但加强库区河流及支流水污染源控制和管理仍然是有必要的。

④ 泥沙作用：水库蓄水后，库区水流变缓，甚至局部出现静水区，上游河段带来的泥沙以及其他一些悬浮物质会在库区沉积。这将使库区的可见度增加，阳光吸收充足，植物生长茂盛，可为草鱼、鳊（Sinibrama macrops）、鲂等植食性鱼类提供充足的饵料。

上游河道的泥沙在水库大量沉淀后，水库的清水下泄改变了坝下河道原有的水沙平衡，含沙量会降低，这会使黄颡鱼、鲇等底栖鱼类数量增加。下游的河岸、浅滩被冲刷，也必将导致某些鱼类的产卵场和栖息地减少或消失。

⑤ 大坝阻隔：峡江水利枢纽建成后，溯河洄游的鱼类将无法进入库区，库区由于水流速度不足，产漂流性卵的鱼类的产卵场条件发生改变，这部分鱼类可能会在上游另觅场所进行繁殖。四大家鱼等鱼类孵出鱼苗后，漂流到坝下，有很大一部分会因为流速慢而沉落水底，另外还可能因为库区水体交换不够、溶氧量下降导致部分鱼苗供氧不足而大量死亡。能成活下来通过大坝的鱼苗仅占很少的比例，但受大坝的阻隔又无法回到上游补充群体数量。

坝下自然水位变幅趋小直接导致河流沿岸带生境层次简化，部分对流水性鱼类比较关键的生境消失。而坝下的溯河洄游性鱼类数量可能会大量增加，坝下主要捕捞对象也会相应改变。可以预见一定时期后，很多原有的适应流水环境的鱼类种群将逐步消失，鱼类种类结构会发生根本性的变化。

（3）保护赣江鱼类生物多样性的建议

① 设置过鱼设施：常见的过鱼设施有阶梯鱼道、仿自然通道、升鱼机、渔闸等。选取方案时应综合考虑诱鱼能力、过鱼能力、鱼类适应能力、工程投资及运行维护等因素。峡江水利枢纽影响区主要的洄游性鱼类有四大家鱼等，另外，鳊、赤眼鳟（Squaliobarbus curriculus）、鲴、鲤等也是该地区主要的经济鱼类，选取过鱼设施时应当兼顾这些主要的过坝对象。

② 鱼类增殖补偿：水库蓄水后，库区河段鱼类的生存环境将发生一定程度的改变，河段原有的产卵场将消失，这对库区鱼类资源的补充产生一定影响。为了维持库区水域内鱼类资源的良性发展，保护库区河段鱼类资源，应适当进行鱼类增殖放流。放流鱼类品种主要为一些食物链短的并以浮游生物为饵的鲤、鲫、鳊、鲂、鲴、鲢、鳙等鱼种。由于不同鱼种的产卵条件要求不同，对养殖场的技术要求较高，因此建议该水产养殖和增殖站需与当地渔政部门协商，并与国内有关水产科研单位建立咨询服务关系，寻求技术支持和指导。

③ 实施生态调度：峡江水库调度要在保障下游河道鱼类越冬、繁殖、秋季育肥最小生态需水量的基础上，按照四大家鱼性腺发育和繁殖习性的需要，每年4～6月通过调节下泄流量，使坝下实现连续涨水过程和幅度较大的水位波动，为四大家鱼等鱼类繁殖提供有利的水流条件。

2.1.2　赣江中游四大家鱼产卵场现状调查

2.1.2.1　研究方法

(1) 数据获取

水位、流量数据从江西水文网（www.jxsw.cn）获取。

(2) 历史资料收集

查阅包括赣江河流资料、赣江中游水文站水文历史资料及关于赣江中游四大家鱼产卵场和渔业资源的历史资料。

(3) 问卷调查

在赣江中游对沿江 51 户专业渔民进行问卷调查，问卷调查内容包括赣江中游的渔业人口、渔船数、渔业方式及渔获物结构和不同季节捕捞量差异；渔业区间；四大家鱼数量、大小、所占渔获物比例；产卵场的位置、大致产卵规模等；水利设施兴建和渔业方式改变等对渔业资源的影响；历史捕捞量和今年捕捞量差异等。

(4) 现场调查采样

包括乘船对产卵场实地勘察，调查采样期间应用 GPS 定位系统测定各调查点的经纬度、高度、地形等，同时记录各样点水体的酸碱度、温度、透明度、水深、底质等；从渔民处购买四大家鱼，并记录四大家鱼的数量，测量和记录生物学性状及计算四大家鱼所占渔获物的比例。

2.1.2.2　结果与分析

(1) 主要的产卵场

文献[6]中记载赣江四大家鱼有 12 处产卵场：储潭、望前滩、良口滩、万安、百嘉下、泰和、沿溪渡、吉水、小江、峡江、新干及三湖。万安水利枢纽以上的 4 个四大家鱼产卵场的万安、良口滩和望前滩，处于万安水库淹没区，产卵环境已不复存在，只有位于淹没区尾端的储潭产卵场保存较好，每年 4~7 月四大家鱼繁殖季节可以在此捕到产卵的青鱼和草鱼，鲢和鳙相对较少见。万安水利枢纽以下 8 个产卵场中，峡江巴邱产卵场是保存较完好的，繁殖季节渔民经常能捕到产仔的亲鱼，其中以青鱼比较常见，草鱼较少，鲢、鳙几乎没有。百嘉下、泰和、沿溪渡、吉水、小江、新干和三湖产卵场中，其渔获物主要以鳊、赤眼鳟、银鲴为主，四大家鱼所占渔获物的比例很小，不足总数的 1%。据渔民称，在繁殖期也很少能捕到四大家鱼亲鱼。由此推断，传统的四大家鱼产卵场已逐渐消失，产卵场的规模已经大大缩小。图 2.10 是赣江中游四大家鱼 12 处产卵场的分布和 4 个水利枢纽的位置。

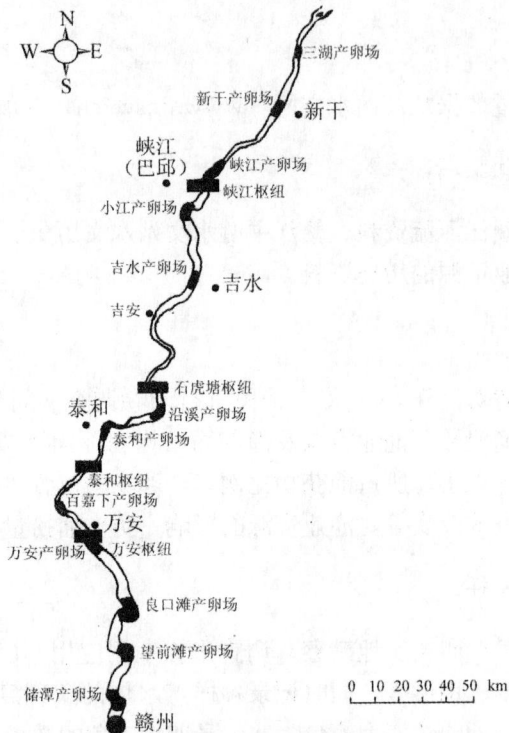

图 2.10 赣江中游四大家鱼产卵场分布

Fig. 2.10 Spawning sites of four Chinese carps in the middle reaches of Ganjiang River

(2) 赣江中游四大家鱼产卵的外界因素与产卵场的关系

① 水文因子对四大家鱼产卵场的影响：四大家鱼产卵场一般位于河道弯曲多变、江面宽狭相间、河床地形复杂的区域。特殊的环境条件形成复杂多样的水流特征，为四大家鱼产卵提供必需的环境因素。在鱼类繁殖季节，水位升高、流量增大、流速加快、涨水所持续的时间增加、流态紊乱和透明度减小等这些水文因素相互关联，对鱼类繁殖所起的作用是综合的[7~11]。张国华等[12]采用系统重构分析方法对影响四大家鱼产卵的生态水文指标进行了分析，认为适度的初始水位、初始流量，较大的流量日增长率，较高的水位日增长率及较长时间的水位上涨同四大家鱼的产卵行为密切相关。李翀等[13]对长江中游四大家鱼发江的生态水文因子进行了系统分析，认为产卵场所处江段每年 5~6 月的总涨水日数是决定四大家鱼鱼苗发

江量多寡的一个重要环境因子。Richter 等[14]建立了一套评估生态水文变化过程的水文变异指标（indicators of hydrologic alteration，IHA）方法，并利用该指标体系分析了美国北卡罗来纳州部罗阿诺克河生态水文特征，对比了该河流建坝前后的生态水文特征变化。张晓敏等[15]分析了汉江中下游四大家鱼自然繁殖的生态水文特征，认为四大家鱼自然繁殖与洪水过程中水体透明度存在相关性，透明度可以作为四大家鱼自然繁殖的重要指标之一。

　　四大家鱼产卵绝大多数是在涨水期间进行的。在繁殖季节中，产卵场的水温条件适合，当流量增加，水位上升，流速相应加大时家鱼即开始产卵；当水位下降，流速减小，产卵即停止。因而，研究涨水过程中各生态水文指标的变化是探讨四大家鱼产卵所需水流条件的基础。绝大多数家鱼的产卵活动均发生在涨水过程中，但并不是所有涨水过程都有产卵行为发生。如果涨水过程持续时间较短或者是第一次洪峰，则家鱼可能并没有产卵行为，而当涨水过程持续较长或间隔一定时间的第二次涨水过程到来时，则可能出现大规模的产卵现象。这说明家鱼产卵前是需要连续的或足够长时间的涨水过程刺激，刺激产卵所需要的时间与流速相关，流速越大需要时间越短；反之，流速越小需要时间则越长。图 2.11 和图 2.12 分别列出了赣江峡江段 2009 年 4~6 月水位及水流量变化情况，可以看到，水位和水流量基本成正比关系。4 月上旬至 5 月中旬水位一直维持在一个较稳定的范围内（33.99~36.5m），水位变化较小，没有持续涨水的过程，无法满足四大家鱼产卵的基本条件。而从 5 月中下旬开始，水位有一个明显的上涨过程，最高时达到 38.77m，且持续时间接近半个月，已达到四大家鱼产卵的基本条件。从采集到的四大家鱼亲鱼数量上也可以得出结论，所采集到的 15 尾性成熟四大家鱼中，有 10 尾是在 5 月 18 日至 6 月 3 日采集到的，占 66.67%。因此，四大家鱼产卵活动与水位和水流量的变化是存在一定相关性的。

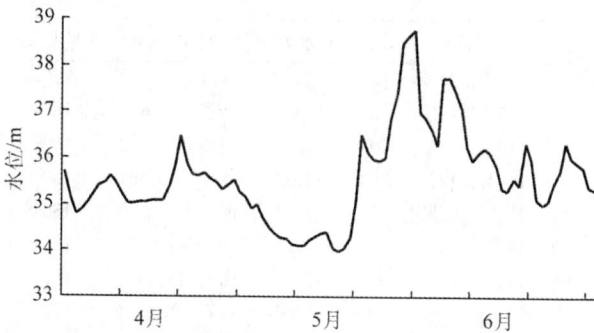

图 2.11 赣江峡江段 2009 年 4~6 月水位变化情况

Fig. 2.11 The water level in the Xiajiang reach of Ganjiang River from April to June of 2009

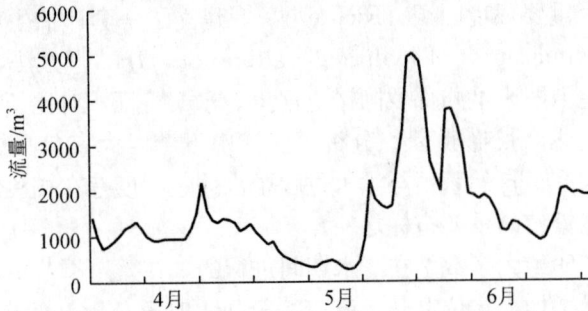

图 2.12 赣江峡江段 2009 年 4～6 月水流量变化情况

Fig. 2.12 The water flow in the Xiajiang reach of Ganjiang River from April to June of 2009

② 其他环境因子对产卵场的影响：特殊的地形和水底条件可以为四大家鱼产卵提供优越的条件，一旦四大家鱼产卵的这些外界条件被破坏，水文因素对产卵场的影响就无从谈起。而赣江中游四大家鱼产卵场外界条件大多已被破坏。如表 2.3 所示，除储潭和峡江外，其他产卵场底质一般以沙质为主或趋向沙质化，以吉水产卵场为例，从 20 世纪 80 年代初开始大量地挖沙，如今在枯水期到处可见河床上深 2～5m 的沙坑，整个河床遭到严重破坏。通过实地考察还发现这些产卵场受人为因素的影响较大，产卵场周围多为城镇居民区，水质污染较严重，且水位很低。以上环境条件导致四大家鱼无法正常产卵，加之不合理的捕捞使得四大家鱼产卵亲鱼遭受破坏。

表 2.3 赣江中游四大家鱼产卵场的环境因子

Tab. 2.3 The environmental factors of four Chinese carps spawning sites in the middle reaches of Ganjiang River

调查站点	环境因子								
	北纬	东经	海拔/m	水温/℃	底质	pH	透明度/cm	水流	江面宽度/m
储潭	24°61.191′	115°24.250′	75	24.5	沙底	6.3	120	较急	500
望前滩	24°70.575′	115°45.242′	75	20	沙石	6.4	180	缓	250
良口滩	24°74.383′	115°44.384′	70	22	泥沙	6.2	160	缓	400
万安	25°03.460′	114°58.126′	70	19.4	沙	6.4	180	缓	400
万安大坝	25°04.114′	114°01.029′	65	19.6	泥沙	6.5	180	缓	600
百嘉下	25°69.409′	113°56.521′	63	22.3	沙、卵石	6.2	200	较急	500
泰和坝址	26°54.265′	114°02.214′	60	24	卵石、沙	6.2	160	较急	300
泰和	26°46.591′	114°50.350′	59	24.1	沙石	6.2	170	很急	400
沿溪渡	26°48.279′	114°57.536′	57	23.1	卵石、沙	6.1	150	较急	300
石虎塘坝址	26°54.319′	114°59.522′	52.4	20	沙石	6.3	100	较急	500
吉水	27°13.495′	115°07.132′	41	10.3*	卵石、沙	6.2	120	很急	350
吉水小江	27°26.241′	115°02.668′	30	10.8*	卵石、沙	6.2	150	较急	200
峡江坝址	27°30.893′	115°07.693′	42	9.0*	沙石	6.4	150	较缓	250

续表

调查站点	环境因子								
	北纬	东经	海拔/m	水温/℃	底质	pH	透明度/cm	水流	江面宽度/m
峡江巴邱	27°33.065′	115°09.736′	29	9.9*	卵石、沙	6.2	140	较缓	600
新干	27°45.739′	115°23.057′	24	8.8*	沙石	6.3	100	较缓	500
三湖	27°56.232′	115°30.202′	30	22.5	沙石	6.2	130	平缓	260

＊表示 12 月测得的水温,余为 4～6 月测得的水温。

2.1.3.3　讨论

(1) 赣江中游四大家鱼成色变化及苗卵资源下降的原因

据调查[6],赣江峡江至新干县江段天然鱼苗产量统计,20 世纪 50 年代平均捞苗 20 亿尾,60 年代平均捞苗 25 亿尾,70 年代平均捞苗 19 亿尾,80 年代平均捞苗 13 亿尾,90 年代平均捞苗 5 亿尾,2000 年仅捞获 2000 万尾左右。1996 年在赣江峡江至新干三湖江段进行产量调查,取得 3538 尾鱼苗的样品,样品中家鱼苗有 345 尾,占 9.77%,青鱼、草鱼、鲢、鳙的比例分别为 21.44%、37.52%、2.64%和 8.40%,与 60 年代相比,鲢苗由 1965 年的 31.0%下降到 1996 年的 2.64%,青鱼苗由 1981 年的 42.7%下降到 1996 年的 21.44%,而草鱼苗的比例由 1965 年的 83.0%下降到 1996 年的 37.52%。1998 年在赣江峡江、新干江段产卵场捞苗渔获物调查中,青鱼、草鱼、鲢、鳙苗分别为 21.44%、25.52%、2.64%、8.4%;与六七十年代相比,青鱼由 1965 年的 42.7%下降到 21.44%;草鱼由 1965 年的 67.5%下降到 25.52%;鲢由 31.7%下降到 2.64%,鳙由 24.15%下降到 8.4%。

导致赣江中游四大家鱼组成变化及苗卵资源下降的原因主要有以下几个方面:a. 不合理的捕捞方式。赣江中游自 20 世纪 80 年代开始广泛的使用电捕,虽然能得到短期的利益,但是从长远看,对鱼类有害无益。近年来很多渔民都放弃捕鱼,从另一方面也可以反映出鱼类资源的衰退。b. 挖沙作业破坏河流底质。以吉水产卵场为例,六七十年代吉水是很大的四大家鱼产卵场,但是大面积的挖沙作业破坏了家鱼的栖息环境,四大家鱼繁殖需要的水文条件无法满足,使得四大家鱼产量越来越低。c. 工业污染造成水质污染。随着城市的发展,工业污染造成的水质污染越来越严重。泰和产卵场和吉水产卵场靠近城市,生活污水、工业废水的排放使得四大家鱼产量锐减。据渔民叙述,如今泰和四大家鱼产量不及 60 年代的 20%。

(2) 水利设施对四大家鱼产卵场的影响

赣江中游大型水利工程目前只有 1993 年 5 月投入使用的万安水利枢纽。石虎塘水利枢纽 2008 年年底已经开工建设，2009 年 9 月峡江水利枢纽开工建设计划在近几年之内，还将建设泰和水利枢纽。大坝的建成必定会给四大家鱼产卵造成一定的影响，推测其将会产生的影响如下。

①万安水利枢纽：位于赣江中游万安县城 2km 处。枢纽建成蓄水后，库区水流显著减缓，原有流动的水体变为半静止或静止。使得坝上游万安、良口滩和望前滩四大家鱼产卵所需的水文条件丧失，使四大家鱼产卵场被破坏或消失。坝下 15 km 处的百嘉下产卵场，因流速和水位得不到满足，产卵将受到严重威胁。

②泰和水利枢纽：位于泰和县栖龙村附近，上距万安坝址 42km，下距泰和县城公路桥约 15km。大坝建成后，将对上游百嘉下产卵场造成严重的影响，一方面坝下游的四大家鱼无法越过大坝来此产卵，另一方面坝上游的青鱼、草鱼、鲢、鳙可能到上游支流另找适宜的场所进行产卵繁殖，但孵出的鱼苗漂流到坝下游，可能会受到机械损坏或氮气过饱和的危害而大量死亡，即使成活下来，受大坝阻隔也无法回到上游补充群体资源。下游 10km 处的泰和产卵场由于无法形成四大家鱼产卵要求的水速和水位，将会衰退或消失。

③石虎塘水利枢纽：位于泰和县城公路桥下游 26km 的石虎塘村附近。枢纽建成后，将改变上、下游的水位、水温、水流速等水文因子，使得上游泰和、沿溪产卵场的原有生态条件发生改变，甚至可能导致此二处产卵场的消失。

④峡江水利枢纽：位于赣江中游的峡江县巴邱镇上游峡谷河段。大坝建成后，坝上游 10km 处的小江产卵场受水流影响将会消失或衰退。坝下游 6km 处现保存较完好的峡江产卵场将会消失。新干和三湖产卵场由于离坝址较远，受其影响较小。

总之，万安、泰和、石虎塘和峡江水利枢纽的建成将改变其上、下游的水位、水温、水流速等水文因子，使得赣江中游原有的 12 处四大家鱼产卵场的环境发生改变，位置和规模将继续发生变化，甚至可能导致此 12 处产卵场的消失。

(3) 赣江四大家鱼产卵场保护措施建议

①建立鱼道。水利设施的截留破坏了四大家鱼的洄游通道，只能通过设置洄游通道等措施来补偿。万安水利枢纽没有建设鱼道，在建的石虎塘水利枢纽和峡江水利枢纽都设计了鱼道。

②合理捕捞。禁止电网捕捞及无照人员滥捕滥捞，严格控制鱼网的网眼大小，对于使用网眼太小的渔民禁止其捕捞。每年规定禁渔期，并对渔民给予适当的生活补助。鼓励渔民外出务工或从事其他副业，从而减缓捕捞压力。

③适当地进行鱼苗人工增殖放流活动，促进赣江鱼类资源的恢复。

2.2　赣江赣州段四大家鱼资源现状

2.2.1　材料与方法

采样点设在赣江上游的赣州，采样、材料处理以及数据处理方法等同 2.1.1.1 及 2.1.2.1。

2.2.2　结果与分析

2.2.2.1　四大家鱼的资源状况

本次调查共采集四大家鱼标本 372 尾。其中青鱼 30 尾，占四大家鱼总数的 8.06％；草鱼 197 尾，占 52.96％；鲢 127 尾，占 34.14％；鳙 18 尾，占 4.84％（图 2.13）。

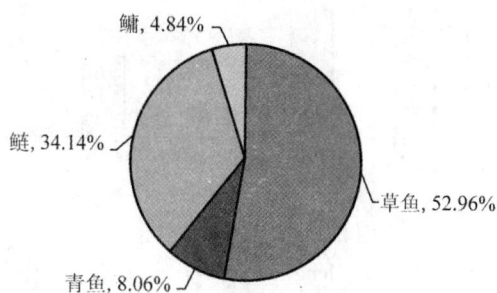

图 2.13 四大家鱼的组成

Fig. 2.13 Composition of four major Chinese carps

2.2.2.2　四大家鱼种群结构特征

（1）体长分布

30 尾青鱼体长范围为 18.0～92.0cm，197 尾草鱼体长范围为 12.1～83.6cm，127 尾鲢体长范围为 13.0～72.5cm，18 尾鳙的体长范围为 17.0～76.3cm。其体长分布见图 2.14～图 2.17。结果表明赣江赣州江段水域四大家鱼群体中草鱼、鲢、鳙均以体长小于 40cm 的个体为主，分别占 75.63％、91.34％、88.88％，青鱼以体长大于 60cm 为主，占 83.33％。

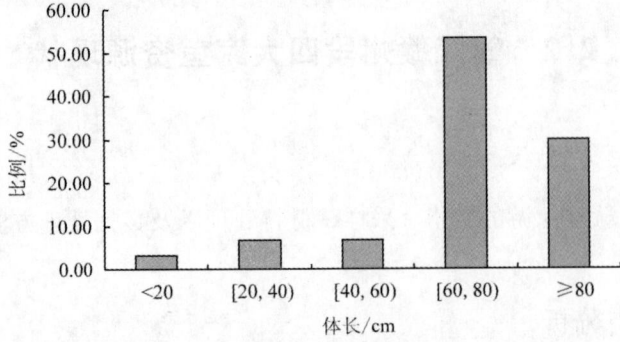

图 2.14 青鱼的体长分布

Fig. 2.14 Body length distribution of black carp

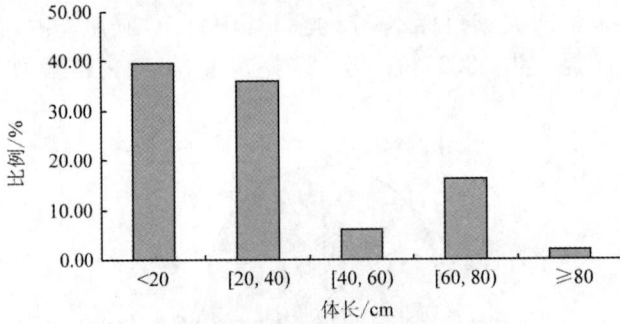

图 2.15 草鱼的体长分布

Fig. 2.15 Body length distribution of grass carp

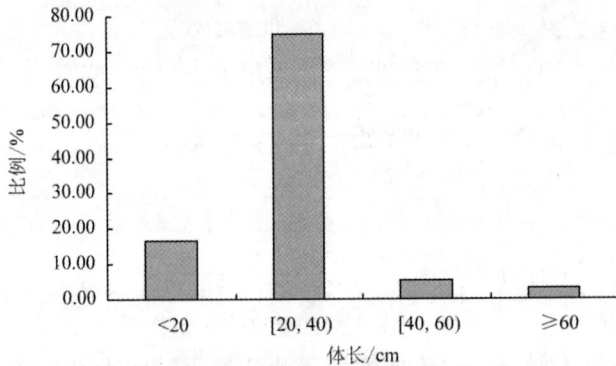

图 2.16 鲢的体长分布

Fig. 2.16 Body length distribution of silver carp

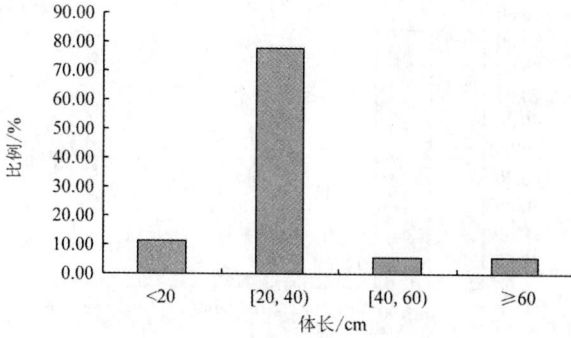

图 2.17 鳙的体长分布

Fig. 2.17 Body length distribution of bighead carp

（2）体重分布

30 尾青鱼体重范围为 79.00～15 600.00g，197 尾草鱼体重范围为 20.20～10 000.00g，127 尾鲢的体重范围为 38.20～6200.00g，18 尾鳙的体重范围为 90.00～7500.00g，其体重分布见图 2.18～图 2.21。

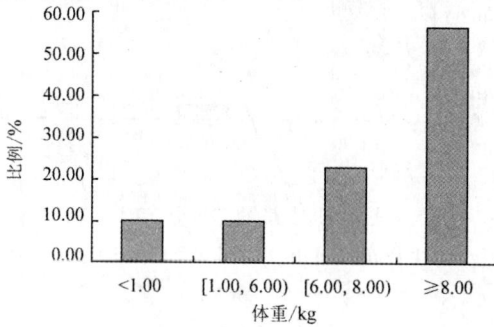

图 2.18 青鱼的体重分布

Fig. 2.18 Body weight distribution of black carp

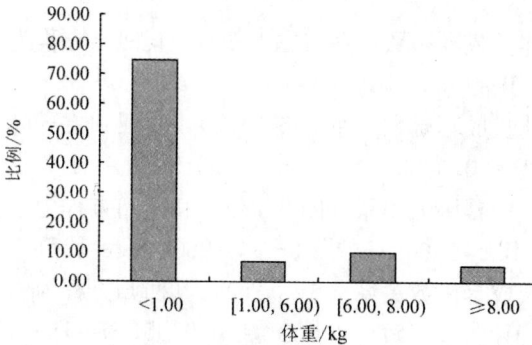

图 2.19 草鱼的体重分布

Fig. 2.19 Body weight distribution of grass carp

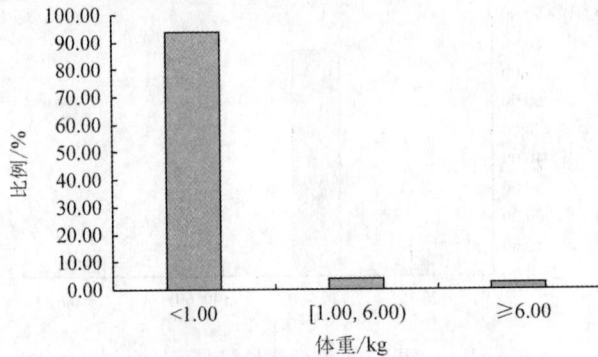

图 2.20 鲢的体重分布

Fig. 2. 20 Body weight distribution of sliver carp

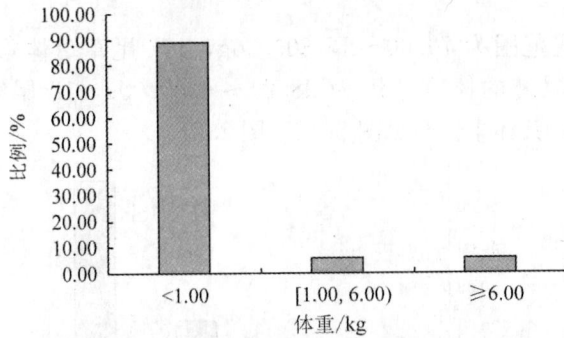

图 2.21 鳙的体重分布

Fig. 2. 21 Body weight distribution of bighead carp

（3）体长与体重的关系

根据赣江赣州江段四大家鱼体长（L）、体重（W）的实测数据做散点图，从点图上分析：

青鱼的体重与体长成幂函数关系（图 2.22），其回归方程为

$$W = 0.005L^{3.3218} \quad (r^2 = 0.9781, \ n = 30);$$

草鱼的体重与体长成幂函数关系（图 2.23），其回归方程为

$$W = 0.0083L^{3.2127} \quad (r^2 = 0.9615, \ n = 197);$$

鲢的体重与体长成幂函数关系（图 2.24），其回归方程为

$$W = 0.0055L^{3.371} \quad (r^2 = 0.9808, \ n = 127);$$

鳙的体重与体长成幂函数关系（图 2.25），其回归方程为

$$W = 0.0077L^{3.3131} \quad (r^2 = 0.9565, \ n = 18)。$$

经 F 检验，回归均为极显著（$P < 0.01$）。

赣江赣州江段四大家鱼体长与体重关系式中的幂指数 b 分别为 3.3218、

3.2127、3.371、3.3131，均接近于 3，表明四大家鱼体重与体长的立方基本呈正比关系，其生长属于匀速生长型。

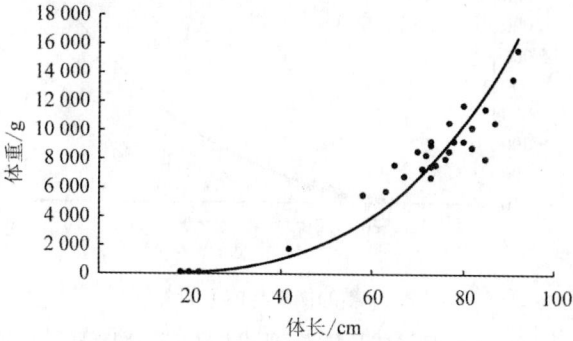

图 2.22 青鱼的体长与体重的关系

Fig. 2.22 Relationship between body length and body weight of black carp

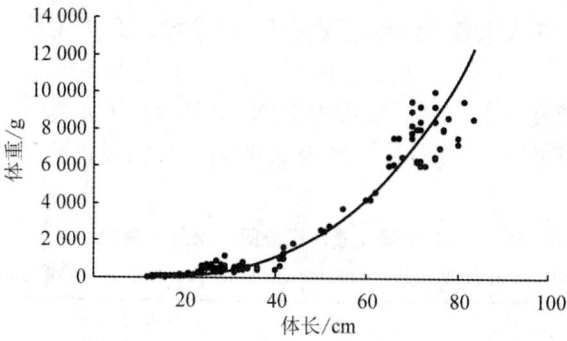

图 2.23 草鱼的体长与体重的关系

Fig. 2.23 Relationship between body length and body weight of grass carp

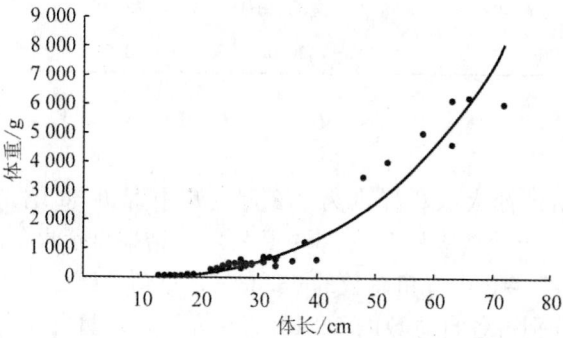

图 2.24 鲢的体长与体重的关系

Fig. 2.24 Relationship between body length and body weight of sliver carp

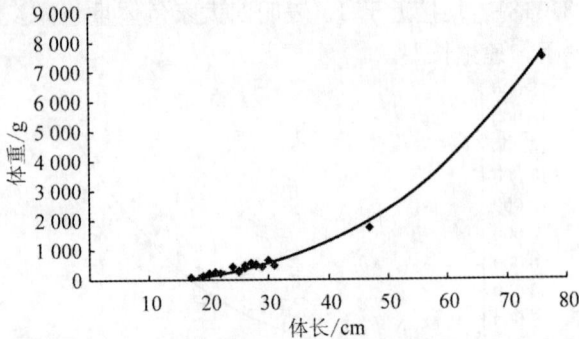

图 2.25 鳙的体长与体重的关系

Fig. 2.25 Relationship between body length and body weight of bighead carp

（4）丰满度

赣江赣州江段四大家鱼丰满度情况见表 2.4。如表 2.4 显示青鱼丰满度变化为 0.92%~2.82%，平均丰满度为 1.95%，标准差为 0.44%；草鱼为 0.75%~3.39%，平均丰满度为 1.74%，标准差为 0.65%；鲢为 0.94%~3.04%，平均丰满度为 2.02%，标准差为 0.61%；鳙 1.67%~3.04%，平均丰满度为 2.20%，标准差为 0.43%。

表 2.4 赣江赣州江段四大家鱼丰满度

Tab. 2.4 Fullness of four major Chinese carps in Ganzhou reach of Ganjiang River

种类	样本数/尾	体长/cm	体重/g	丰满度/%	均值/%	标准差/%
青鱼	30	18.0~92.0	79.00~15600.00	0.92~2.82	1.95	0.44
草鱼	197	12.1~83.6	20.20~10000.00	0.75~3.39	1.74	0.65
鲢	127	13.0~72.5	38.20~6200.00	0.94~3.04	2.02	0.61
鳙	18	17.0~76.3	90.00~7500.00	1.67~3.04	2.20	0.43

（5）年龄组成

用于年龄分析的四大家鱼样本为 273 尾，其中青鱼 30 尾、草鱼 119 尾、鲢 106 尾、鳙 18 尾，年龄结构见图 2.26~图 2.29。结果显示青鱼由 6 个龄组组成，优势龄组为 4 龄、5 龄，占青鱼总数的 63.33%；草鱼、鲢由 6 个龄组组成，优势龄组均为 1 龄，分别占各自总数的 62.18%、69.81%；鳙由 5 个龄组组成，优势龄组为 2 龄，占鳙总数的 50.00%。

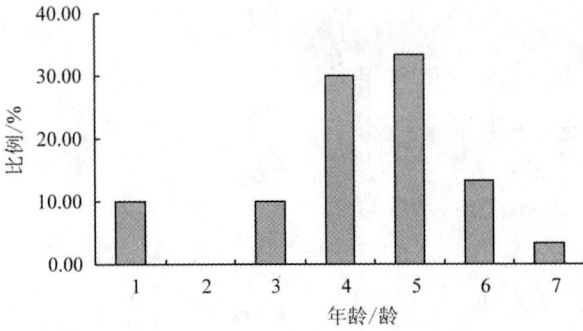

图 2.26 青鱼的年龄组成

Fig. 2.26 Composition of age for black carp

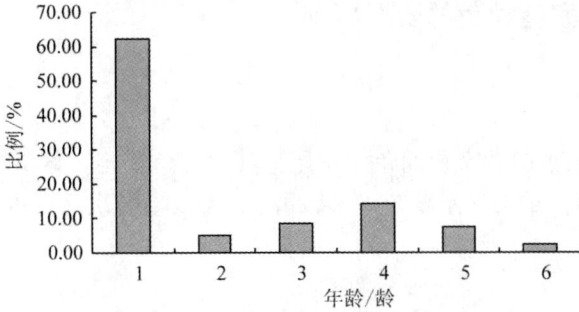

图 2.27 草鱼的年龄组成

Fig. 2.27 Composition of age for grass carp

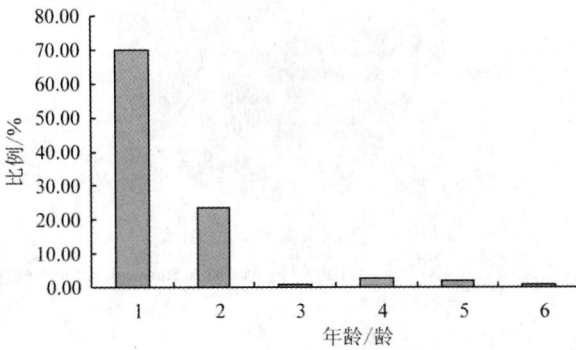

图 2.28 鲢的年龄组成

Fig. 2.28 Composition of age for silver carp

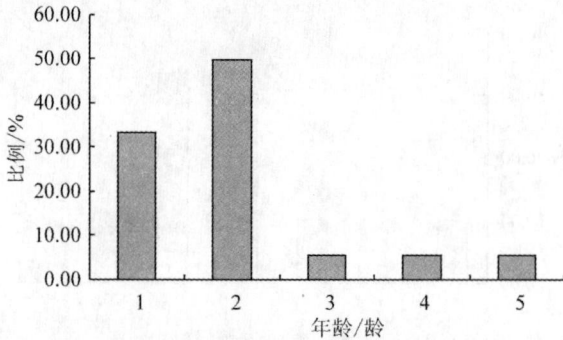

图 2.29 鳙的年龄组成

Fig. 2.29 Composition of age for bighead carp

2.2.2.3   四大家鱼幼鱼的资源状况

(1) 幼鱼的组成

本次调查共采集四大家鱼幼鱼 104 尾，其中青鱼 3 尾、草鱼 77 尾、鲢 21 尾、鳙 3 尾（图 2.30）。结果显示草鱼最多，占 74.05%，鲢次之，占 20.19%，青鱼、鳙各占 2.88%。

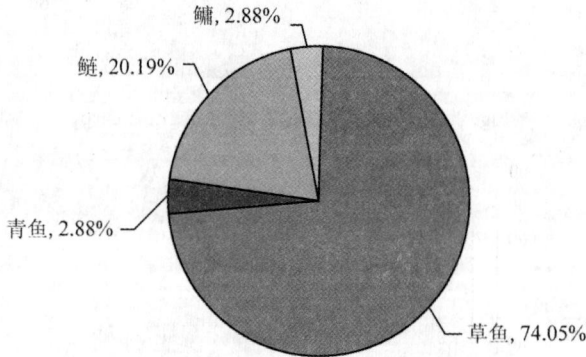

图 2.30 四大家鱼幼鱼组成

Fig. 2.30 Composition of Juvenile for four major Chinese carps

(2) 形态特征参数

如表 2.5 显示，4 种鱼的种内差异较小，显示出种群比较整齐，但 4 种鱼各自表现出特有的形态学特点。表 2.5 所展示的 4 种鱼幼鱼的形态参数，在一定程度上反映这些鱼类的品种种质特性。

表 2.5 赣江赣州江段四大家鱼幼鱼形态特征参数

Tab. 2.5 Morphology parameters of Juvenile for four major Chinese carps

in Ganzhou reach of Ganjiang River

形态特征参数	青鱼	草鱼	鲢	鳙
体长/cm	19.67±1.53	17.53±2.02	21.46±2.04	20.36±1.20
体高/cm	5.00±0.75	4.10±0.51	6.73±0.60	5.38±0.49
头高/cm	4.51±0.87	3.56±0.40	6.00±0.35	5.00±0.37
头长/cm	5.80±0.92	4.54±0.44	6.06±0.38	6.71±0.51
头宽/cm	4.07±0.66	3.10±0.30	3.69±0.24	3.50±0.16
吻长/cm	1.40±0.25	1.15±0.12	1.38±0.15	1.65±0.10
眼径/cm	0.97±0.05	0.94±0.08	1.10±0.06	1.06±0.08
鼻间距/cm	1.21±0.06	1.20±0.12	1.65±0.10	1.74±0.17
眼间距/cm	2.94±0.24	2.42±0.28	2.81±0.18	2.82±0.17
尾柄高/cm	2.84±0.82	1.92±0.26	2.35±0.20	1.91±0.18

（3）体尺指数

4 种鱼幼鱼的体尺指数见表 2.6。比较青鱼、草鱼、鲢、鳙四大家鱼各项指数，结果显示，头长指数为鳙＞青鱼＞鲢＞草鱼；头宽指数为青鱼＞草鱼＞鳙＞鲢；头高指数为鲢＞鳙＞青鱼＞草鱼；尾柄高指数为青鱼＞草鱼＞鲢＞鳙；吻长指数为鳙＞青鱼＞草鱼＞鲢；体高指数为鲢＞鳙＞青鱼＞草鱼。其中鳙的头长指数和吻长指数明显大于其他鱼，显示出其头部和吻部的生长发育占有明显的优势。

表 2.6 赣江赣州江段四大家鱼幼鱼体尺指数

Tab. 2.6 Parameter proportion of Juvenile for four major Chinese carps

in Ganzhou reach of Ganjiang River

名称	头长指数	头宽指数	头高指数	尾柄高指数	吻长指数	体高指数
青鱼	0.294±0.032	0.206±0.022	0.228±0.032	0.143±0.034	0.071±0.010	0.253±0.020
草鱼	0.260±0.015	0.178±0.007	0.203±0.008	0.109±0.007	0.066±0.005	0.234±0.014
鲢	0.287±0.017	0.154±0.007	0.251±0.013	0.098±0.002	0.058±0.007	0.281±0.004
鳙	0.329±0.006	0.171±0.004	0.245±0.005	0.093±0.004	0.081±0.001	0.264±0.011

2.2.2.4　四大家鱼繁殖生物学特性

（1）亲鱼的数量比

调查期间共采集到亲鱼样本 77 尾。其中青鱼 27 尾，占 34.18%；草鱼 42 尾，占 53.16%；鲢 8 尾，占 10.13%；鳙 2 尾，占 2.53%（图 2.31）。结果表明赣江赣州江段，草鱼在四大家鱼繁殖群体中所占比例较大，超过 1/2；其次是青鱼，超过 1/3；鲢和鳙数量甚少。

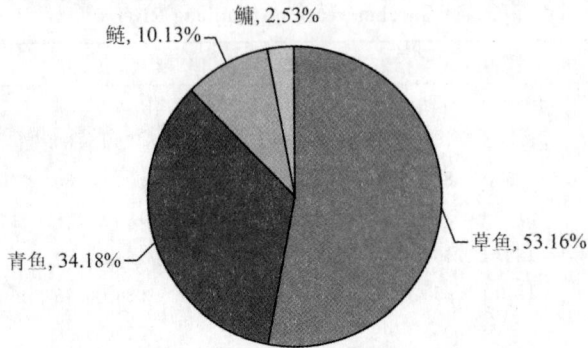

图 2.31 四大家鱼亲鱼的数量比

Fig. 2.31 Proportion of quantity for four major Chinese carps parents

（2）亲鱼的体长与体重

青鱼的繁殖群体体长为 42.3～92.0cm，体重为 2.70～15.60kg；草鱼的繁殖群体体长为 42.5～83.6cm，体重为 1.60～10.00kg；鲢的繁殖群体体长为 38.0～72.5cm，体重为 1.20～6.20kg；鳙的繁殖群体体长为 47.0～76.3cm，体重为 1.75～7.50kg（表 2.7）。

表 2.7 赣江赣州江段四大家鱼亲鱼的体长与体重

Tab. 2.7 Length and weight of body for four major Chinese carps parents in Ganzhou reach of Ganjiang River

种类	样本数/尾	体长/cm			体重/kg		
		范围	均值	标准差	范围	均值	标准差
青鱼	27	42.3～92.0	75.2	11.4	2.70～15.60	8.73	2.42
草鱼	42	42.5～83.6	68.3	9.5	1.60～10.00	6.55	2.20
鲢	8	38.0～72.5	57.5	11.6	1.20～6.20	4.49	1.66
鳙	2	47.0～76.3	61.5	—	1.75～7.50	4.63	—

（3）亲鱼的年龄组成

对亲鱼的年龄进行鉴定。青鱼的繁殖群体主要由 4 龄、5 龄鱼组成，共占总数的 70.37%，而又以 4 龄鱼最多；草鱼的繁殖群体主要由 3 龄、4 龄鱼组成，共占 71.43%；鲢的繁殖群体以 4 龄鱼最多，占 37.50%；鳙的年龄序列最短，4 龄、5 龄鱼分别占 50.00%（表 2.8）。

表 2.8 赣江赣州江段四大家鱼亲鱼的年龄组成

Tab. 2.8 Composition of age for four major Chinese carps parents
in Ganzhou reach of Ganjiang River

年龄/龄	青鱼		草鱼		鲢		鳙	
	尾数/尾	比例/%	尾数/尾	比例/%	尾数/尾	比例/%	尾数/尾	比例/%
3	3	11.11	13	30.95	2	25.00	0	0
4	9	33.33	17	40.48	3	37.50	1	50.00
5	10	37.04	9	21.43	2	25.00	1	50.00
6	4	14.82	3	7.14	1	12.50	0	0
7	1	3.70	0	0	0	0	0	0
合计	27	100	42	100	8	100	2	100

（4）繁殖群体中的性别比例

青鱼：雌 11 尾，雄 16 尾。草鱼：雌 20 尾，雄 22 尾。鲢：雌 5 尾，雄 3 尾。鳙：雌 1 尾，雄 1 尾。因此，4 种鱼的性别比例（雌：雄）分别为：青鱼，40.7：59.3；草鱼，47.6：52.4；鲢，62.5：37.5；鳙，50.0：50.0。雌雄性别比例都接近于 1：1（表 2.9）。

表 2.9 赣江赣州江段四大家鱼亲鱼的性别比例

Tab. 2.9 Proportion of sex for four major Chinese carps
parents in Ganzhou reach of Ganjiang River

种类	雌性个体数/尾	雄性个体数/尾	雌雄性别比例
青鱼	11	16	40.7：59.3
草鱼	20	22	47.6：52.4
鲢	5	3	62.5：37.5
鳙	1	1	50.0：50.0

（5）成熟系数

成熟系数主要用于衡量性腺发育程度和鱼体能量资源在性腺和躯体之间的分配比例，它反映了性腺的生长过程。赣江赣州江段四大家鱼繁殖季节成熟系数的变化范围（表 2.10）：青鱼为 1.09%～11.05%；草鱼为 1.16%～12.26%；鲢为 3.44%～17.70%；鳙为 6.06%～11.33%。月变化幅度：4 月，青鱼为 1.09%～4.44%；草鱼为 1.43%～5.35%；鲢为 3.44%～3.91%；在 4 月未采集到鳙的繁殖个体。5 月，青鱼为 3.71%～11.05%；草鱼为 1.84%～12.26%；鲢为 3.91%～17.70%；鳙为 6.06%～11.33%。6 月，青鱼为 1.76%～8.79%；草鱼为 1.16%～11.25%；鲢为 3.50%～17.00%；鳙未采集到繁殖个体。7 月，青鱼为 1.37%～2.28%；草鱼为 1.51%～3.33%；鲢、鳙均未采集到繁殖个体。青鱼、草鱼、鲢、鳙的月平均成熟系数均在 5 月达到最高，分别为 9.41%、8.46%、

11.70%、8.69%，即说明四大家鱼在 5 月进入繁殖高峰期。

表 2.10 四大家鱼成熟系数的变化情况

Tab. 2.10 Changes of gonad somatic indices for four major Chinese carps

种类	4月 范围/%	均值/%	5月 范围/%	均值/%	6月 范围/%	均值/%	7月 范围/%	均值/%
青鱼	1.09~4.44	1.98	3.71~11.05	9.41	1.76~8.79	4.87	1.37~2.28	1.72
草鱼	1.43~5.35	3.22	1.84~12.26	8.46	1.16~11.25	6.67	1.51~3.33	2.26
鲢	3.44~3.91	3.75	3.91~17.70	11.70	3.50~17.00	10.25	—	—
鳙	—	—	6.06~11.33	8.69	—	—	—	—

(6) 繁殖力

27 尾产卵四大家鱼样本中，青鱼 9 尾、草鱼 12 尾、鲢 5 尾、鳙 1 尾。其体长、体重、绝对繁殖力和相对繁殖力统计于表 2.11。赣江赣州江段四大家鱼中青鱼的绝对繁殖力均值为 54.04 万粒/尾，草鱼为 57.70 万粒/尾，鲢为 66.87 万粒/尾，鳙为 56.78 万粒/尾；青鱼的相对繁殖力均值为 65.46 粒/g，草鱼为 74.62 粒/g，鲢为 125.99 粒/g，鳙为 75.70 粒/g。

表 2.11 四大家鱼的绝对和相对繁殖力

Tab. 2.11 Absolute and relative fecundity of four major Chinese carps

种类	样本数/尾	体长/cm 范围	均值	体重/g 范围	均值	绝对繁殖力/（万粒/尾） 范围	均值	相对繁殖力/（粒/g） 范围	均值
青鱼	9	63.0~87.0	74.6	5 700.00~10 500.00	8 257.14	42.03~68.97	54.04	45.68~86.21	65.46
草鱼	12	66.0~83.6	74.0	6 000.00~10 000.00	8 125.00	44.49~76.54	57.70	48.28~107.50	74.62
鲢	5	58.0~66.0	62.3	5 000.00~6 200.00	5 633.33	62.52~76.54	66.87	116.73~139.48	125.99
鳙	1	76.0	76.0	7 500.00	7 500.00	56.78	56.78	75.70	75.70

2.3 抚河四大家鱼资源现状

2.3.1 材料与方法

采样点设在抚州市，采样、材料处理以及数据处理方法等同 2.1.1.1 及 2.1.2.1。

2.3.2 结果与分析

2.3.2.1 四大家鱼组成分析

2009 年 4～6 月共采集四大家鱼 414 尾。其中草鱼最多，265 尾，占四大家鱼总数的 64.01%；鳙次之，70 尾，占 16.91%；鲢 67 尾，占 16.18%；青鱼最少，12 尾，占 2.90%（图 2.32）。

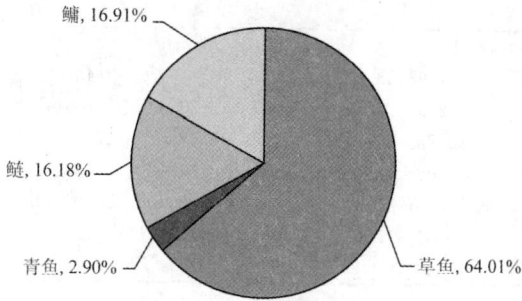

图 2.32 四大家鱼组成

Fig. 2.32 Composition of four major Chinese carps

2.3.2.2 四大家鱼的年龄

（1）年轮特征

青鱼和草鱼的年轮以切割型为主，鲢和鳙的年轮由封闭的"O"型环片和敞开的"U"型环片呈规则交替排列，是一种环片疏密排列和切割相结合的一种形式。

（2）四大家鱼年龄组成

表 2.12 列出了抚河抚州河段的四大家鱼年龄结构组成，它们的年龄结构相对简单，以 1 龄和 2 龄鱼为主。其中青鱼 1 龄鱼的数量占 83.33%，草鱼 1 龄鱼的数量占 89.40%，而鲢和鳙 1 龄鱼的数量比例都超过了 90%。由此可以判断，四大家鱼渔获物中低龄鱼比例极大，表明渔民对四大家鱼捕捞过度。

表 2.12 四大家鱼的年龄结构

Tab. 2.12 Age structure of four major Chinese carps

年龄/龄	青鱼		草鱼		鲢		鳙	
	尾数/尾	比例/%	尾数/尾	比例/%	尾数/尾	比例/%	尾数/尾	比例/%
1	10	83.33	236	89.40	63	94.03	64	91.43
2	2	16.67	28	10.60	3	4.48	6	8.57
3	—	—	—	—	1	1.49	—	—
合计	12	100.00	264	100.00	67	100.00	70	100.00

2.3.2.3　四大家鱼体长、体重分布

四大家鱼体长、体重分布如表 2.13、图 2.33 和图 2.34 所示。

表 2.13 四大家鱼体长和体重组成

Tab. 2.13 Body length and body weight composition of the four major Chinese carps

	青鱼	草鱼	鲢	鳙
数量/尾	12	265	67	70
体长范围/cm	21.9～58.2	12.9～57	14.1～74.3	15.9～46.7
体重范围/kg	0.225～2.85	0.045～3.35	0.04～7.86	0.06～2.00
平均体长/cm	35.22±10.21	36.59±8.17	27.01±9.99	28.72±7.45
平均体重/kg	1.08±0.80	1.17±0.64	0.55±1.11	0.58±0.46
优势群体体长范围/cm	20.00～40.00	30.00～50.00	20.00～40.00	20.00～40.00
优势群体体重范围/kg	0.00～1.50	0.50～2.00	<1.00	<1.00
优势群体百分比/%	75.00	78.49	91.04	81.43

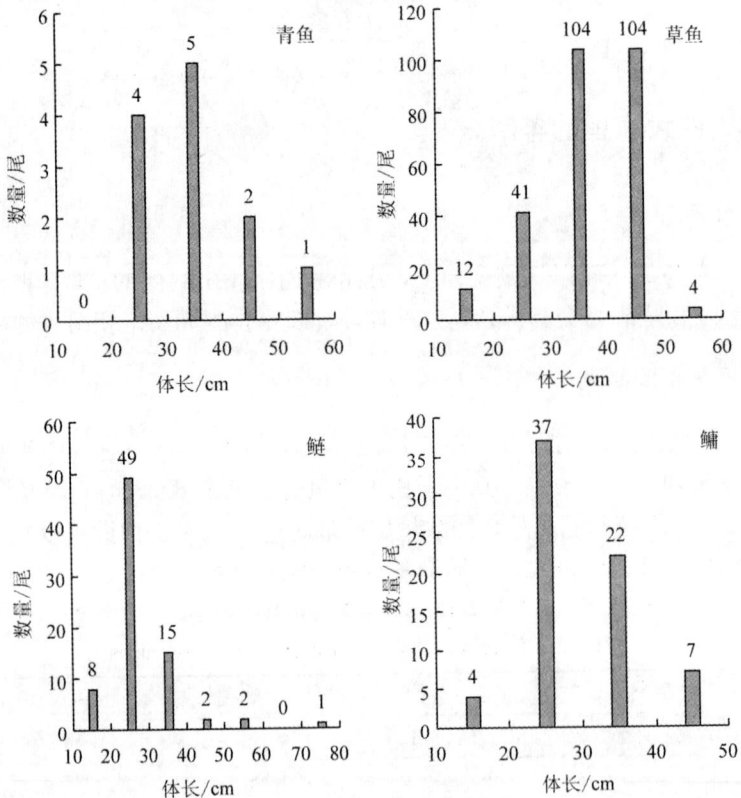

图 2.33 四大家鱼体长分布

Fig. 2.33 The body length distributions of four major Chinese carps

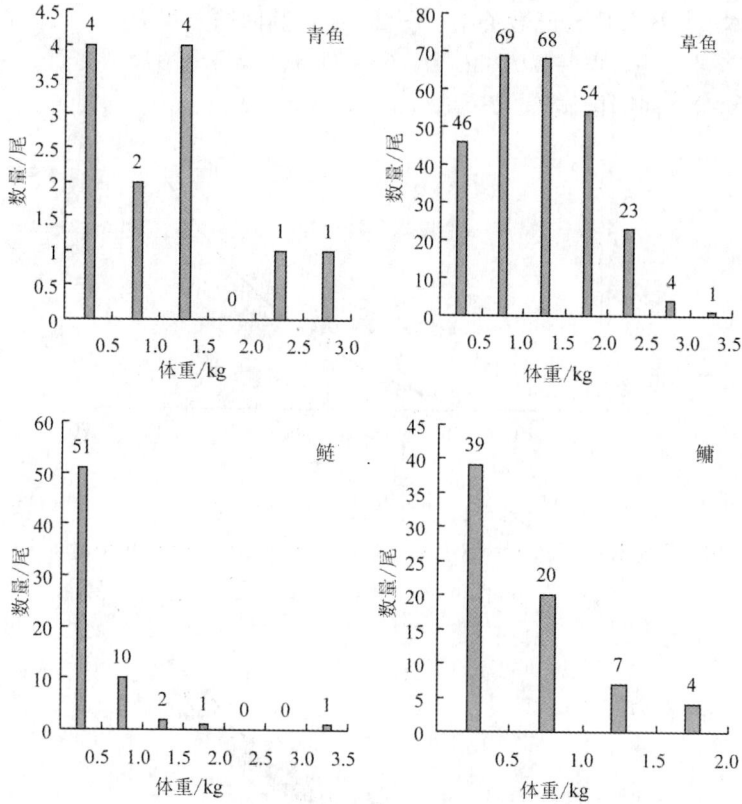

图 2.34 四大家鱼体重分布

Fig. 2.34 The body height distributions of four major Chinese carps

2.3.2.4　四大家鱼体长、体重的关系

根据抚河抚州段四大家鱼亲鱼体长（L）、体重（W）的实测数据做散点图，r^2 为相关系数，从点图上分析：

青鱼的体重与体长成幂函数关系（图 2.35），其回归方程为

$$W = 0.0334L^{2.8663}　(r^2 = 0.9738，n = 12)，$$

经 F 检验，回归极显著（$P < 0.01$）。

草鱼的体重与体长成幂函数关系（图 2.36），其回归方程为

$$W = 0.0239L^{2.9617}　(r^2 = 0.9390，n = 265)，$$

经 F 检验，回归极显著（$P < 0.01$）。

鲢的体重与体长成幂函数关系（图 2.37），其回归方程为

$$W = 0.0088L^{3.193}　(r^2 = 0.9560，n = 67)，$$

经 F 检验，回归极显著（$P < 0.01$）。

鳙的体重与体长成幂函数关系（图 2.38），其回归方程为

$$W=0.0105L^{3.189} \quad (r^2=0.9613, \quad n=70),$$

经 F 检验，回归极显著（$P<0.01$）。

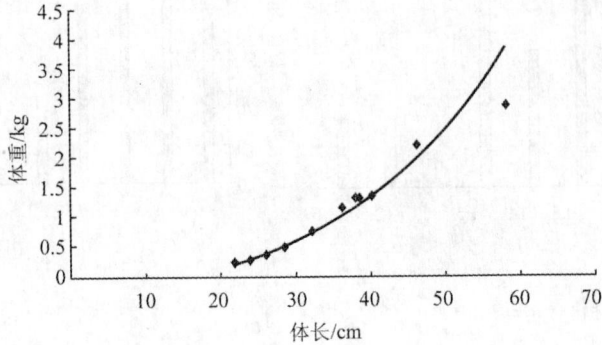

图 2.35 青鱼体长和体重的关系

Fig. 2.35 Relationship between body length and body weight of the black carp

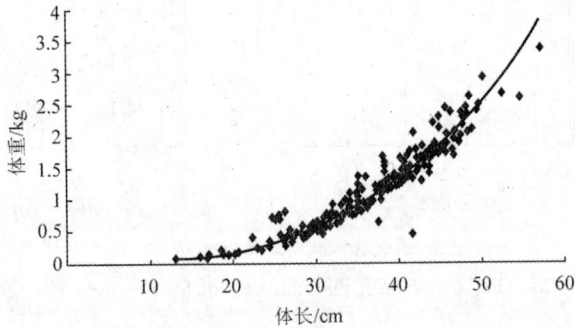

图 2.36 草鱼体长和体重的关系

Fig. 2.36 Relationship between body length and body weight of the grass carp

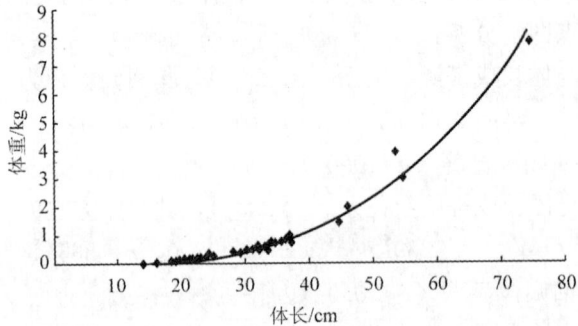

图 2.37 鲢体长和体重的关系

Fig. 2.37 Relationship between body length and body weight of the silver carp

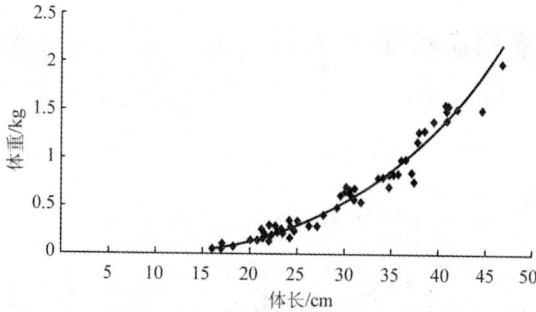

图 2.38 鳙体长和体重的关系

Fig. 2.38 Relationship between body length and body weight of the bighead carp

由体长和体重的关系可知，抚河抚州段四大家鱼的 b 值均接近于 3，表明抚河抚州段四大家鱼体重与体长的立方基本呈正比关系，其生长属于匀速生长；相关指数均大于 0.9，表明分析模型与实际结果之间的拟合程度的精度极高。

2.3.2.5　四大家鱼的丰满度

抚河抚州段四大家鱼丰满度如表 2.14 所示。

表 2.14 四大家鱼的丰满度

Tab. 2.14 Fullness of four major Chinese carps

	青鱼	草鱼	鲢	鳙
数量/尾	12	265	67	70
丰满度范围/%	1.45～2.40	0.63～4.65	0.93～2.57	1.20～2.78
丰满度（均值±std）	2.10±0.26	2.13±0.46	1.68±0.35	1.99±0.33

2009 年 4～6 月抚州段四大家鱼丰满度变化如图 2.39 所示。鲢的丰满度变化表现为先增大后减小，其原因可能是 5 月中下旬到 6 月初，水位的升高刺激鲢的产卵活动，使它们消耗了大量的能量，产卵活动结束后，它们的丰满度有所减小；鳙的丰满度表现为 4～5 月变化不大，到 6 月后减小，其原因可能和鲢相似，6 月产卵后导致本身丰满度减小；草鱼丰满度表现为先减后增，可能是因为草鱼的繁殖时间较晚，6 月的草鱼正在为接下来的繁殖期积蓄能量。青鱼只采到 5 月和 6 月的样本，从 5 月至 6 月，丰满度减小。

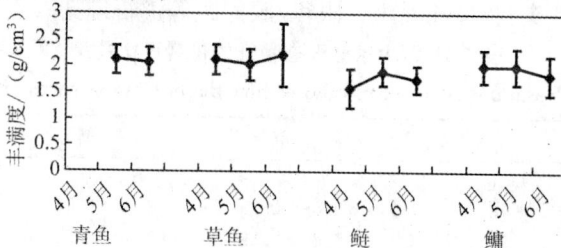

图 2.39 四大家鱼丰满度的变化

Fig. 2.39 Changes of fullness for four major Chinese carps

2.3.2.6 四大家鱼形态特征

（1）样本测量

样本测量方法同 2.1.1.1。

（2）形态学特征

经过测量后，四大家鱼的传统可量性状如表 2.15 所示。四大家鱼的种内差异较小，说明种群比较整齐，但 4 种鱼各自表现出特有的形态学特点。4 种鱼的形态参数，在一定程度上反映各自的品种种质特性。

表 2.15 四大家鱼外部形态测量数据（均值±标准差）

Tab. 2.15 Measurable datum of morphometric characters of four major Chinese carps (mean±std)

	青鱼	草鱼	鲢	鳙
数量/尾	1	56	47	32
体长（BL）/cm	181.01	215.62±44.72	204.18±21.07	205.31±38.05
体高（BH）/cm	47.87	60.76±14.77	66.72±7.69	62.86±13.28
头高（HH）/cm	37.39	47.60±10.85	55.75±5.68	55.96±11.78
头长（HL）/cm	46.34	51.14±10.81	57.49±6.66	66.84±12.98
头宽（HW）/cm	32.00	37.55±8.04	31.24±4.43	37.48±8.69
吻长（SL）/cm	12.55	13.05±3.83	11.93±1.73	16.88±4.16
眼径（ED）/cm	7.38	9.31±1.19	9.95±1.20	10.78±1.85
鼻孔间距（ND）/cm	12.56	14.68±3.39	15.21±2.22	19.14±4.69
眼间距（IW）/cm	26.04	29.09±6.48	24.99±3.11	31.87±8.23
尾柄高（CPW）/cm	21.7	26.02±5.90	22.84±6.88	22.28±5.01

李思发等[16]曾对长江、珠江、黑龙江的鲢、鳙和草鱼原种种群进行了形态学方面的测定和研究，阐述了不同流域鲢、鳙和草鱼的形态学差异。丁淑荃等[17]作出过以下定义。①头长指数：说明头部相对体长的发育程度。头长指数＝头长/体长。②体深指数：说明体深相对体长的发育情况。体深指数＝体高/体长。我们分别选取了体长/体高、体长/头长、体高/头高、体高/尾柄高、头长/吻长、头宽/眼径、头宽/眼间距、头宽/鼻孔间距、眼径/眼间距等进行统计（表 2.16）。

表 2.16 四大家鱼形态特征的可量可比性状（均值±标准差）

Tab. 2.16 Measurable parameters ratio of four major Chinese carps (mean±std)

	青鱼	草鱼	鲢	鳙
数量/尾	1	56	47	32
体长/体高	3.78	3.59±0.33	3.07±0.14	3.09±0.24
体长/头长	3.91	4.24±0.39	3.59±0.51	3.11±0.44
体高/头高	1.28	1.27±0.09	1.20±0.07	1.13±0.06
体高/尾柄高	2.21	2.33±0.24	3.00±0.32	2.84±0.25

续表

	青鱼	草鱼	鲢	鳙
头长/吻长	3.69	4.03±0.56	4.88±0.65	4.04±0.59
头宽/眼径	4.34	4.02±0.70	3.19±0.55	3.49±0.68
头宽/眼间距	1.23	1.30±0.19	1.25±0.13	1.19±0.08
头宽/鼻孔间距	2.55	2.59±0.34	2.08±0.28	1.98±0.21
眼径/眼间距	0.28	0.33±0.07	0.41±0.08	0.35±0.08

2.3.2.7　四大家鱼当龄幼鱼

(1) 四大家鱼当龄幼鱼组成

2009 年 7～8 月共采集四大家鱼当龄幼鱼（即当年 4～7 月出生的幼鱼）64 尾：其中鳙最多，总共 35 尾，占总数的 54.68%；其次是草鱼 15 尾，占 23.44%；鲢 11 尾，占 17.19%；最少的是青鱼，只有 3 尾，占 4.69%（图 2.40）。

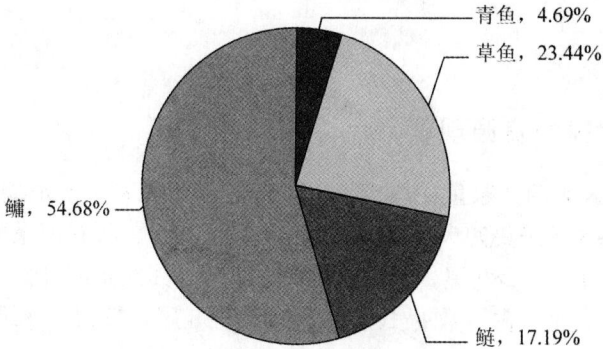

图 2.40 四大家鱼当龄幼鱼组成
Fig. 2.40 Composition of the juveniles of four major Chinese carps

从鱼类组成上来看，与胡茂林[18]所调查的 2008 年入鄱阳湖的长江四大家鱼的组成结果并不相符。2008 年入湖的长江四大家鱼组成为：鲢占 84.40%；草鱼占 10.42%；鳙占 3.50%；青鱼占 1.68%。

(2) 四大家鱼当龄幼鱼体长和体重分布

经测量后得出的四大家鱼当龄幼鱼体长、体重分布如表 2.17 所示。青鱼当龄幼鱼平均体长为 117.8±11.2mm，平均体重为 28.5±7.7g；草鱼当龄幼鱼平均体长为 170.1±26.2mm，平均体重为 118.1±45.3g；鲢当龄幼鱼平均体长为 191.1±12.8mm，平均体重为 142.6±31.3g；鳙当龄幼鱼平均体长为 157.4±23.3mm，平均体重为 91.1±37.1g。据胡茂林[18]调查，2008 年入鄱阳湖长江四大家鱼当龄幼鱼平均体长：青鱼为 82.4±13.8mm，草鱼为 93.6±21.4mm，鲢为 106.3±27.5mm，鳙为 80.8±26.7mm；平均体重：青鱼为 12.14±8.97g，草鱼为 18.23±15.86g，鲢为 18.76±17.58g，鳙为 11.98±10.78g。相比而言，抚河抚州段四大家鱼当龄幼鱼体型明显要大于入鄱阳湖的长江四大家鱼当龄幼鱼体型。

表 2.17 四大家鱼当龄幼鱼体长和体重

Tab. 2.17 Body length and weight of the juveniles of four major Chinese carps

	青鱼	草鱼	鲢	鳙
数量/尾	3	15	11	35
体长范围/mm	106.6～129.0	101.0～197.7	163.6～205.0	98.6～193.8
体重范围/g	20.5～35.9	23.6～178.1	94.3～200.0	22.2～167.7
平均体长/mm	117.8±11.2	170.1±26.2	191.1±12.8	157.4±23.3
平均体重/g	28.5±7.7	118.1±45.3	142.6±31.3	91.1±37.1
优势群体体长范围/mm	100～120	150～190	170～200	140～180
优势群体体重范围/g	20～30	70～150	90～160	60～130
优势群体百分比/%	66.67	60.00	72.73	62.86

2.3.3　讨论

2.3.3.1　四大家鱼资源现状

本次研究共采集四大家鱼样本 478 尾，其中于四大家鱼繁殖期 4～6 月所采集样本 414 尾，7～8 月采集四大家鱼当龄幼鱼样本 64 尾。所有记录的四大家鱼样本中，最多的是草鱼，共 280 尾，占总数的 58.58%；其次是鳙，共 105 尾，占总数的 21.96%；鲢 78 尾，占总数的 16.32%；青鱼 15 尾，仅占 3.14%。四大家鱼中草鱼数量较多，鲢、鳙次之，最少的是青鱼，几乎已经绝迹于抚河。这说明抚河抚州段青鱼的生存、繁殖条件破坏得比鲢、鳙、草鱼都要严重。从四大家鱼渔获物的整体情况来看，年龄几乎都是 1～2 龄，数量超过整个四大家鱼总数的 99%。个体体型除青鱼、草鱼相对较大外，鲢、鳙均较小。

四大家鱼总体表现为个体体型较小，年龄结构简单。这表明渔民对抚河抚州河段的四大家鱼捕捞过度，造成四大家鱼资源量匮乏。另外，这次采样没有采集到性腺处于成熟期的四大家鱼，说明抚河可能已经不存在四大家鱼的繁殖群体。

2.3.3.2　抚河四大家鱼资源与其他河流对比

张建铭等[19]2009 年 4～6 月对赣江峡江段四大家鱼资源进行采样调查的结果为四大家鱼共 392 尾：其中青鱼 46 尾，占 11.73%；草鱼 260 尾，占 66.33%；鲢 54 尾，占 13.78%；鳙 32 尾，占 8.16%。其年龄结构简单，以低龄鱼为主，1 龄和 2 龄鱼占 81.6%。性成熟个体较少，其中青鱼 8 尾，草鱼 5 尾，鲢、鳙各 1 尾。

相比于鄱阳湖水系最大的河流——赣江中的四大家鱼资源现状，抚河四大家鱼资源现状与其较为相似。抚河抚州段 2009 年 4～6 月所采集的四大家鱼共 414 尾。其中青鱼 12 尾，占 2.90%；草鱼 265 尾，占 64.01%；鲢 67 尾，占 16.18%；鳙 70 尾，占 16.91%。由此可以看出赣江的青鱼较抚河多，但是鳙却相对较少。两地的四大家鱼年龄结构都较为简单，以 1 龄和 2 龄鱼为主。本次研究未能在抚河抚州段采到性成熟的四大家鱼个体，说明抚河抚州段可能已经无法为四大家鱼的繁殖提供合适的水文条件。

胡茂林等[20]对长江瑞昌江段四大家鱼鱼苗捕捞现状进行分析发现：1991～2007年，在四大家鱼鱼苗组成中，草鱼苗所占比例最大，平均为 47.06%；其余依次是青鱼苗，占 19.02%；鳙苗，占 17.39%；鲢苗，占 16.53%。而这与本次研究所记录的结果有很大的不同，从一定程度上说明了抚河抚州段的四大家鱼并非完全来自于由长江进入鄱阳湖的四大家鱼。

2.3.3.3　影响四大家鱼资源量的因素

(1) 廖坊水利枢纽的影响

廖坊水利枢纽自 2005 年正式下闸蓄水后，造成其下游河段的水域环境发生了巨大的改变：水位下降、流速减缓、底质改变、河道阻塞等。

① 水位下降：青鱼和草鱼一般生活于水体中下层，觅食时才偶尔在上层活动，而鲢、鳙一般生活在水体中上层。廖坊水利枢纽蓄水后，下游水位下降，水体层次紊乱，对四大家鱼的生存环境造成了巨大的影响，而且水位的下降也使得渔民在进行捕捞作业时更易于捕捉到年龄、体型相对较大的亲鱼，对四大家鱼的繁殖是一个巨大的威胁。

② 流速减缓：根据李修峰等[21,22]对汉江中游江段的现场勘察，发现四大家鱼产卵主要发生在水位上涨的过程中，得知产卵场的主要分布江段特征为：水流急、缓交错，"泡沙水"较多，流态紊乱，江中多有沙洲、小岛分布。水利枢纽的建成对下游河水流量、流速造成极大的影响，所以使抚河抚州江段可能存在的四大家鱼产卵场水域环境发生改变，无法再为四大家鱼产卵提供条件。

③ 底质改变：廖坊水利枢纽蓄水后，库区水流变缓，甚至局部出现静水区，上游河段带来的泥沙以及其他一些悬浮物质会在库区沉积。这将使库区的可见度增加，阳光吸收充足，植物生长茂盛，为草鱼、鳊、鲂等植食性鱼类提供充足的饵料。但是上游河道的泥沙在水库大量沉淀后，水库的清水下泄改变了坝下河道原有的水沙平衡，含沙量会降低，使得黄颡鱼、鲇等底栖鱼类数量增加，而下游的河岸、浅滩被冲刷，导致四大家鱼的产卵场和栖息地减少或消失。

④ 河道阻塞：四大家鱼是半洄游性鱼类，繁殖期时会沿着河道上溯洄游到适

合它们产卵的产卵场进行繁殖。廖坊水利枢纽落闸后不但造成下游水位下降、流速减缓，更阻塞了河道，导致鱼类洄游通道阻断，使其无法到达原本的产卵场进行繁殖，对鱼类资源造成巨大危害。

（2）采沙作业的影响

调查发现，大量的采沙设备置于抚河各河段岸边或者采沙船出没于抚河河道。一方面，采沙作业摧毁了河底的底泥和草场，使鱼类栖息、产卵环境和底栖生物的生存场所受到了极大的破坏。水生植物和底栖沙石大量流失，使得青鱼和草鱼的生存环境改变，食物链的破坏，直接导致其资源量的减少。另一方面，大量采沙对水文条件的破坏也极大，河流、湖泊荒漠化趋势严重，使得包括四大家鱼在内的各种鱼类资源前景都极为不乐观。

（3）违法渔业方式的影响

抚州的渔业方式主要为电渔，而因为管理制度不够严谨，管理力度薄弱，渔民在禁渔期采用该方式进行捕捞作业，显得对鱼类繁殖的危害更大，因为仔稚鱼承受不了高电压，大量的仔稚鱼直接被电死，亲鱼也会因承受不了电压而昏死。虽然在短期内渔民能够获得相对较可观的经济利益，但是从长远来说，电渔会对鱼类资源的循环利用造成极大的影响。虽然近年来在抚州市各级政府的大力扶持下，每年都会有大量的鱼苗放流入抚河，但是渔政执法力度薄弱，仍然无法遏制抚河包括四大家鱼在内的鱼类资源的日益枯竭。

2.3.3.4 四大家鱼资源保护措施

（1）人工增殖放流

廖坊水利枢纽落闸蓄水后，水域环境的改变不论是对库区还是对其下游鱼类资源都会造成巨大的影响，河道中鱼类栖息、产卵场所消失，鱼类群落结构发生变化。为了对包括四大家鱼在内的鱼类资源进行保护，必须实施人工增殖放流工作，放流鱼类的品种应以一些食物链短的、以浮游生物为饵的鱼类为主，如鲤、鲫、鳊、鲂、鲴、鲢、鳙等。

（2）设立过鱼设施

常见的过鱼设施有阶梯鱼道、仿自然通道、升鱼机、渔闸等。选取方案时应综合考虑诱鱼能力、过鱼能力、鱼类适应能力、工程投资及运行维护等因素。廖坊水利枢纽主要影响包括四大家鱼在内的洄游性鱼类及鲤、鲫、鲴等主要的定居性鱼类，选取过鱼设施时应当兼顾这些主要的过坝对象。

（3）实施生态调度

廖坊水利枢纽调度时需要考虑保障下游河道鱼类越冬、繁殖、秋季育肥等的生态需水量，按照四大家鱼性腺发育和繁殖特征的需要，每年 4～6 月通过调节下泄流量，使坝下实现连续的涨水过程和幅度较大的日水位波动，为四大家鱼等喜流水性鱼类繁殖提供水流条件。

（4）实行合理采沙

对采沙场的采沙作业一定要根据河道情况严格进行控制，不能盲目追求沙石的经济利益，必须考虑鱼类资源的可持续发展，防止出现采沙过度造成的河流、湖泊荒漠化现象。同时对鱼类的越冬、繁殖、育肥等场所的水域环境进行保护，禁止采沙作业，以达到保护抚河鱼类资源的目的。

（5）加强渔政管理

渔民采用非法渔业方式或在禁渔期时进行渔业作业，对鱼类资源的损害极为严重。当地渔政部门必须采取有效手段对电渔、炸鱼等非法渔业方式进行取缔，在禁渔期通过发放补贴金等手段在保障渔民利益的同时坚决禁止渔民在该时期内进行渔业作业，保护鱼类繁殖期的生存和繁育条件。

2.4　信江四大家鱼资源现状

2.4.1　材料与方法

采样点设在鹰潭市，采样、材料处理以及数据处理方法等同 2.1.1.1 及 2.1.2.1。

2.4.2　结果与分析

2.4.2.1　四大家鱼组成比例

2009 年 4～6 月在信江鹰潭采样点共采集到四大家鱼 100 尾。其中草鱼 58 尾，占四大家鱼总数的 58%；鳙 21 尾，占 21%；鲢 17 尾，占 17%；青鱼最少，只有 4 尾，占 4%（图 2.41）。

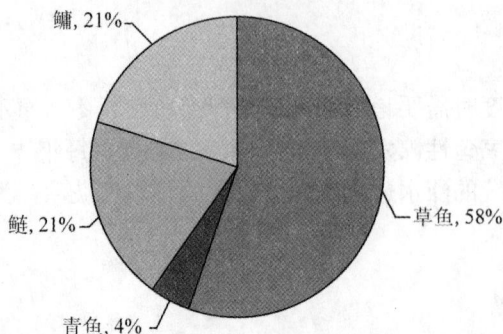

图 2.41　四大家鱼组成

Fig. 2.41 Composition of four major Chinese carps

2.4.2.2　四大家鱼体长分布

四大家鱼的体长分布见图 2.42。青鱼体长范围为 22～92cm，平均体长为 42.25±33.39cm。体长主要集中在 20～30cm。大于 30cm 的个体较少。青鱼个体总数较少，体长分布范围大。草鱼体长范围在 18～90cm，平均体长 42.14±15.71cm。体长主要集中在 30～70cm，个体数占到总数的 82%。小于 20cm 的个体只占 7%；大于 70cm 的个体只有 3%。鲢体长范围为 22～75cm，平均体长 53.82±15.83cm。体长主要集中在 45～65cm 之间，个体数占到总数的 82%。小于 45cm 的个体只占 12%；大于 65cm 的个体只有 6%。鳙体长范围在 35～90cm，平均体长 56.52±15.43cm。体长分布均匀，各体长范围内个体数量相差不大。

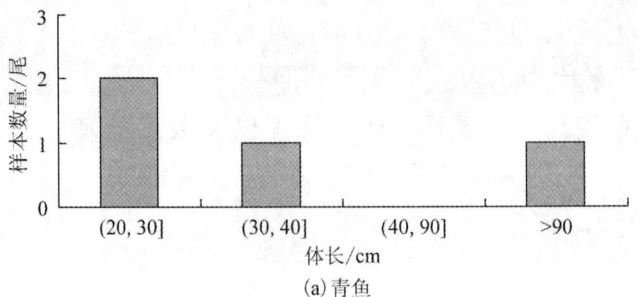

(a) 青鱼

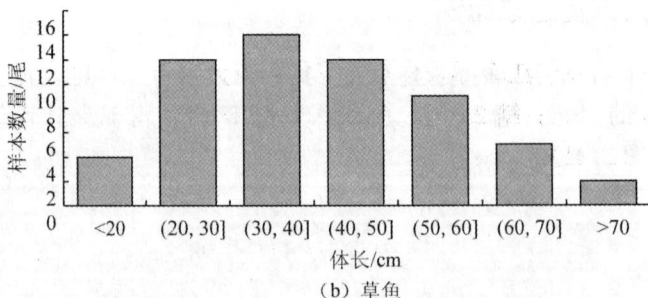

(b) 草鱼

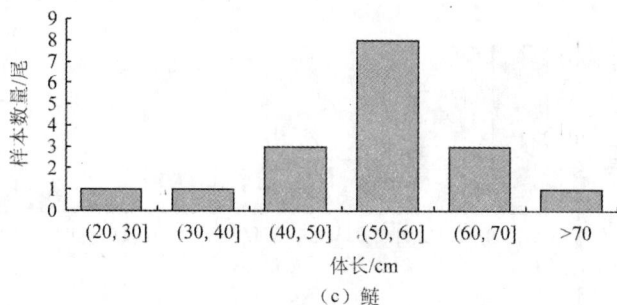

（c）鲢

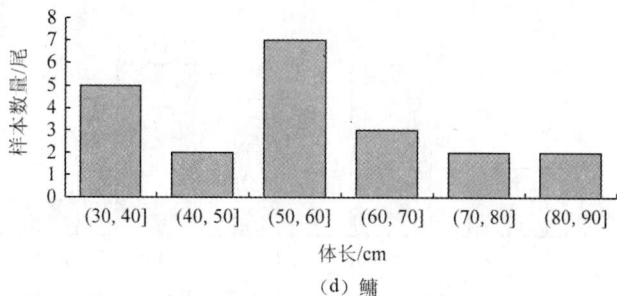

（d）鳙

图 2.42　四大家鱼体长分布

Fig. 2.42 Body length distribution of four major Chinese carps

2.4.2.3　四大家鱼体重分布

四大家鱼的体重分布见图 2.43。青鱼体重范围为 0.3～16.5kg，平均体重 4.49±8.01kg。青鱼标本数量少，且分布极不均匀。草鱼体重范围为 0.1～ 14.5kg，平均体重 2.10±2.36kg。草鱼体重分布均匀，在各体重范围内个体数相差不大。鲢体重范围为 0.15～6.5kg，平均体重 3.34±1.49kg。体重主要集中在 2.0～5.0kg，个体数占总数的 82%；小于 2.0kg 和大于 5.0kg 的个体分别占总数的 12% 和 6%。鳙体重范围为 0.9～13.25kg，平均体重 3.98±3.10kg。体重主要集中在 1.5～4.5kg，个体数占总数的 57%；小于 1.5kg 和大于 4.5kg 的个体分别占总数的 24% 和 19%。

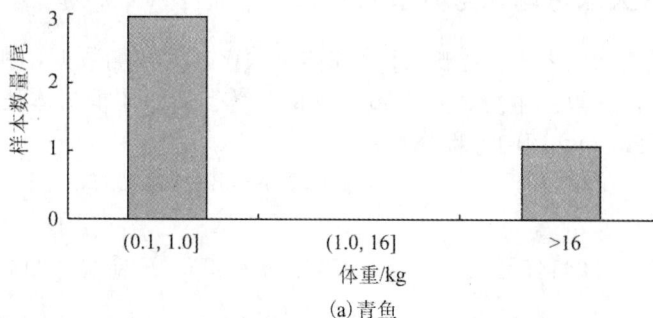

（a）青鱼

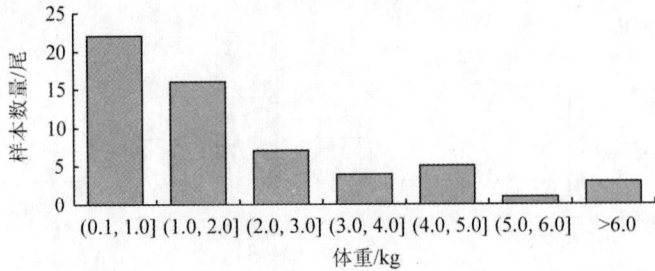

（b）草鱼

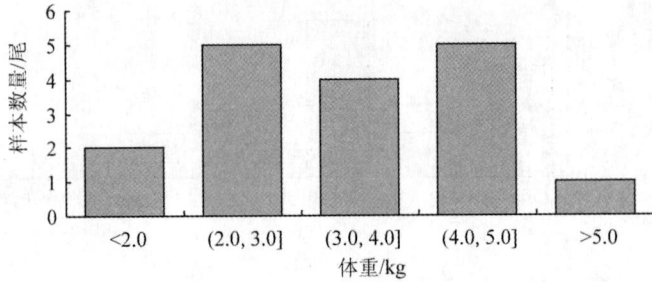

（c）鲢

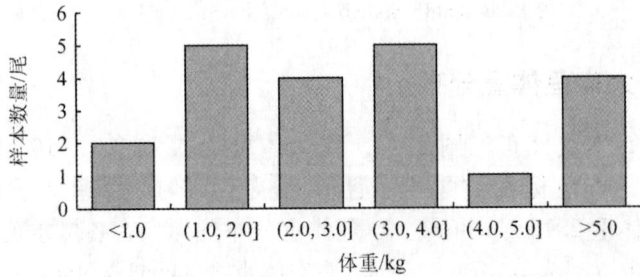

（d）鳙

图 2.43 草鱼、鲢、鳙体重分布

Fig. 2.43 Body weight distribution of four major Chinese carps

2.4.2.4 四大家鱼体长与体重的关系

根据所采集的四大家鱼体长（L）和体重（W）的实测数据，利用 Excel 分别对其做散点图，从点图上分析，青鱼、草鱼、鲢、鳙的体重与体长成幂函数关系（图 2.44～图 2.47）。回归方程分别为

青鱼：$W = 0.0225L^{3.0041}$（$r^2 = 0.9904$，$n = 6$）。F 检验，回归极显著（$P < 0.01$）。

草鱼：$W = 0.0414L^{2.8086}$（$r^2 = 0.9768$，$n = 58$）。F 检验，回归极显著（$P < 0.01$）。

鲢：$W=0.0145L^{3.0724}$（$r^2=0.968$，$n=17$）。F 检验，回归极显著（$P<0.01$）。

鳙：$W=0.0667L^{2.6833}$（$r^2=0.9303$，$n=21$）。F 检验，回归极显著（$P<0.01$）。

由体长和体重的关系可知，信江鹰潭段青鱼的 b＝3.0041，草鱼的 b＝2.8086，鲢的 b＝3.0724，鳙的 b＝2.6833，四大家鱼的 b 值均接近于 3，由此表明四大家鱼都接近于匀速生长。

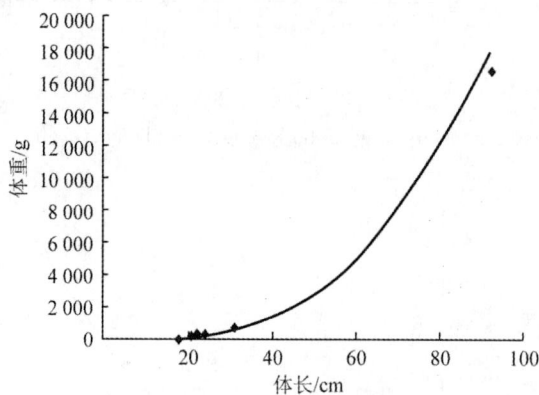

图 2.44 青鱼体长和体重的关系

Fig. 2.44 Relationship between body length and body weight of black carp

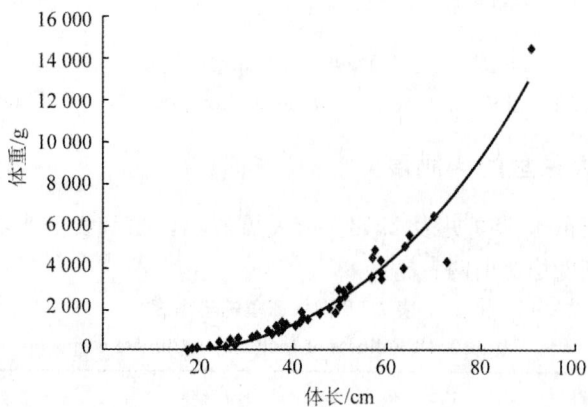

图 2.45 草鱼体长与体重的关系

Fig. 2.45 Relationship between body length and body weight of grass carp

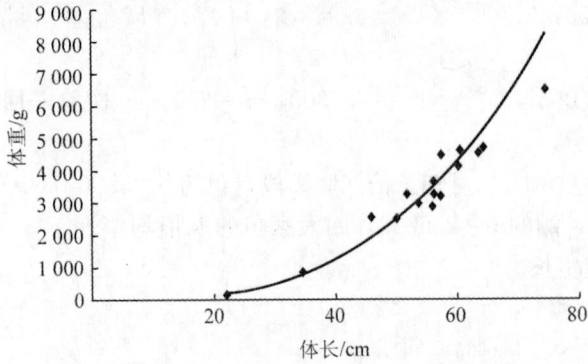

图 2.46 鲢体长与体重的关系

Fig. 2.46 Relationship between body length and body weight of silver carp

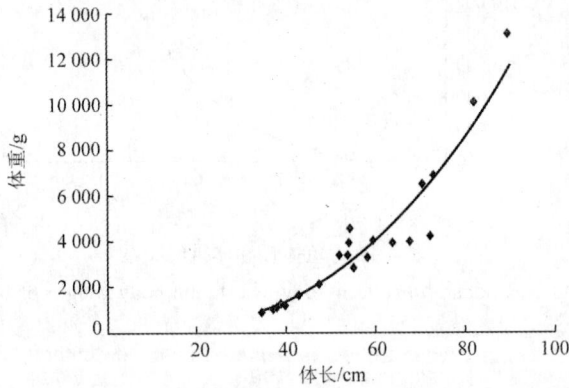

图 2.47 鳙体长与体重的关系

Fig. 2.47 Relationship between body length and body weight of bighead carp

2.4.2.5　四大家鱼的丰满度

信江四大家鱼丰满度见表 2.18。由表可看出，鲢和鳙的丰满度均值较接近；青鱼和草鱼丰满度均比前两者高。

表 2.18 四大家鱼的丰满度

Tab. 2.18 Fullness of four major Chinese carps

种类	样本数/尾	体长/cm	体重/kg	丰满度/%
青鱼	6	22.0～92.0	0.3～16.5	1.91～2.85
草鱼	58	18.0～90.0	0.1～14.5	1.09～3.13
鲢	17	22.0～75.0	0.15～6.5	1.41～2.57
鳙	21	35.0～90.0	0.9～13.25	1.09～2.86

2.4.2.6　四大家鱼年龄组成

用于年龄分析的四大家鱼样本为青鱼 4 尾、草鱼 58 尾、鲢 17 尾、鳙 21 尾，年龄结构如表 2.19 所示。结果显示，信江四大家鱼的年龄结构相对简单，主要以 1 龄和 2 龄鱼为主。青鱼 1 龄、2 龄鱼数量占总数的 75%；鲢 1 龄、2 龄鱼数量占总数的 71%；草鱼和鳙 1 龄、2 龄鱼数量所占比例高达 81% 和 90%。

表 2.19 四大家鱼的年龄结构

Tab. 2.19 Age structure of four major Chinese carps

年龄/龄	青鱼		草鱼		鲢		鳙	
	数量/尾	比例/%	数量/尾	比例/%	数量/尾	比例/%	数量/尾	比例/%
1	1	25.00	9	16.52	4	23.53	2	9.52
2	2	50.00	34	58.62	9	52.94	13	61.91
3	—	—	13	22.41	3	17.65	6	28.57
4	1	25.00	2	3.45	1	5.88		
合计	4	100.00	58	100.00	17	100.00	21	100.00

2.4.2.7　四大家鱼当龄幼鱼

（1）四大家鱼当龄幼鱼组成比例

2009 年 7~8 月在鹰潭界牌下共采集到四大家鱼当龄幼鱼 147 尾。其中鳙最多，总共 92 尾，占总数的 62.59%；草鱼次之，43 尾，占 29.25%；鲢 10 尾，占 6.80%；最少的是青鱼，只有 2 尾，占 1.36%，见图 2.48。

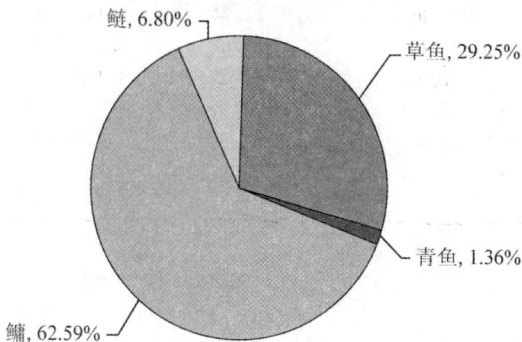

图 2.48 2009 年四大家鱼当龄幼鱼组成比例

Fig. 2.48 Composition of the juveniles of four major Chinese carps in 2009

（2）四大家鱼当龄幼鱼体长体重的分布

表 2.20 列出了四大家鱼当龄幼鱼的体长体重分布。

表 2.20 四大家鱼当龄幼鱼体长和体重分布

Tab. 2.20 Body length and body weight composition of the juveniles
of the four major Chinese carps

种类	数量/尾	平均体长/mm	平均体重/g
青鱼	2	205.00±21.21	146.00±43.84
草鱼	43	116.86±34.73	38.75±48.83
鲢	10	200.00±36.97	151.57±72.83
鳙	92	129.40±40.61	51.64±46.62

（3）四大家鱼当龄幼鱼的形态学测定

对采得样本进行传统可量性状的测量，测定项目包括体长、体高、头高、头长、头宽、吻长、眼径、鼻孔间距、眼间距、尾柄高等，并且计算出头长指数（头长指数＝头长/体长）、体深指数（体深指数＝体高/体长），二者分别反映头部相对体长的发育程度和体深相对体长的发育情况。结果见表 2.21。

表 2.21 四大家鱼当龄幼鱼形态特征的可量可比性状（均值±标准差）

Tab. 2.21 Measurable parameters ratio of the juveniles
of the four major Chinese carps（mean±std）

性状	青鱼	草鱼	鲢	鳙
体长/mm	205.59±1.47	123.29±41.00	70.14±27.95	84.77±9.01
体高/mm	51.49±1.71	32.89±10.23	22.19±10.41	25.40±2.68
头高/mm	42.21±0.51	25.35±8.74	17.40±8.18	21.65±2.01
头长/mm	51.57±0.76	32.69±9.07	21.62±6.94	28.81±2.87
头宽/mm	31.12±0.72	21.16±6.05	9.77±3.62	12.62±1.62
吻长/mm	11.66±1.96	7.91±2.26	4.42±1.13	7.27±1.04
眼径/mm	9.21±0.64	6.47±1.57	4.67±1.16	5.19±0.49
鼻孔间距/mm	9.06±0.45	8.71±2.25	4.40±1.74	6.64±0.99
眼间距/mm	22.93±0.21	16.71±5.07	7.41±3.30	9.98±1.44
尾柄高/mm	24.98±0.60	14.61±4.90	7.87±3.18	9.05±1.12
头长指数	0.251	0.265	0.308	0.340
体深指数	0.250	0.267	0.316	0.300

2.4.3 讨论

2.4.3.1 四大家鱼资源现状及其影响因素

近年来，由于人类活动的日益频繁，尤其是水利设施的开发建设，使信江原有的生态环境和结构发生了很大变化，导致四大家鱼的资源急剧减少。主要表现在两个方面：a. 四大家鱼数量明显减少，2009 年 4～8 月，共采集到四大家鱼 247 尾。其中青鱼最少，仅有 6 尾，占 2%；草鱼 101 尾，占 11%；鲢 27 尾，占 41%；鳙

113 尾，占 46%。b. 四大家鱼低龄化，青鱼、草鱼、鲢和鳙的种群年龄结构均以 1~2 龄鱼为主。采得的 100 尾四大家鱼中，1 龄、2 龄鱼占到总数的 74%。

　　导致信江四大家鱼数量和质量明显下降的原因主要有以下几方面：a. 过度捕捞。过度捕捞使信江的鱼类种群密度不断下降，同时成鱼数量减少，大量幼鱼被捕捞，这也是导致四大家鱼低龄化的原因之一；与此同时，非传统的捕捞方式也是导致四大家鱼资源锐减的原因之一，信江江段渔民普遍采用电渔方式，此种方式在短期内能得到极高的便利和效益，但是此种"一锅端"的渔业方式将对信江野生四大家鱼种群造成极大的破坏。b. 河流的采沙活动。据统计，在信江正式办理采沙许可证的船有 41 条，有关部门一直在控制采沙力度，但是非法采沙船的数量却更多，乱采滥采行为十分严重。一方面频繁的采沙行为将破坏河底的生态环境和水生植物，从而使青鱼、草鱼的摄食直接受到影响，另一方面，采沙还会破坏鱼类的产卵场，极不利于野生四大家鱼资源的补充和发展。c. 水质污染。由于人类社会的不断发展，人类对自然的破坏也不断加剧。各种工业和生活污水的排放将直接对四大家鱼的生存环境造成影响。

2.4.3.2　鹰潭市界牌枢纽的建成对信江四大家鱼资源的影响

　　信江四大家鱼资源遭到严重破坏，除受到过度捕捞、采沙行为以及水质污染等方面的影响外，水利工程的建设也起了相当大的负面作用。信江渠化工程（航运工程）是江西省"八五"期间交通建设的重点工程。该工程第一级坝——界牌枢纽，就位于鹰潭市余江县中童镇徐扬村[23]。

　　随着界牌枢纽的建成，信江水位预计比过去常年水位提高 6~8m。坝上坝下的水位差高达 4~6m，水流湍急，这大大超过了四大家鱼等洄游性鱼类的"克流能力"。从而无法进行正常的繁殖；同时，由于大坝的蓄水作用，使得坝下的水域生态环境发生巨大改变，原有的产卵场也可能随之消失，索饵环境也会因此而改变，这些都会极大地影响四大家鱼的野生资源。

2.4.3.3　信江四大家鱼野生资源保护建议

　　此次调查显示，信江野生四大家鱼亲鱼数量已经呈下降趋势。当务之急，是改变现有的渔业方式，渔业部门应大力控制并打击电渔行为；取缔非法采沙船只，保证四大家鱼的生存环境；监测河流水质的污染情况，控制工业及生活污水的排放。信江渠化工程有三道大坝，且都没有设置鱼道，四大家鱼资源必然衰减。为了保护信江四大家鱼野生资源，首先应对今后的水利设施工程提出建设鱼道的要求；其次可以通过人工增殖放流进行四大家鱼资源的补充，建议利用建坝后新形成的水面建造鱼种场，并通过此方式为信江输送优质四大家鱼鱼苗，从而逐步丰富信江野生四大家鱼资源。

2.5 修河四大家鱼资源现状

2.5.1 材料与方法

采样点设在永修县，采样、材料处理以及数据处理方法等同 2.1.1.1 及 2.1.2.1。

2.5.2 结果与分析

2.5.2.1 四大家鱼资源

2009 年 4～8 月在修河永修采样点共采集到四大家鱼 178 尾。其中青鱼 57 尾，占四大家鱼总数的 32.02%；草鱼 78 尾，占总数的 43.82%；鲢 17 尾，占总数的 9.55%；鳙 26 尾，占总数的 14.61%。四大家鱼占渔获物总量约 1.65%（表 2.22）。

表 2.22 2009 年 4～8 月修河永修段渔获物组成

Tab. 2.22 Catch of Xiu River in the Yongxiu reaches from April to August in 2009

种类	数量/尾	百分数/%	体重/kg	百分数/%
黄颡鱼类	1435	13.34	11.5	6.92
鳘类	6650	61.80	61.5	37.0
鲤、鲫	1483	13.78	42.31	25.47
短颌鲚	273	2.54	1.74	1.05
鳜类	124	1.15	1.86	1.12
鳊、鲌类	182	1.69	2.74	1.65
乌鳢	22	0.20	1.63	0.98
鮈类	342	3.18	3.12	1.88
赤眼鳟	11	0.10	1.68	1.01
四大家鱼	178	1.65	34.3	20.65
鳡鱼	1	0.01	0.4	0.24
鲇类	14	0.13	1.2	0.72
其他*	46	0.43	2.15	1.29

＊主要包括沙塘鳢、鳅类、花鳕、鳜等。

2.5.2.2 四大家鱼的年龄与生长

（1）体长的分布

如图 2.49 所示，修河青鱼体长范围在 7.6～38cm，平均体长为 13.12 cm。以体长介于 7.6～12.5cm 的个体为主，占总数的 71.93%。大于 30cm 个体较少，只占 3.5%。草鱼体长范围为 8.6~58.5cm,平均体长为 25.80cm。以体长介于 15~20cm 和 30~35cm 的个体最多,分别占总数的 28.2% 和 21.8%。大于 50cm 的个体最少,只占总数的 2.56%。鲢体长范围为 10.6~34cm,平均体长为 22.32cm,20~30cm 个体数目最多,占总数的 47.05%,其次是体长在 10.6~15cm 的个体,占总数的 29.41%。大于 30cm 的个体只占 17.65%。鳙体长范围在 16.78~59cm,平均体长为 31.22cm,体长在 25~40cm 个体数最多,占总数的 73.8%,其次是体长范围在 16.78~20cm 的个体,占总数的 26.92%,体长在 40cm 以上个体较少,只占 15.38%。

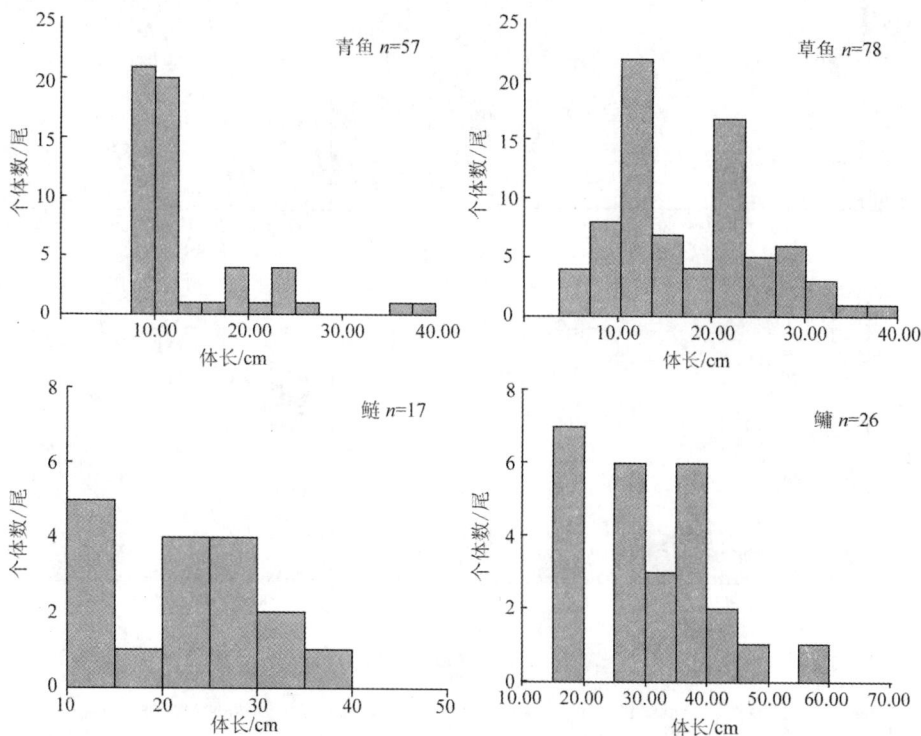

图 2.49 四大家鱼体长分布

Fig. 2.49 Distribution of body length of four major Chinese carps

(2) 体重的分布

如图 2.50 所示,修河青鱼体重范围在 9.44~1650g,平均体重为 101.62g,以体重介于 9.44~33.17g 的个体为主,占总数的 78.95%,大于 60g 个体较少,只占 11.05%。草鱼体重范围为 11~3250g,平均体重为 489.98g,以体重介于 11~250g 和 500~750g 的个体最多,分别占总数的 48.72% 和 24.36%,大于 2000g 的个体最少,只占总数的 3.85%。鲢体重范围在 17.78~800g,平均体重为

254.11g，以体重为 17.78～35.82g 的个体数目最多，占总数的 29.41%，其次是体重在 200～300g 和 300～400g 的个体，分别占总数的 23.53% 和 17.65%，大于 500g 的个体只占 11.76%。鳙体重范围在 99.5～2800g，平均体重为 673.73g，体重在 400～800g 的个体数最多，占总数的 57.69%，其次是体重范围在 99.5～144.5g 的个体，占总数的 26.92%，体重在 1500g 以上的个体较少，只占 7.69%。

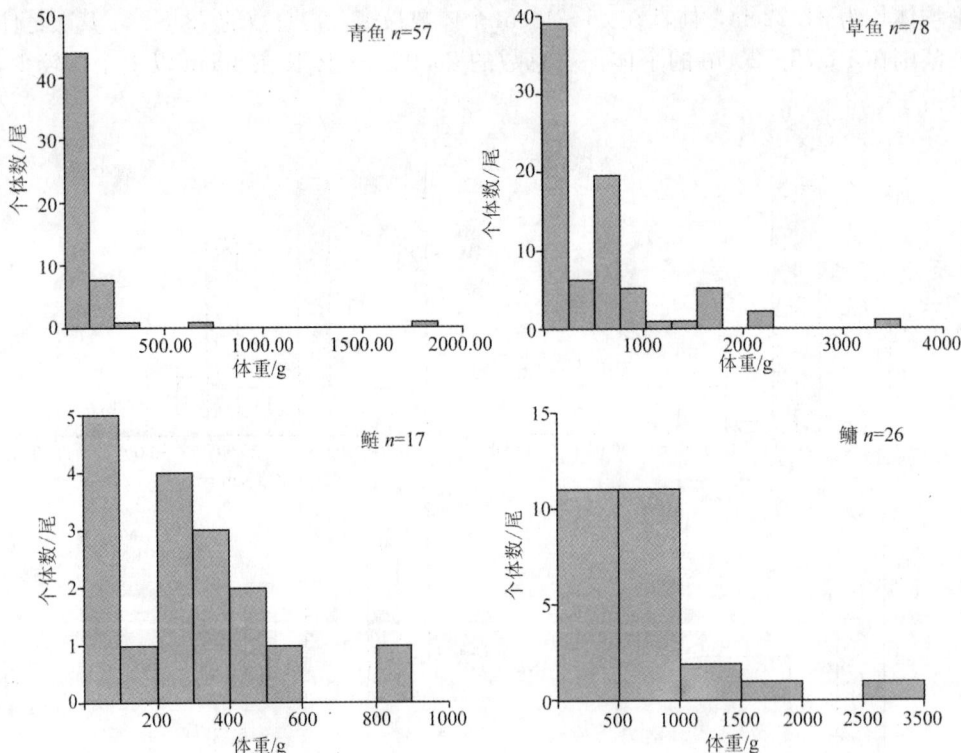

图 2.50 四大家鱼体重分布

Fig. 2.50 Distribution of body weight of four major Chinese carps

（3）体长与体重的关系

根据修河永修采样点的四大家鱼体长（L）、体重（W）的实测数据，用 Excel 对体长、体重的数据分别做散点图，从点图上分析，青鱼、草鱼、鲢、鳙的体重与体长成幂函数关系（图 2.51～图 2.54）。

青鱼：$W = 0.0262L^{2.9059}$（$r^2 = 0.9816$，$n = 57$）。

草鱼：$W = 0.0321L^{2.8381}$（$r^2 = 0.9824$，$n = 78$）。

鲢：$W = 0.0181L^{2.9757}$（$r^2 = 0.9889$，$n = 17$）。

鳙：$W = 0.0734L^{2.5877}$（$r^2 = 0.9816$，$n = 26$）。

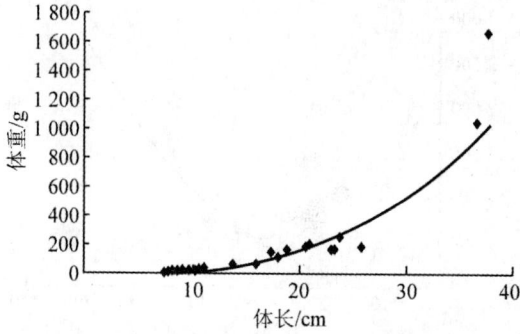

图 2.51 青鱼体长与体重的关系
Fig. 2.51 Relationship between body length and body weight of black carp

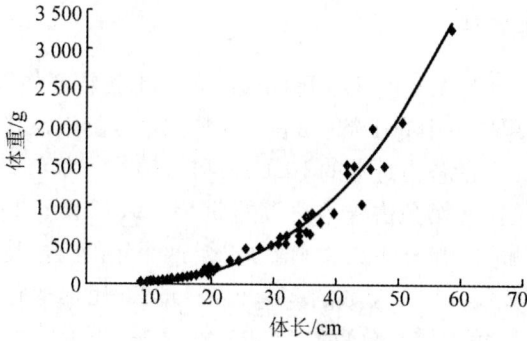

图 2.52 草鱼体长与体重的关系
Fig. 2.52 Relationship between body length and body weight of grass carp

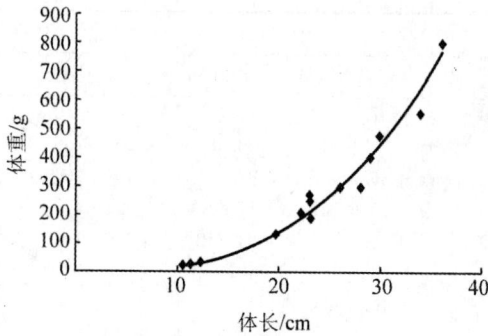

图 2.53 鲢体长与体重的关系
Fig. 2.53 Relationship between body length and body weight of silver carp

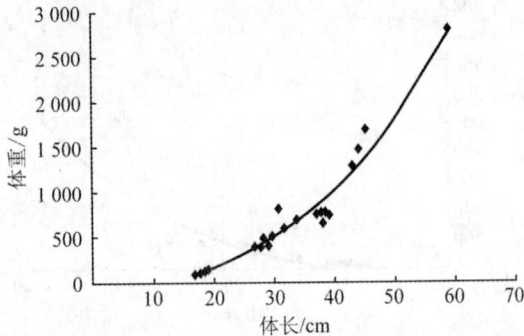

图 2.54 鳙体长与体重的关系

Fig. 2. 54 Relationship between body length and body weight of bighead carp

（4）年龄组成和生长特征

修河 2009 年 4～8 月采集的 178 尾四大家鱼，生长特征如表 2.23 所示。通过年龄鉴定，青鱼 57 尾样本中有 1 龄、2 龄、3 龄三个年龄组，其中 1 龄鱼占样本总数的 85.96%，2 龄、3 龄各占总数的 10.53% 和 3.51%。草鱼 78 尾样本中有 1 龄、2 龄、3 龄三个年龄组，1 龄鱼占样本总数的 56.41%，2 龄、3 龄各自只占总数的 37.18% 和 6.41%。鲢 17 尾样本只有 1 龄、2 龄两个年龄组，其中 1 龄鱼占样本总数的 64.71%，2 龄鱼仅占样本总数的 35.29%。鳙 26 尾样本有 1 龄、2 龄、3 龄、4 龄四个年龄组，1 龄鱼占样本总数的 25.93%，2 龄、3 龄各自占总数的 59.26% 和 11.11%，4 龄鱼仅占 3.70%。

表 2. 23 修河四大家鱼的生长特征

Tab. 2. 23 Growth characteristics of four major Chinese carps in Xiu River

种类	年龄/龄	样本数/尾	体长		体重		丰满度/%
			范围/cm	均值/cm	范围/cm	均值/cm	
青鱼	1	49	7.6～20.6	11.11	9.4～180	38.11	2.78
	2	6	21～26	23.58	200～250	204.17	1.58
	3	2	36.5～38	37.25	105～1065	1350	2.60
草鱼	1	44	8.6～28	17.14	11～475	134.64	2.67
	2	29	29.8～44.5	34.79	500～1500	756.72	1.79
	3	5	46～58.5	49.9	200～3250	2070	1.67
鲢	1	11	10.6～26	17.67	17.8～300	135.45	2.46
	2	6	28～36	30.83	300～800	471.67	1.61
鳙	1	7	16.78～18.9	17.96	99.5～126.34	126.34	2.18
	2	16	27～39	33	400～800	623.33	1.733
	3	3	43～45	44	1300～1700	1493.33	1.75
	4	1	59	59	2800	2800	1.36

由表 2.23 可以看出青鱼、草鱼、鲢年龄组成均以 1 龄鱼为主，分别占各自总数的 85.96%、56.41%、64.71%；鳙主要以 2 龄鱼为主，占鳙个体总数的 59.26%，这种差异可能是上游柘林水库在丰水期跑出的鳙到下游修河造成的。

由丰满度表达式 $K = 100\ (W_0/L^3)$ 分别得出不同年龄段四大家鱼的丰满度，如表 2.23 所示，丰满度有以下特征：a. 随着年龄的增长，丰满度不断下降。原因是随着四大家鱼年龄增长、个体增大，其摄食的食物相对减少。b. 青鱼 1 龄丰满度最高，草鱼次之。通过调查，修河永修段四大家鱼主要以青鱼和草鱼为主，上游柘林水库的截流导致下游水位降低，一些藻类和底栖生物大量繁殖，使得青鱼和草鱼摄食相对容易。c. 由于标本数目影响丰满度，得出的数据可能存在一定的误差。如青鱼 3 龄个体丰满度可能由于个体数目较少造成实测值高于理论值。

2.5.2.3　四大家鱼当龄幼鱼资源

(1) 组成分析

2008 年 6～8 月在修河吴城用迷魂阵（网目为 0.3cm×0.3cm）共采集到四大家鱼当龄幼鱼 358 尾。其中以青鱼为主，有 248 尾，占总数量的 69.20%；草鱼次之，有 57 尾，占 15.90%；然后是鲢，有 45 尾，占 12.50%；鳙最少，仅 8 尾，占 2.21%（图 2.55）。

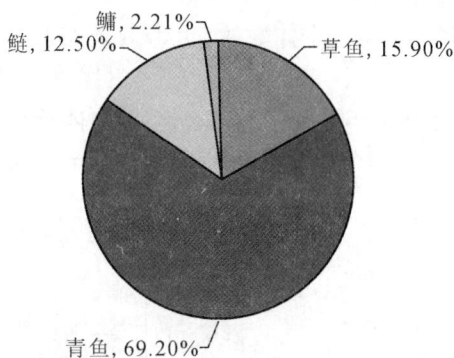

图 2.55　四大家鱼当龄幼鱼组成

Fig. 2.55 Composition of the juvenile of four major Chinese carps

(2) 体长和体重分布

表 2.24 是 2008 年 6～8 月对吴城采得的 358 尾四大家鱼当龄幼鱼体长体重的整理数据。

表 2.24 修河吴城四大家鱼鱼苗的体长体重分布

Tab. 2.24 Distribution of body length and body weight of the juvenile of

four major Chinese carps in Wucheng of Xiu River

种类	样本数/尾	体长			体重		
		幅度/cm	均长/cm	标准差	幅度/cm	均重/cm	标准差
青鱼	248	5.13～11.05	7.57	1.13	2.0～20.1	6.74	1.46
草鱼	55	6.1～13.44	8.45	1.68	3.3～37.3	10.85	7.2
鲢	43	5.55～10.23	7.52	1.03	2.0～15.3	5.56	2.72
鳙	8	5.86～11.76	9.03	2.27	2.5～25.9	12.72	8.74

① 体长分布：2008 年修河吴城入鄱阳湖口的青鱼当龄幼鱼体长范围为 5.13～11.05cm，平均体长为 7.57cm，其中以 6.5～8.0cm 的个体最多，占青鱼总数的 54%；其次是体长在 8.0～9.0cm 的个体，占总数的 17%，体长在 9.0cm 以上的个体较少，仅占总数的 11%。

草鱼当龄幼鱼体长范围在 6.1～13.44cm，平均体长为 8.45cm，其中体长在 6.7～8.3cm 的个体数目最多，占草鱼个体总数的 54.5%；其次是体长在 8.3～10.7cm 的个体，占总数的 29.1%；体长在 10.7cm 以上的个体较少，仅占 5.45%。

鲢当龄幼鱼的体长范围在 5.55～10.23cm，平均体长为 7.52cm，其中体长在 6.5～9.0cm 的个体最多，占鲢总个体数的 79.07%；大于 9.0cm 的个体数目较少，仅占总数的 6.98%。

鳙当龄幼鱼的体长范围在 5.86～11.76cm，平均体长在 9.03cm，其中体长在 9.0～12cm 的个体最多，占鳙个体总数的 62.5%；其余是 5.0～8.0cm 的个体，占个体总数的 37.5%（图 2.56）。

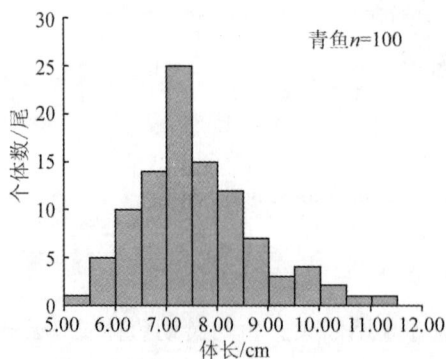

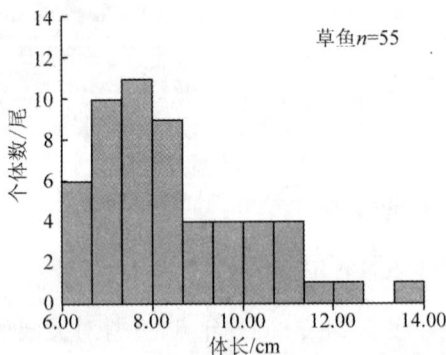

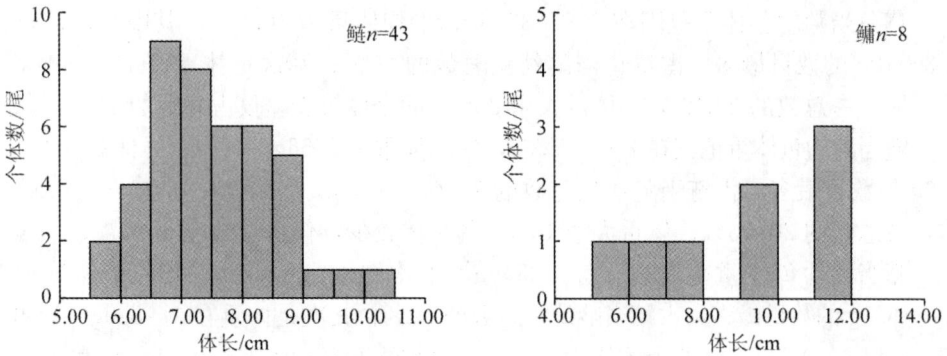

图 2.56 四大家鱼当龄幼鱼体长分布

Fig. 2.56 Distribution of body length of the juvenile of four major Chinese carps

② 体重分布：图 2.57 列出了 2008 年修河吴城四大家鱼当龄幼鱼的体重分布。

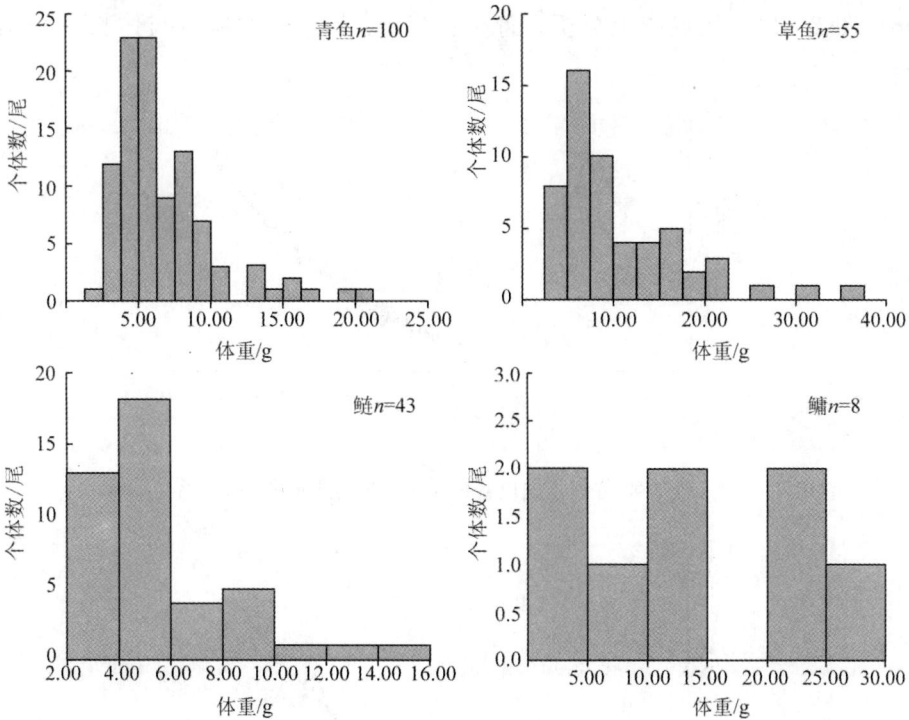

图 2.57 四大家鱼当龄幼鱼体重分布

Fig. 2.57 Distribution of body weight of the juvenile of four major Chinese carps

2008 年修河吴城的青鱼当龄幼鱼体重范围为 2.0～20.1g，平均体重为 6.74g，其中以体重在 2.5～7.5g 的个体数目最多，占青鱼个体总数的 67%；其次是 7.5～10.5g 的个体，占个体总数的 23%；大于 20g 和小于 2.5g 的个体较小，仅占 2%。

草鱼当龄幼鱼体重范围在 3.3～37.3g，平均体重为 10.85g，其中个体体重在 3.3～10g 的数目最多，占草鱼当龄幼鱼总数的 60%；其次是体重在 10.0～20.0g 的个体，占总数的 27.27%；体重大于 20.0g 的个体较少，仅占总数的 10.91%。

鲢当龄幼鱼体重范围在 2.0～15.3g，平均体重为 5.56g，其中个体体重在 2.0～6.0g 的数目最多，占鲢当龄幼鱼总数的 72.09%；其次是体重在 6.0～10.0g 的个体，占总数的 20.93%；体重大于 10.0g 的个体较少，仅占总数的 6.98%。

鳙当龄幼鱼体重范围在 2.5～25.9g，平均体重为 12.72g，其中个体体重在 2.0～6.0g 的数目最多，占鳙当龄幼鱼总数的 60%；其次是体重在 0～5.0g、10.0～15.0g 和 20.0～25.0g 的个体均为 2 个，占总数的 15%；体重 5.0～10.0g 和 25.0～30.0g 的个体各 1 个，各占总数的 12.5%。

③ 体长与体重的关系：根据修河吴城入湖口采集的四大家鱼当龄幼鱼体长 (L)、体重 (W) 的实测数据，用 Excel 对体长、体重的数据分别做散点图（图 2.58～图 2.61），从点图上分析，青鱼、草鱼、鲢、鳙的体重与体长成幂函数关系。

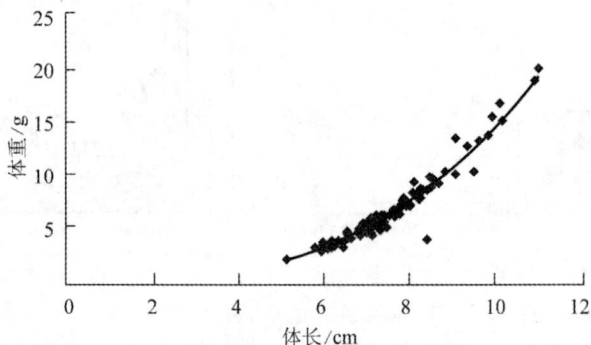

图 2.58 修河入湖口青鱼幼鱼体长与体重的关系

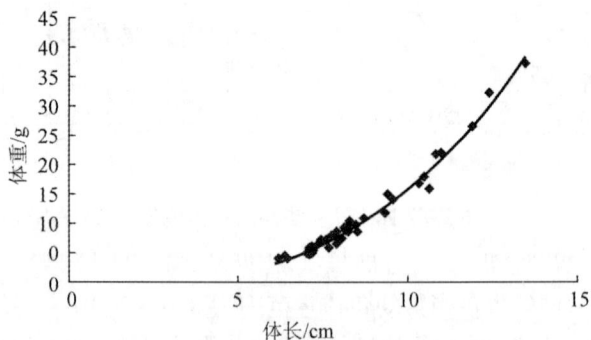

图 2.59 修河入湖口草鱼幼鱼体长与体重的关系

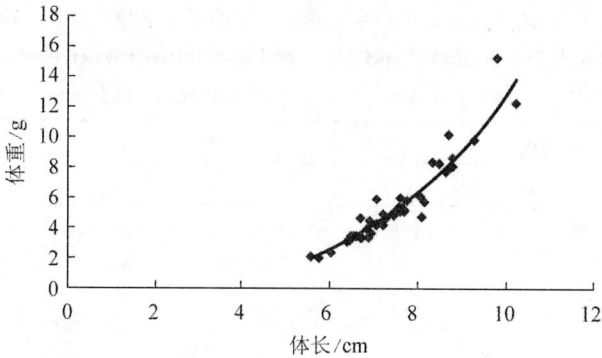

图 2.60 修河入湖口鲢幼鱼体长与体重的关系

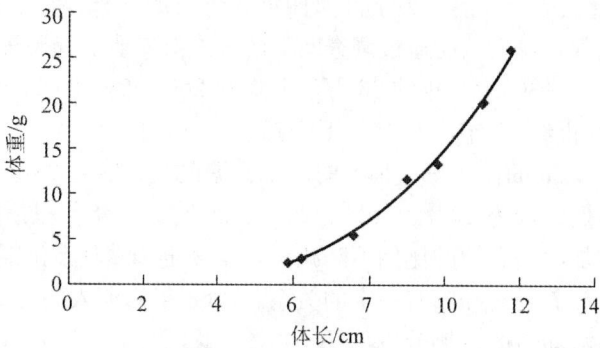

图 2.61 修河入湖口鳙幼鱼体长与体重的关系

青鱼：$W=0.0147L^{2.991}$（$r^2=0.9362$，$n=247$）；

草鱼：$W=0.0147L^{3.0299}$（$r^2=0.9767$，$n=55$）；

鲢：$W=0.0088L^{3.163}$（$r^2=0.9301$，$n=43$）；

鳙：$W=0.0064^{L3.3603}$（$r^2=0.9968$，$n=8$）。

2.5.2.4　水位对修河四大家鱼数量的影响

2009 年 4～8 月每日对修河水域的水位、水势和流量进行监测，修河永修水文站测得修河水位在 15.18～17.55m，未超过警戒水位 20m。4 月平均水位为16.27m；5 月平均水位为 15.69m；6 月平均水位为 16.13m。

应用 SPSS 17.0 软件对 2009 年 4～8 月修河水位与青鱼、草鱼、鲢和鳙渔获量进行相关性分析，它们的相关系数及显著性检验见表 2.25。2009 年修河四大家鱼捕捞数量和修河永修水文站所测水位都成正相关，而且四大家鱼数量和水位的相关性均极显著。

表 2.25 修河四大家鱼数量与修河水位的相关系数及显著性检验

Tab. 2.25 Correlation coefficient and tests between water level and quantity of four major Chinese carps in Xiu River

环境因子	青鱼	草鱼	鲢	鳙
修河水位	0.651**	0.722**	0.457**	0.546**

** $P<0.01$,相关性极显著

2.5.3 讨论

2.5.3.1 修河四大家鱼资源现状

① 资源产量在下降:由于关于修河四大家鱼资源现状,以往的资料并没有文献或水产资料记载,我们只能通过调查问卷的方式对专业的渔民进行调查。调查发现修河鱼类捕捞产量从 2005 年的 36 万 t 下降到 2009 年的 33 万 t,四大家鱼占渔获物的比例从 20 世纪 60 年代的 40% 下降到 2009 年的 1.68%。

② 四大家鱼之间的比例发生很大的改变:据调查,修河 20 世纪 60 年代青鱼、草鱼、鲢、鳙比例分别为 10%、50%、20%、20%,90 年代以后,青鱼占四大家鱼的比例不断增加,鲢和鳙的比例不断减少,至今鲢和鳙只在汛期才会出现。而且可能和上游水库放养的鲢和鳙有一定的关系。2008 年修河入湖口吴城采样点青鱼、草鱼、鲢、鳙当龄幼鱼的比例分别为 70.06%、15.54%、12.15%、2.26%,2009 年修河永修采样点青鱼、草鱼、鲢、鳙之间的比例分别为 32.02%、43.08%、9.55%、14.61%。

③ 个体小型化和低龄化:2009 年 4~8 月永修采样点共采集青鱼 57 尾,其优势体长介于 7.6~12.5cm,占总数的 71.93%;体重以介于 9.44~33.17g 的个体为主,占总数的 78.95%;其中以 1 龄青鱼最多,共 49 尾,占样本总数的 85.96%。草鱼共 78 尾,其优势体长在 8.6~20cm,占草鱼总数的 43.59%;体重介于 11~250g 的个体最多,占总数的 48.72%;1 龄鱼占样本总数的 56.41%。鲢共 17 尾,其中以体长在 20~30cm 个体数目最多,占总数的 47.05%;体重介于 17.78~35.82g 个体数目最多,占总数的 29.41%,1 龄鱼占样本总数的 64.71%,2 龄鱼仅占样本总数的 35.29%。鳙 26 尾,体长在 25~40cm 个体数最多,占总数的 73.8%;体重在 400~800g 个体数最多,占总数的 57.69%;2 龄鱼个体数目最多,占样本总数的 59.26%。

2.5.3.2 资源减少的原因

① 柘林水库的截留:柘林水库位于永修采样点上游 30km 处,大坝未建鱼道,于 1985 年 12 月 31 日竣工。它的建成一方面阻断从下游到上游产卵的四大家鱼的

洄游通道，使其生长、繁殖和摄食等正常活动受到阻碍，进而影响四大家鱼种群的补充量；另一方面柘林水库的截留，使得下游 5km 处江段在枯水期出现了干涸现象，在丰水期，由于大坝的阻隔，下游水位、水流速度无法达到四大家鱼繁殖所需要的条件，对四大家鱼的产卵和孵化有较大的影响，而且水位的降低使得个体较大的鱼类"无处躲藏"，个体较小的"小杂鱼"由于缺少天敌，得以大量繁殖，使得修河下游鱼类群落结构发生较大的变化。

② 不合理的捕捞方式：修河渔民使用的渔具在 20 世纪 80 年代以前主要是丝网、虾笼、拖网和三层网，这些捕鱼方式捕鱼效率相对较低，对鱼类起到一定的保护作用，群体的补充量一般接近捕捞量，所以修河鱼类资源较丰富。进入 90 年代以后，电捕因简单易行而且效率较高，被广泛应用。但是电捕对渔业资源的危害较大，无论鱼类的大小，一网打尽，很容易造成鱼类资源枯竭。虽然电捕被明确列为禁止使用的有害渔具，但是仍被广泛使用。

③ 挖沙作业：近年来挖沙作业在赣江、抚河、修河及其支流比较常见，以永修采样点为例，沿江两岸的采沙船随处可见。挖沙使河底出现大小不同的沙坑，造成小型底栖动植物无法生存，出现了底质"荒漠化"，而这些小型底栖动植物往往是鱼类的饵料，这对鱼类摄食造成较大的影响，天然水域的捕捞产量逐年下降。

④ 人类活动和工业污染：沿江两岸城镇较多，大量的工业废水和生活污水排入修河，导致沿河水质下降，致使鱼类种群减少，鱼病盛行，而且畸形鱼数目增多，生态系统遭到严重破坏，鱼类的生存受到严重的威胁。

⑤ 外来物种入侵：短颌鲚为鄱阳湖一种产量较高的经济鱼类，近年来在修河下游永修采样点被大量发现，它的大量繁殖有可能破坏原有的生态系统，使其他鱼类生物失去繁殖、索饵、生活场所，对修河下游水生生物资源产生较为严重的破坏。

2.5.3.3　保护增殖措施

① 人工增殖放流，建立四大家鱼种质资源库：人工增殖放流是现在世界各国恢复鱼类资源普遍使用的一种方法，长江及其各大支流都需要建立更多的人工增殖放流站，有计划地开展人工增殖放流。葛洲坝建成以后，陈大庆、刘绍平等人提出为了保护长江四大家鱼种质资源，在老的长江故道建立种质资源库。现阶段，在修河中游武宁段和下游永修段每年都会投入一定数量的四大家鱼鱼苗，但下游在增殖放流过程中存在较大的困难，由于水质、饵料等影响当龄幼鱼成活率较低。

② 加强管理，取缔有害的渔具渔法：为了保护修河鱼类资源，每年的 4 月 1 日～6 月 30 日为整个修河的禁渔期。但是除在 2009 年 4～6 月采样的少数几天由于管理，未有渔民捕鱼，其他时间均有渔民偷捕。所以要制定和完善水生生物的保护规章制度，对违法者的查处做到有法可依、严厉打击。禁止电捕，控制捕捞强

度，严禁滥捕，保护鱼类的后备资源。

③ 保护渔业生态环境：修河地处江西省九江市，周边有修水、武宁、永修三大县城，人口多，部分江段污染严重。鉴于人类活动和挖沙作业造成的水污染，应当对江河沿岸的污染源采取有效的防治措施，减轻其对修河的污染，另外，限制挖沙作业的强度，保证在鱼类繁殖期，家鱼有栖息、繁殖、索饵的场所。

④ 减少修建水利设施：水利设施的兴建会造成江河阻断，对像四大家鱼等必须上溯到河流的上游产卵的鱼类，影响较大。所以在建立水利设施时需考虑其对一些重要洄游性经济鱼类的影响，选择性地建立鱼道，保护家鱼的洄游、索饵、繁殖场所。

⑤ 引进鱼种，防止物种入侵：在修河内，每一个生物物种都有其特有的生态地位，修河是一个经过长期进化而达到相对平衡的生态系统，一个物种的入侵可能造成整个生态系统的结构和功能的改变，甚至崩溃。所以对引进鱼种要十分谨慎，特别是养殖水体往往在丰水期有大量的引进种逃逸到江河里，对江河里的生态系统造成巨大危害。所以要加强水产品引进的管理，防止出现物种入侵。

2.5.3.4　修河四大家鱼繁殖群体和产卵场

2009 年 4～8 月为四大家鱼繁殖期，在修河下游永修采样点采集四大家鱼，意在通过四大家鱼繁殖个体数目和繁殖生物学研究来回答修河是否存在四大家鱼繁殖群体，通过进一步调查回答修河是否存在四大家鱼产卵场。本节将从以下几个方面回答这个问题：

① 亲鱼采集：在四大家鱼繁殖期 4～7 月不间断地在修河永修采样点采集四大家鱼，共采集四大家鱼样本 178 尾，其中处于繁殖期的亲鱼 0 尾，从年龄组成来看，1 龄和 2 龄个体最多。青鱼个体中 1 龄个体占青鱼总数的 85.96%，草鱼 1 龄个体占总数的 56.41%，鲢 1 龄个体占 64.71%，鳙 1 龄个体占 25.93%；2 龄鱼占样本总数的 59.26%；4 龄以上的个体只有鳙 1 尾。而四大家鱼亲鱼繁殖的年龄一般在 4 龄以上，由此可以看出，修河下游不存在繁殖群体，更谈不上具有一定产卵规模的产卵场。但是采样结果中有较大比例的 1 龄个体，当地渔业部门去年并未人工放流四大家鱼鱼苗，可以推测该地区的 1 龄个体为去年亲鱼产卵自然孵化形成的，说明该地区存在自然繁殖的四大家鱼个体。

② 水文资料：通过江西永修水文站 3～7 月统计的水文资料看出，修河汛期在 4 月 20 日来临，在 4 月底和 6 月初有两次大的降雨过程，但受上游柘林水库的影响，水位上升不明显，均未超过警戒水位，水位在 15.18～17.55m，涨幅不大。4 月 20 日和 6 月 3 日流量有较大涨幅，从 $400\mathrm{m}^3/\mathrm{s}$ 上涨到 $750\mathrm{m}^3/\mathrm{s}$。进入 7 月随着水位的下降，水流速度慢慢下降。水温变化不大，均在 15～18.8℃，具体如表 2.26 所示。

表 2.26 修河 3～7 月水文资料

Tab. 2.26 Hydrological data in Xiu River from March to July

月份	水位		流量	
	范围/m	均值/m	范围/（m³/s）	均值/（m³/s）
3 月	16～17.42	16.64	240～450	305.63
4 月	15.82～17.55	16.27	175～750	329
5 月	15.18～16.31	15.69	165～400	246.1
6 月	15.24～17.54	16.13	140～700	346
7 月	14.83～16.14	15.64	90～300	155.43

四大家鱼繁殖需要水位有较大的涨幅，水流速度在 1.0m/s 以上，水温在 20～25℃，但是从表 2.26 可以看出修河下游水位变化不大，流量在 4 月和 6 月有较大的涨幅，水温条件达到四大家鱼繁殖的要求，但在流量涨幅较大的期间也未捕到处于繁殖期的四大家鱼亲鱼，所以在修河下游存在四大家鱼产卵场的可能性很小。

③ 对专业渔民的调查：2008 年 6 月～2009 年 8 月对 13 户专业的渔民调查，在他们的渔业范围内（柘林水库下至吴城鄱阳湖入湖口）在每年的 5～7 月可以捕到处于繁殖期的青鱼和草鱼，但是数量不多，鲢和鳙的数量极少，近年来未发现有处于繁殖期的亲鱼。四大家鱼中以青鱼数量较多，其次是草鱼，鲢和鳙数量较少，只在汛期来临的时候多见，而且据渔民称，鲢和鳙多是从上游水库在汛期跑到下游的。

由上面 3 个条件，我们可以初步断定，修河下游永修段尚存在一些能产卵的四大家鱼个体（青鱼和草鱼居多），但是规模较小，已经达不到形成产卵场的规模。

2.5.3.5　入湖口四大家鱼当龄幼鱼

2008 年 6～8 月在修河吴城采样点用迷魂阵采集四大家鱼当龄幼鱼，采样点位于吴城镇望江亭左岸，离入湖口约 1.5km 处。但这些家鱼当龄幼鱼是属于修河水系？还是鄱阳湖内的？亦或是长江水系的四大家鱼通过湖口进入到鄱阳湖游到吴城的？

① 从当龄幼鱼成色来看：此次共采集了四大家鱼当龄幼鱼 354 尾。其中青鱼数量最多，有 248 尾；草鱼次之，有 55 尾；然后是鲢，有 43 尾；鳙最少，只有 8 尾。表 2.27 比较了修河入湖口（吴城）、赣江入湖口（吴城）、长江入湖口（湖口）和修河永修采样点四大家鱼的组成，并用 SPSS 17.0 对吴城采样点当龄幼鱼数据同赣江、长江、鄱阳湖、修河采样数据进行相关性分析，所得结果如表 2.28，吴城采集的当龄幼鱼成色和修河的接近，其次与赣江吴城采样点采集的当龄幼鱼组成接近，同鄱阳湖采集的当龄幼鱼组成和长江采集的当龄幼鱼组成呈负相关。

表 2.27 2008 年不同地区采集的四大家鱼当龄幼鱼组成

Tab. 2.27 The species composition of four major Chinese carps from different places in 2008

河流	青鱼		草鱼		鲢		鳙	
	数量/万尾	比例/%	数量/万尾	比例/%	数量/万尾	比例/%	数量/万尾	比例/%
修河（永修）	57	32.02	78	43.82	17	9.55	26	14.61
修河（吴城）	248	70.06	55	15.54	43	12.15	8	2.26
鄱阳湖（湖口）	143	1.68	885	10.42	7172	84.42	297	3.50
长江（瑞昌）*	774.98*	8.62	1933.08*	47.06	663.43*	16.53	679.51*	17.79
赣江（吴城）	49	24.87	100	50.76	48	24.37	0	0%

* 为 2007 年瑞昌采样数据。

表 2.28 2008 年吴城采集的当龄幼鱼和其他地方采集的四大家鱼相关性分析

Tab. 2.28 Correlation coefficient between Wucheng and other places
of four major Chinese carps in 2008

采集地	修河	鄱阳湖	长江	赣江
相关系数	0.395	−0.326	−0.436	0.172

② 从形态上看：通过采样发现永修采样点和吴城采样点的青鱼数量较多，比较修河永修采样点和吴城采样点青鱼 5 个主要性状和平均值见表 2.29。

表 2.29 吴城和永修采得的青鱼主要性状

Tab. 2.29 Main characters of black carp between Wucheng and Yongxiu

性状	青鱼当龄幼鱼（吴城）		青鱼当龄幼鱼（永修）	
	范围	均值（± std）	范围	均值（± std）
体长 / 头长	3.11~3.93	3.51 ± 0.18	3.55~4.32	3.73 ± 0.23
体长 / 体高	3.40~5.27	3.85 ± 0.30	3.44~3.92	3.69 ± 0.16
头长 / 眼径	3.26~6.24	4.35 ± 0.56	4.18~5.40	4.17 ± 0.69
头长 / 吻长	4.02~5.18	4.42 ± 0.27	3.01~4.87	4.65 ± 0.29
吻长 / 眼径	0.63~1.34	0.99 ± 0.15	0.89~1.56	1.08 ± 0.22

从上表可以看出，入湖口采集的四大家鱼和永修采样点采集的四大家鱼当龄幼鱼 5 个主要性状平均值非常接近。从当龄幼鱼组成和形态学上可以初步推断出吴城采样点采集的四大家鱼当龄幼鱼，很可能是在上游繁殖的四大家鱼产的卵，漂流到吴城所致。但是仍需要分子生物学等方面的依据才能证明此论点[24-38]。

参 考 文 献

[1] 孟庆闻，秦克静. 鱼类学（形态、分类）. 上海：上海科学技术出版社，1989

[2] 殷名称. 鱼类生态学. 北京：中国农业出版社，1993

[3] Brown M E. Experimental studies on growth, in the Physiology of Fishes. Academic Press, London, 1957：361—400

[4] Casselman J M. Determination of age and growth. In Weatherley A. H. and Gill H. S. eduitor, The biology of fish growth. Academic Press. 1987: 209—242

[5] W. E. 里克. 鱼类种群生物统计量的计算和解析. 北京: 科学出版社, 1984: 143—145

[6] 田见龙. 万安大坝截流前赣江鱼类调查及渔业利用意见. 淡水渔业, 1989, 1: 33—39

[7] 易伯鲁, 余志堂, 梁秩燊等. 葛洲坝水利枢纽与长江四大家鱼. 武汉: 湖北科学技术出版社, 1988

[8] 李修峰, 黄道明, 谢文星等. 汉江中游产漂流性卵鱼类产卵场的现状. 大连水产学院学报, 2006, 21 (2): 105—111

[9] Shen Liangzhi, Lu Yibo, Tang Yuzhi, et al. Spawning areas and early development of long Spiky—head carp in the Yangtze River and Pearl River, China. Hydrobiologia, 2003, 490: 169—179

[10] 周春生, 梁秩燊, 黄鹤年. 兴修水利枢纽后汉江产漂流性卵鱼类的繁殖生态. 水生生物学集刊, 1980, 7 (2): 175—188

[11] 曹文宣. 三峡工程对长江鱼类资源影响的初步评价及资源增殖途径的研究. 长江三峡工程对生态与环境及其对策研究论文集. 北京: 科学出版社, 1987

[12] Zhang Guohua, Chang Jianbo, Shu Guangfu. Apllications of factorcriteria system reconstruction analysis in the reproduction research on grass carp, black carp, silver carp and bighead in the Yangtze River. Int J General System, 1998, 29 (3): 419—428

[13] 李翀, 彭静, 廖文根. 长江中游四大家鱼发江生态水文因子分析及生态水文目标确定. 中国水利水电科学研究院学报, 2006, 4 (3): 170—176

[14] Richter B D, Baumgartner J V, Powell J, et al. A method for assessing hydrologic alteration within ecosystems. Conserv Biol, 1996, 10: 1163—1174

[15] 张晓敏, 黄道明, 谢文星, 等. 汉江中下游"四大家鱼"自然繁殖的生态水文特征. 水生态学杂志, 2009, 2 (2): 126—129

[16] 李思发, 吴力钊, 王强, 等. 长江、珠江、黑龙江鲢、鳙和草鱼原种种群形态差异. 动物学报, 1989, 35 (4): 390—398

[17] 丁淑荃, 祖国掌, 韦众, 等. 草、鲢、鳙和青鱼形态及其生长发育的比较研究. 安徽农业科学, 2005, 33 (9): 1660—1662

[18] 胡茂林. 鄱阳湖湖口水位、水环境特征分析及其对鱼类群落与洄游的影响（南昌大学博士学位论文）, 2009

[19] 张建铭, 吴志强, 胡茂林. 赣江峡江段四大家鱼资源现状的研究. 水生态学杂志, 2010, 3 (1): 34—37

[20] 胡茂林, 吴志强, 刘引兰, 等. 长江瑞昌江段四大家鱼鱼苗捕捞现状分析. 水生生物学报, 2009, 33 (1): 136—139

[21] 李修峰, 黄道明, 谢文星, 等. 汉江中游银鲴的繁殖生物学. 水利渔业, 2005, 25 (2): 23—25

[22] 李修峰, 黄道明, 谢文星, 等. 汉江中游江段四大家鱼产卵场现状的初步研究. 动物学杂志, 2006, 41 (2): 76—80

[23] 吴早保. 信江渠化工程建设对我市渔业生产的影响及对策. 江西水产科技, 2000, 81: 9—10

[24] 花麒, 吴志强, 胡茂林. 抚河中游四大家鱼资源现状. 江西水产科技, 2009, 4: 12—14

[25] 张建铭, 吴志强, 胡茂林, 等. 赣江中游峡江段鱼类资源现状. 江西科学, 2009, 27 (6): 916—919

[26] 刘彬彬, 吴志强, 胡茂林, 等. 赣江中游四大家鱼产卵场现状初步调查. 江西科学, 2009, 27 (5): 662—667

[27] 胡茂林, 吴志强, 刘引兰. 赣江中游泰和江段的鱼类资源现状. 南昌大学学报（理科版）, 2010, 34 (1): 90—93

[28] 胡茂林，吴志强，刘引兰．鄱阳湖湖口水位特性及其对水环境的影响．水生态学杂志，2010，3 (1)：1—6

[29] 张建铭，吴志强，胡茂林，等．赣江中游四大家鱼幼鱼的形态测量与分析．江西水产科技，2011，1：9—12

[30] 胡茂林，吴志强，刘引兰．鄱阳湖湖口水域四大家鱼幼鱼出现的时间过程．长江流域资源与环境，2011，20 (5)：534—539

[31] 胡茂林，吴志强，刘引兰．鄱阳湖湖口水域鱼类群落结构及种类多样性．湖泊科学，2011，23 (2)：246—250

[32] 邹淑珍，吴志强，胡茂林，等．峡江水利枢纽对赣江中游鱼类资源影响的预测分析．南昌大学学报（理科版），2010，34 (3)：289—293

[33] 邹淑珍，吴志强，胡茂林，等．赣江石虎塘航电枢纽工程对鱼类的影响．桂林理工大学学报，2010，30 (2)：267—271

[34] 陈彦良．信江鹰潭段四大家鱼资源现状及其遗传多样性分析（南昌大学硕士学位论文），2010

[35] 朱日财．赣江赣州江段四大家鱼生物学特性及其遗传多样性研究（南昌大学硕士学位论文），2010

[36] 花麒．抚河抚州河段四大家鱼资源现状及其遗传多样性分析（南昌大学硕士学位论文），2010

[37] 张建铭．赣江峡江段四大家鱼资源及其遗传多样性研究（南昌大学硕士学位论文），2010

[38] 刘彬彬．修河下游四大家鱼资源与遗传多样性的 ISSR 分析（南昌大学硕士学位论文），2010

第3章 鄱阳湖水系四大家鱼的形态度量特征

我国淡水养殖的四大家鱼起源于中国平原复合体，但由于长期地理环境隔绝、适应和变异积累等，已经形成了不同的地理群体。有关四大家鱼的研究报道，国内外主要集中在对其生物学特性、形态结构、生殖生理、遗传多样性以及苗种培育等方面[1]，而且研究对象主要围绕长江群体进行，对国内其他水系等地方群体的比较研究则很少，且在群体水平上有关形态差异的分析尚缺少深入的探索。本研究尝试采用聚类分析、主成分分析和判别分析3种多元分析方法，对鄱阳湖水系6个地理群体的四大家鱼形态比例进行比较分析，以期为四大家鱼种质资源的保护、遗传特性研究以及今后遗传育种等提供理论依据。

3.1 草鱼幼鱼形态分化与分析

3.1.1 材料与方法

（1）实验材料

实验材料为江西省鄱阳湖五河即修河、赣江、信江、抚河、饶河地理种群的草鱼幼鱼及湖口的对照群体。各种群及群体取样来源、时间、地点与数目如表3.1，采样方式为网捕，所有的样本取回后用福尔马林浸泡液保存，共223尾，均为野生幼鱼群体。

表 3.1 实验鱼的取样情况

Tab. 3.1 Samples of experimental fishes

群体	采样点	采集年月	样本数/尾
湖口	湖口县	2007.3	30
信江	鹰潭市	2008.4	38
饶河	鄱阳县	2008.4	25
赣江	峡江县	2009.4	47
抚河	抚州市	2009.4	55
修河	永修县	2009.4	28

（2）数据测量与处理

本实验所得数据包括两类，一类是传统形态学数据，可量性状有体长（body length，BL）、头宽（head width，HW）、体高（body high，BH）、头高（head high，HH）、头长（head length，HL）、吻长（snout length，SL）、鼻孔间距（nose width，NW）、眼间距（interorbital width，IW）、眼径（eye diameter，ED）、尾柄高（caudal peduncle depth，CPW）等 10 项，测量的示意图如图 3.1。表 3.2 为传统形态学数据的性状定义。另一类是框架数据，图 3.2 为测量示意图。参考李思发等[9,10]的资料，选取的解剖学同源坐标点有 10 个，用 10 个坐标点及其连线来构造草鱼的外部体型框架结构，它们间的距离分别用 ac、ab、bc、bd、bg、be、ce、ed、eg、df、dh、dg、gf、gh、fh、hi、hj、fi、fj、ij 来表示，测量的框架结构性状共有 20 个。可量性状和框架性状的测量基准尽量以鱼体左侧为参照[2]，测量仪器为电子数显卡尺（electronic digital caliper），精确度为 0.01mm，数据统计见表 3.3。

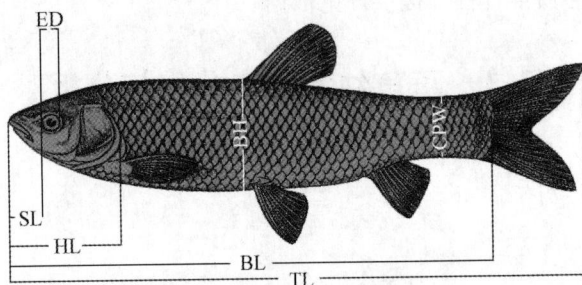

图 3.1 草鱼传统可量性状测量示意图

Fig. 3.1 Drawing of traditional morphological measures of grass carp

表 3.2 草鱼传统性状的详细描述

Tab. 3.2 Detailed descriptions of conventional characters of grass carp

传统性状	可量性状
体长	由吻端到尾部最后一枚椎骨末端的直线长度
体高	身体的最大高度
头长	从吻端至鳃盖后缘间体轴方向的直线长度
头高	头部的最大高度
头宽	头部的最大宽度
吻长	从吻端至眼前缘间体轴方向的直线长度
眼径	眼前缘至眼后缘的直线长度
眼间距	两眼上缘之间的最小直线长度
鼻孔间距	两鼻孔之间的最小直线长度
尾柄高	尾柄最细处的高度

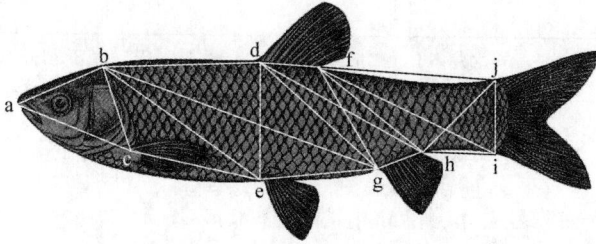

图 3.2 草鱼框架性状测量示意图

Fig. 3. 2 Drawing of network measured of grass carp

a. 吻前端（tip of snout）；b. 额部有鳞部最前缘（most anterior of scales on skull）；c. 下颌骨最后端（most posterior point of maxilla）；d. 背鳍起点（origin of dorsal fin）；e. 腹鳍起点（origin of pelvic fin）；f. 背鳍末端（tremunus of dorsal fin）；g. 臀鳍起点（origin of anal fin）；h. 臀鳍末端（tremunus of anal fin）；i. 尾鳍腹部起点（ventral origin of caudal fin）；j. 尾鳍背部起点（dorsal origin of caudal fin）

ac 为吻前端到下颌骨最后端的距离；ab 为吻前端到额部有鳞部最前缘；bc 为额部有鳞部最前缘到下颌骨最后端；bd 为额部有鳞部最前缘到背鳍起点；bg 为额部有鳞部最前缘到臀鳍起点；be 为额部有鳞部最前缘到腹鳍起点；ce 为下颌骨最后端到腹鳍起点；ed 为腹鳍起点到背鳍起点；eg 为腹鳍起点到臀鳍起点；df 为背鳍起点到背鳍末端；dh 为背鳍起点到臀鳍末端；dg 为背鳍起点到臀鳍起点；gf 为臀鳍起点到背鳍末端；gh 为臀鳍起点到臀鳍末端；hf 为臀鳍末端到背鳍末端；hi 为臀鳍末端到尾鳍腹部起点；hj 为臀鳍末端到尾鳍背部起点；fi 为背鳍末端到尾鳍腹部起点；fj 为背鳍末端到尾鳍背部起点；ij 为尾鳍腹部起点到尾鳍背部起点

表 3.3 草鱼传统可量性状和框架性状数据　　　　（单位：mm）

Tab. 3. 3 Traditional measured character and Frame character data for grass carp

特征	湖口群体	赣江群体	信江群体	饶河群体	抚河群体	修河群体
体长	65.67~161.81	77.82~251.04	75.14~230.90	60.95~122.26	37.96~292.71	116.19~214.98
(BL)	110.70±25.16	132.52±60.70	123.29±41.00	84.34±14.79	213.84±49.60	162.32±22.35
体高	16.90~39.29	20.38~58.29	20.18~56.52	13.44~35.67	32.64~90.38	31.09~68.32
(BH)	28.77±5.99	33.14±12.28	32.8±10.23	23.17±5.30	60.76±14.77	45.21±7.78
头高	14.60~31.02	16.35~48.10	16.18~46.12	12.08~24.23	28.35~70.53	23.13~46.94
(HH)	23.73±4.84	26.87±11.40	25.35±8.74	17.18±2.98	48.32±11.02	35.23±5.01
头长	18.63~41.75	22.66~63.15	21.80~55.06	18.25~32.56	31.33~123.75	29.49~49.22
(HL)	29.35±5.74	34.42±12.98	32.69±9.07	24.12±3.44	52.93±13.99	39.45±4.68
头宽	11.34~28.07	13.53~43.54	13.21~36.83	10.33~21.00	20.71~123.75	19.98~35.00
(HW)	19.01±4.33	23.52±10.64	21.16±6.05	14.71±2.63	39.33±13.89	26.76±3.77
吻长	3.78~12.57	5.20~19.40	4.45~13.04	3.74~8.24	6.33~82.03	8.07~14.30
(SL)	7.56±2.26	9.05±3.67	7.91±2.26	5.86±0.99	14.37±9.95	11.81±1.52
眼径	4.30~8.54	4.32~9.99	4.25~10.06	4.05~5.73	6.99~59.01	6.00~9.58
(ED)	6.18±1.11	6.38±1.88	6.47±1.57	4.87±0.46	10.2±6.75	8.09±0.87
鼻孔间距	4.57~10.45	5.70~17.87	5.57~15.80	3.88~8.17	7.45~51.17	7.86~13.88
(NW)	7.74±1.67	9.77±4.09	8.71±2.25	6.09±1.10	15.39±5.91	10.23±1.38
眼间距	9.07~21.23	10.39~36.91	7.43~31.03	7.15~16.76	12.36~40.38	14.57~27.34
(IW)	14.85±3.27	18.71±8.65	16.71±5.07	11.66±2.33	29.09±6.48	20.54±3.08

特征	湖口群体	赣江群体	信江群体	饶河群体	抚河群体	修河群体
尾柄高	7.58~18.74	8.71~29.92	8.62~27.12	6.14~15.07	14.76~68.42	11.98~25.74
(CPW)	12.51±2.87	15.73±7.08	14.61±4.90	9.78±2.05	26.92±8.10	18.25±2.86
ac	19.42~43.67	24.60~68.24	11.85~57.11	10.68~34.54	21.17~79.22	30.38~53.43
	31.00±6.46	38.08±14.63	34.2±10.15	23.89±4.77	57.94±12.26	41.93±4.71
ab	14.69~33.38	18.26~55.41	16.81~45.37	13.97~27.46	27.49~65.35	26.36~43.69
	24.62±4.99	29.54±12.16	27.06±7.82	19.36±3.29	45.97±8.86	34.26±4.13
bc	12.63~29.29	15.51~46.03	14.73~39.75	11.14~22.34	23.99~60.92	20.48~39.11
	21.42±4.65	25.53±10.29	23.71±6.83	16.10±3.02	41.36±8.22	29.94±4.23
bd	22.37~52.96	24.17~87.97	20.58~80.70	18.52~39.62	35.08~102.76	39.23~72.72
	37.32±8.45	43.6±20.71	40.80±14.47	27.70±5.17	74.89±16.56	54.85±7.90
bg	41.03~101.76	49.13~163.84	21.81~149.40	29.71~78.37	61.72~182.26	75.30~133.07
	68.69±15.73	83.69±37.19	75.60±28.09	51.41±10.51	136.70±30.49	102.64±13.92
be	27.77~63.81	34.16~103.65	30.20~97.08	24.97~59.70	44.69~123.26	52.29~93.00
	45.38±10.03	55.15±23.07	51.70±16.87	37.00±8.17	92.25±20.27	68.25±8.80
ce	18.56~46.46	22.97~77.08	20.90~70.76	17.75~40.85	35.77~87.81	34.86~66.76
	32.74±7.40	38.85±17.65	38.3±14.05	27.22±6.33	65.39±14.68	51.96±7.00
de	16.50~34.90	18.48~54.25	18.06~53.28	9.19~31.99	31.87~85.24	28.14~60.77
	26.15±5.66	30.90±12.39	30.50±10.34	20.80±5.70	57.51±13.52	40.07±7.14
eg	14.65~39.27	16.76~68.59	17.74~57.86	14.28~29.20	15.76~79.20	26.26~60.79
	27.06±6.04	32.6±16.35	29.1±10.95	19.94±4.00	54.44±13.16	39.84±7.78
df	5.68~16.41	9.08~27.98	9.70~26.44	7.29~25.49	12.64~56.32	8.79~21.25
	10.73±2.59	15.34±5.61	15.33±4.47	11.42±4.40	23.48±6.72	15.12±2.74
dh	25.52~63.81	29.88~98.48	13.49~92.04	11.14~49.49	47.66~119.86	44.9~86.06
	41.32±9.54	52.85±22.40	47.40±18.78	30.43±8.83	86.37±19.56	61.97±9.91
dg	20.87~56.30	25.31~83.92	25.54~80.41	15.60~41.79	35.37~106.17	37.59~71.77
	36.09±8.85	45.63±19.07	43.5±13.88	28.18±6.59	76.06±17.99	54.58±8.24
fg	15.2~41.43	16.98~61.56	17.2~60.98	13.05~32.52	14.46~80.72	28.47~59.49
	27.03±6.55	32.6±14.84	31.5±11.03	20.72±5.35	57.05±14.17	41.02±7.14
gh	5.67~13.64	6.58~23.56	7.09~26.99	5.48~23.93	10.74~40.63	8.82~19.84
	9.20±2.16	12.09±5.10	13.04±5.18	8.92±4.57	19.34±5.04	13.48±2.36
fh	16.55~48.29	20.21~72.48	10.89~68.37	7.77~35.54	18.87~87.74	34.40~65.76
	30.15±7.36	36.64±16.79	34±13.28	21.61±6.32	64.65±15.81	47.89±7.52
hi	7.09~22.99	7.46~41.14	7.66~30.85	7.33~27.92	14.84~117.84	15.71~30.08
	14.92±4.01	16.23±9.82	16.51±6.26	12.35±5.58	34.36±20.33	22.99±3.84
hj	11.24~31.06	11.64~59.69	8.01~43.46	8.68~21.54	22.59~103.59	21.23~41.21
	20.69±4.87	23.76±12.85	22.56±8.36	14.56±3.21	43.91±16.27	31.77±4.89
fi	25.56~66.82	27.82~103.31	28.01~95.55	16.65~48.98	24.19~120.07	48.3~89.34
	43.77±10.59	52.18±25.97	48.80±17.71	31.94±7.03	84.37±25.31	67.36±10.28
fj	23.17~63.88	23.84~96.25	14.17~86.71	21.04~45.93	33.25~110.18	44.94~80.87
	40.01±9.90	47.52±24.20	44.10±16.61	30.42±6.04	78.11±20.91	61.93±9.04
ij	8.38~20.92	9.67~35.38	9.08~33.04	7.24~35.43	16.99~40.25	15.25~28.07
	14.20±3.50	18.19±8.43	16.66±5.85	12.08±5.33	29.03±6.00	21.06±2.91

注：每个性状的上排为最小值~最大值（min~max），下排为平均值±标准差（mean$_{adj}$±std）。

为了消除样本大小和异速生长对形态特征的影响，所有的传统可量性状和框架数据都除以体长[2]。

(3) 分析方法

使用 SPSS 13.0 软件进行数据处理，采用聚类分析、主成分分析、判别分析 3 种多元分析方法对湖口群体及鄱阳湖五河群体进行形态差异的分析。为了消除样本大小和异速生长对形态特征的影响，分析前先将所有数据都除以体长予以校正[2]。

① 聚类分析：先计算出每种草鱼 30 个参数校正值的平均值，然后用这 30 个参数的平均值作聚类分析。采用的聚类分析方法为系统聚类法中的欧氏最短距离法[13]。

② 主成分分析：应用 SPSS 软件对 30 个校正参数通过计算机程序计算出各个主成分的特征根向量、方差贡献率和它们的累计方差贡献率。

③ 判别分析：对每个样本 30 个校正参数进行逐步判别分析，挑选对判别贡献大的参数来建立 6 个草鱼群体的形态判别函数。

④ 判别准确率的计算[3]

判别准确率：p_1＝某草鱼群体判别正确的尾数/该群体实际尾数；

p_2＝某草鱼群体判别正确的尾数/判入该群体尾数。

$$综合判别准确率 = \sum_{i=1}^{k} A_i / \sum_{i=1}^{k} B_i$$

式中：A_i 为第 i 个群体中判别正确的尾数；B_i 为第 i 个群体中的实际尾数；k 为群体数。

⑤ 单因素方差与差异系数分析：单因素方差分析用于完全随机设计的多个样本均数间的比较，其统计是推断各样本所代表的各总体均数是否相等。在鱼类形态学上，通过计算与比较草鱼各群体之间的各个性状特征的平均值，以确定差异显著的性状特征。

差异系数按 Mayr 等[2]的方法计算。差异系数 $C_D = (M_B - M_A)/(std_A + std_B)$，其中 M_A 和 M_B 分别为 A、B 种群某参数的均值，std_A 和 std_B 分别为 A、B 种群某参数的标准差。如差异系数小于 1.28，可视为种内不同地理种群水平的差异。通过计算长江及五河草鱼两两群体之间的各个性状特征的差异系数，来比较其性状分化及差异程度，同时，差异系数还能反映其分化趋势与分化较快的性状特征。

3.1.2　结果与分析

(1) 聚类分析

图 3.3 为对所有样本的 30 个比例性状进行聚类分析，得出的湖口草鱼幼鱼群

体以及鄱阳湖五河种群形态聚类图。结果表明，赣江群体与信江群体、饶河群体距离较短，形态最为接近；抚河群体、修河群体较为接近；与其他 5 个群体相比，湖口群体属于过渡群体。

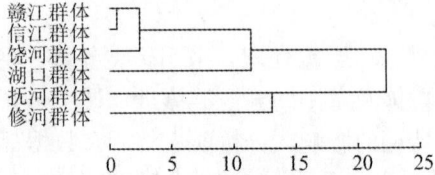

图 3.3 6 个草鱼群体的聚类分析

Fig. 3.3 Cluster analysis of six populations of grass carp

（2）主成分分析

对 6 个草鱼群体的 30 个形态比例性状进行主成分分析。主成分贡献率和累计贡献率的计算参照张晓庭等的方法[2]，30 个性状对 5 个主成分的特征向量及 5 个主成分的方差贡献率见表 3.4。结果表明：5 个主成分的累计贡献率为 84.06%，第一个主成分的贡献率为 38.613%，依据主成分的特征向量分量绝对值可得，对第一主成分贡献较大的性状是 bg、eg、df、dh、dg、fg、fh、fi、fj 的距离等指标，基本反映了鱼体躯干部的特征；第二个主成分贡献率为 12.59%，主要反映头长、眼径、ac、ab、bd 的距离等指标，基本反映了鱼体的头部特征；第三个主成分贡献率为 16.94%，主要反映体高、头高、de 的距离等指标，基本反映了鱼体高度的特征。累计贡献率达到了大于 8.3% 的要求说明湖口与鄱阳湖五河草鱼能用几个相互独立的因子来概括不同群体间的形态差异。

表 3.4 草鱼可量性状主成分载荷

Tab. 3.4 Loadings of principal components (PC) extracted from morphmetric characters of grass carp

性状	主成分 1	主成分 2	主成分 3	主成分 4	主成分 5
体高（BH）	0.191	0.143	0.901*	0.217	0.223
头高（HH）	0.072	0.191	0.793*	0.082	−0.113
头长（HL）	0.032	0.806*	0.074	0.073	−0.103
头宽（HW）	0.591	0.533	−0.064	0.222	0.082
吻长（SL）	−0.253	0.525	0.167	0.329	0.018
眼径（ED）	−0.060	0.618*	0.067	0.086	−0.116
鼻孔间距（NW）	0.270	0.490	0.132	−0.083	0.223
眼间距（IW）	0.444	0.194	−0.015	−0.271	−0.188
尾柄高（CPW）	0.457	0.220	0.242	−0.039	0.195
ac	0.348	0.788*	0.046	−0.157	0.170
ab	−0.090	0.692*	0.220	0.045	0.235

性状	主成分1	主成分2	主成分3	主成分4	主成分5
bc	0.521	0.481	0.216	0.015	0.153
bd	0.287	0.636*	0.130	0.328	−0.483
bg	0.751*	0.470	0.058	0.383	−0.133
be	0.383	0.579	0.257	0.489	−0.005
ce	−0.041	0.067	0.214	0.898*	−0.024
de	0.262	0.207	0.905*	0.012	0.004
eg	0.729*	−0.022	0.243	−0.017	−0.561
df	0.761*	−0.157	−0.068	−0.213	−0.07
dh	0.935*	0.084	0.158	−0.066	−0.095
dg	0.859*	0.106	0.250	0.042	−0.018
fg	0.824*	0.005	0.449	0.123	0.053
gh	0.361	0.147	−0.069	0.048	0.113
fh	0.846*	0.136	0.291	0.244	0.007
hi	0.335	0.164	−0.055	0.544	0.271
hj	0.309	0.137	0.187	0.230	0.560
fi	0.898*	0.015	0.171	0.263	0.204
fj	0.804*	−0.101	0.013	0.101	0.275
ij	0.578	0.466	0.388	0.045	0.102
贡献率/%	38.613	12.589	16.940	9.328	5.585

　　* 大于 0.618。

（3）判别分析

　　采用 Wilks' Lambda 法，为提高公式的简便性和实用性，从 30 个特征性状中筛选出对区分 6 个群体有显著贡献的 7 个变量（表 3.5）[4]，对 7 个形态比例参数进行分析（表 3.6），建立了 6 个判别函数，进行判别。

　　湖口群体：
$$Y = -1658.85 - 870.63X_1 + 84.24X_2 - 217.87X_3 + 992.86X_4 \\ + 387.64X_5 + 444.81X_6 + 1254.38X_7$$

　　赣江群体：
$$Y = -1655.6 - 897.66X_1 + 95.19X_2 - 119.65X_3 + 1083.01X_4 \\ + 372.45X_5 + 420.35X_6 + 1251.83X_7$$

　　信江群体：
$$Y = -1656.89 - 798.29X_1 + 57.46X_2 - 98.92X_3 + 1130.37X_4 \\ + 396.87X_5 + 450.51X_6 + 1264.62X_7$$

　　饶河群体：
$$Y = -1682.11 - 769.63X_1 + 84.07X_2 - 77.3X_3 + 1085.46X_4$$

$$+383.42X_5+456.59X_6+1273.71X_7$$

抚河群体：

$$Y=-655.82-847.48X_1+124.59X_2-125.55X_3+1098.37X_4$$
$$+434.77X_5+456.31X_6+1245.02X_7$$

修河群体：

$$Y=-1692.66-734.26X_1+43.58X_2-169.91X_3+1120.67X_4$$
$$+474.58X_5+478.98X_6+1284.17X_7$$

表 3.5 原分类的方差分析及 λ 统计量

Tab. 3.5 Tests of equality of group means

性状	Wilks'Lambda	F 值	自由度 df$_1$	自由度 df$_2$	显著性差异 Sig
体高	0.86	7.30	5	219	$2.38E^{-06}$
de	0.81	10.44	5	219	$5.35E^{-09}$
df	0.82	9.56	5	219	$2.89E^{-08}$
gh	0.9	4.74	5	219	0.000 391
fh	0.86	6.9	5	219	$5.33E^{-06}$
hi	0.91	4.19	5	219	0.001 164
hj	0.89	5.55	5	219	$7.78E^{-05}$

表 3.6 判别函数的系数

Tab. 3.6 Classification function coefficients

性状	赣江草鱼	信江草鱼	饶河草鱼	湖口草鱼	抚河草鱼	修河草鱼
体高	−897.66	−798.29	−769.63	−870.63	−847.48	−734.26
de	95.19	57.46	84.07	84.24	124.59	43.58
df	−119.65	−98.92	−77.3	−217.87	−125.55	−169.91
gh	1083.01	1130.37	1085.46	992.86	1098.37	1120.67
fh	372.45	396.87	383.42	387.64	434.77	474.58
hi	420.35	450.51	456.59	444.81	456.31	478.98
hj	1251.83	1264.62	1273.71	1254.38	1245.02	1284.17
Fisher 常数 (Constant)	−1655.6	−1656.89	−1682.11	−1658.85	−1655.82	−1692.66

公式中 $X_1 \sim X_7$ 分别代表性状体高/体长、de/体长、df/体长、gh/体长、fh/体长、hi/体长、hj/体长。据此对所有观测样本按上述判别函数进行预测分类，结果见表 3.7。判断某尾鱼的群体归属时，可将该鱼的上述形态参数测出，分别代入判别函数中，然后根据某个函数得到最大 Y 值，来判定该鱼所属的类群。综合判别准确率为 76.4%。

表 3.7 6 个草鱼群体判别结果

Tab. 3.7 Discriminate results of six populations of grass carp

群体	预测分类						判别准确率/%		综合判别准确率/%
	赣江草鱼	信江草鱼	饶河草鱼	湖口草鱼	抚河草鱼	修河草鱼	p_1	p_2	
赣江草鱼	32	6	2	3	4	0	68.1	80	
信江草鱼	6	23	3	1	2	3	60.5	65.7	
饶河草鱼	0	2	22	1	0	0	88	78.6	76.4
湖口草鱼	2	2	0	35	2	2	81.4	74.5	
抚河草鱼	0	2	0	5	48	1	85.7	80	
修河草鱼	0	0	1	2	4	21	75	77.8	

（4）单因子方差分析

表 3.8 是对 6 个草鱼群体各形态参数进行单因子方差分析所得 P 值结果：6 个草鱼群体之间有 7 个性状特征差异极其显著（$P<0.01$），它们分别是：体高、eg、hi、dh、fh、fi、hj；有 8 个特征差异显著（$P<0.05$），它们分别是头高、眼间距、ab、bg、df、dg、fg、gh。

表 3.8 湖口及五河草鱼 P 值较大的性状特征

Tab. 3.8 The character of the high P value between Hukou and five rivers

性状特征	GJ—XJ	GJ—RH	GJ—FH	GJ—XH	XJ—RH	XJ—FH	XJ—XH	HK—FH	HK—XH	FH—XH	FH—RH	HK—RH
体高/bl	—	—	0.001	—	—	0.020	—	—	—	—	0.038	—
头高/bl	—	—	0.045	—	—	—	—	—	—	—	—	—
眼间距/bl	—	—	—	0.044	—	—	—	—	0.027	—	—	—
ab/bl	—	—	—	0.045	—	—	—	—	—	—	—	—
bg/bl	—	—	0.030	—	—	—	—	—	—	—	—	—
eg/bl	—	—	0.003	—	—	0.030	—	0.032	—	0.040	0.030	—
df/bl	—	—	—	—	—	0.028	—	—	—	—	—	—
dh/bl	—	0.030	—	0.008	0.005	—	0.001	—	0.000	0.014	—	0.002
dg/bl	—	—	—	—	—	—	0.028	—	—	—	—	—
fg/bl	—	—	—	—	—	—	—	—	—	—	0.049	—
gh/bl	—	—	0.031	—	—	—	—	—	—	—	—	—
fh/bl	0.031	—	—	—	0.004	—	0.002	—	0.020	—	—	0.032
hi/bl	—	—	0.037	—	—	0.023	—	0.006	—	—	0.029	—
hj/bl	—	—	0.000	—	—	0.013	—	—	—	—	0.015	—
fi/bl	—	—	0.002	—	—	0.013	—	0.007	—	—	—	—

注：GJ 为赣江群体，XJ 为信江群体，RH 为饶河群体，FH 为抚河群体，XH 为修河群体，HK 为湖口群体。

各种群的两两种群间差异系数见表 3.9，可以看出，它们的差异系数小于亚种分类的阈值 1.28（除长江与修河草鱼群体其头高差异系数为 1.58 外），因此它们之间的差异仍然是属于不同地理种群的差异，还没有上升到亚种水平。但从差异系数来看，两两草鱼群体之间个别性状差异系数呈增大趋势，如赣江与修河草鱼群体之间在鼻孔间距、ac、df 等特征上差异系数均较大，说明这两个草鱼群体发生形态分化的性状特征数目在增多，形态分化越来越大。

表 3. 9 湖口及五河草鱼性状差异系数
Tab. 3. 9 The high variance of the character between Hukou and five rivers

性状特征	GJ−XJ	GJ−RH	GJ−HK	GJ−FH	GJ−XH	XJ−RH	XJ−HK	XJ−FH	XJ−XH	HK−FH	HK−XH	FH−XH	FH−RH	RH−XH
BH/bl	0.27	0.26	0.31	0.30	0.39	0.03	0.12	0.23	0.10	0.18	0.12	0.12	0.21	0.20
HH/bl	0.02	0.67	0.11	0.19	0.49	0.69	0.09	0.19	0.05	0.20	0.59	0.14	0.13	0.09
HL/bl	0.02	0.07	0.52	0.06	0.63	0.05	0.56	0.06	0.06	0.01	1.58*	0.12	0.05	0.89
HW/bl	0.28	0.35	0.30	0.12	0.82	0.05	0.03	0.13	0.02	0.13	0.60	0.15	0.13	0.45
SL/bl	0.26	0.33	0.04	0.19	0.18	0.06	0.28	0.11	0.03	0.10	0.27	0.09	0.12	0.53
ED/bl	0.17	0.32	0.49	0.00	0.09	0.21	0.38	0.17	0.17	0.06	0.71	0.14	0.07	0.46
NW/bl	0.16	0.24	0.24	0.09	1.17*	0.02	0.10	0.10	0.05	0.10	0.81	0.16	0.10	0.80
IW/bl	0.19	0.17	0.12	0.02	0.90	0.05	0.05	0.07	0.15	0.05	0.51	0.24	0.06	0.61
CPW/bl	0.04	0.26	0.22	0.14	0.58	0.20	0.17	0.14	0.03	0.15	0.21	0.16	0.15	0.24
ac/bl	0.27	0.28	0.18	0.05	1.03*	0.09	0.11	0.03	0.12	0.10	0.49	0.11	0.01	0.88
ab/bl	0.17	0.04	0.10	0.06	0.59	0.23	0.14	0.04	0.08	0.02	0.68	0.13	0.01	0.71
bc/bl	0.10	0.01	0.29	0.21	0.57	0.09	0.18	0.09	0.09	0.13	0.30	0.19	0.08	0.55
bd/bl	0.08	0.50	0.06	0.21	0.31	0.21	0.24	0.17	0.03	0.18	0.12	0.15	0.14	0.08
bg/bl	0.23	0.31	0.28	0.11	1.04	0.12	0.02	0.14	0.10	0.15	0.22	0.11	0.06	0.19
be/bl	0.03	0.20	0.25	0.13	0.03	0.10	0.20	0.12	0.00	0.07	0.25	0.13	0.16	0.15
ce/bl	0.22	0.13	0.55	0.16	0.75	0.17	0.10	0.05	0.04	0.01	0.00	0.01	0.14	0.60
de/bl	0.19	0.19	0.11	0.22	0.18	0.05	0.06	0.19	0.01	0.22	0.05	0.22	0.23	0.03
eg/bl	0.22	0.15	0.09	0.17	0.05	0.36	0.05	0.21	0.07	0.17	0.11	0.14	0.13	0.07
df/bl	0.17	0.81	0.23	0.03	1.11*	0.67	0.09	0.10	0.34	0.15	0.68	0.30	0.22	0.23
dh/bl	0.22	0.79	0.44	0.09	0.48	0.07	0.14	0.14	0.01	0.21	0.18	0.18	0.20	0.10
dg/bl	0.11	0.58	0.35	0.11	0.31	0.65	0.41	0.09	0.08	0.18	0.08	0.17	0.21	0.18
fg/bl	0.06	0.01	0.07	0.21	0.17	0.19	0.19	0.14	0.02	0.20	0.17	0.26	0.16	0.16
gh/bl	0.32	0.44	0.22	0.06	0.62	0.47	0.05	0.14	0.29	0.09	0.42	0.24	0.20	0.11
fh/bl	0.09	0.20	0.29	0.16	0.09	0.18	0.18	0.21	0.09	0.27	0.51	0.12	0.24	0.66
hi/bl	0.34	0.45	0.36	0.39	0.77	0.04	0.11	0.22	0.10	0.15	0.21	0.26	0.25	0.25
hj/bl	0.17	0.36	0.04	0.29	0.66	0.14	0.19	0.23	0.09	0.29	0.64	0.15	0.10	0.28
fi/bl	0.15	0.18	0.14	0.12	0.65	0.01	0.23	0.10	0.07	0.14	0.55	0.03	0.10	0.57
fj/bl	0.06	0.14	0.22	0.15	0.71	0.03	0.09	0.13	0.10	0.12	0.64	0.03	0.13	0.72
ij/bl	0.13	0.61	0.09	0.09	0.33	0.12	0.04	0.09	0.04	0.20	0.16	0.18	0.18	0.08

注：①带"*"者大于 1.00，表示该性状发生明显形态分化；
②GJ 为赣江群体，XJ 为信江群体，RH 为饶河群体，FH 为抚河群体，XH 为修河群体，HK 为湖口群体。

3.1.3 讨论

(1) 形态变异与种群分化

湖口及鄱阳湖五河草鱼种群的聚类分析和主成分分析的结果一致，表明它们在形态上既相似又有一定程度的差异。聚类分析结果中，赣江群体、信江群体以及饶河群体三者距离较短，形态最为接近；抚河群体和修河群体形态较为相似；而湖口群体属于中间过渡群体。由主成分分析散点图也可以得到相类似的结果。由此我们推断：赣江、信江、饶河、湖口、修河五个群体之间存在较近的亲缘关系。实质上五河均属于长江流域的附属河流，且地理位置相对较近，而草鱼又属于游动能力较强的鱼类，因此推测群体之间的基因交流可能是导致各群体之间形态上较为接近的原因之一。而与湖口群体相比，其他 5 个群体主要在鱼体头部等特征上出现较大的形态分化，这可能是因为湖口草鱼群体从长江经湖口进入鄱阳湖五河以后，在五河中栖息与繁殖。由于生存环境（如水质、营养、气候等）发生改变和遗传变异（兴建水库增多以及长江湖口江段人工采沙等因素造成地理隔离）等，草鱼群体形态朝着不同方向发生分化，其形态分化主要表现在鱼体头部等特征上。

李思发等[5]曾对草鱼群体形态分化做过相关研究，对长江、珠江、黑龙江的鲢、鳙、草鱼原种种群的 10 项形态特征，于高维空间上用统计方法进行判别分析，发现种群间具有显著差异，不同江河鲢、鳙的侧线鳞数也有明显不同。这些形态特征上的差异大小与种群间的地理距离呈正相关。由此说明，由于地域环境等不同，草鱼群体正朝着形成不同的地理种群方向进化与演变。同时，对于草鱼地理种群形成的研究单凭形态测量参数下结论还不够全面，还有待于利用细胞学、分子生物学手段（如免疫学、同工酶、DNA 等）进行研究和分析，从而得出更加客观准确的结论。

(2) 多元分析方法在草鱼群体形态判别上的应用

本研究采用了聚类分析、主成分分析和判别分析 3 种多元分析方法，系统分析了草鱼湖口及鄱阳湖五河 6 个群体的 30 项形态比例性状，较好地在形态上对它们作了区分。聚类分析可将不同的群体进行初步归类，量化品系间的差异程度，分析群体间的相似程度。通过聚类分析得：赣江群体、信江群体以及饶河群体距离较短，形态最为接近；抚河群体和修河群体形态有一定程度的接近；而湖口群体处于过渡群体。主成分分析则将多个形态比例性状综合成少数几个因子，从而得出不同群体差异的大小，并可根据不同群体的主成分值，找出对应群体在各主成分值上差异较大的参数。通过主成分散布图可以得出：湖口草鱼群体经长江湖口进入鄱阳湖五河后，朝着不同方向发生形态分化。由分析得出：抚河群体、修河群体呈短胖，而赣江群体、修河群体、饶河群体偏细长。判别分析是群体鉴定的一种常用方法，通过建立判别公式来对群体进行判别。从判别分析结果来看，判别准确率 p_1 为 $60.5\% \sim 88\%$，p_2 为 $65.7\% \sim 80\%$，而综合判别准确率为 76.4%，根据判别方程式可以较准确地将 6 个草鱼群体分开。总的来说，其分析结果是类似的，但它们从不同的角度反映群体间的形态学差异，因此也是不可以相互替代的。

(3) 单因素方差分析

通过对 6 个草鱼群体进行单因素方差分析，结果发现：6 个草鱼群体在 15 个性状特征上差异显著，它们分别是：体高、头高、眼间距、ab、bg、eg、dh、df、dg、fg、gh、hi、fh、fi、hj。

(4) Mayr 的 75% 规则

一般的，分类学家把亚种作为最小的分类单位，但 Mayr 认为亚种还可进一步分为不同的地理种群，"亚种是由很多的地理种群构成的，这些地理种群在基因频率和很多可量性状的平均值上有些微的差异"[2]；进一步提出了 75% 规则，认为假如能将 75% 的 A 群体和 97% 的 B 群体分开，那么它们的差异系数的临界值应该是 1.28，即 1.28 是亚种分类的临界值；当两群体间形态特征的差异系数大于 1.28 时，表示它们的差异已经达亚种的水平以上；相反，则是同一个种群间的差异。由 6 个草鱼群体之间两两群体差异系数分析，结果表明：它们的差异系数小于亚种分类的阈值 1.28（湖口与修河草鱼群体的头高差异系数为 1.58，大于 1.28，达到亚种水平），因此它们之间的差异仍然是属于不同地理种群的差异，还没有上升到亚种水平。但是某些群体间个别性状的差异系数较大，呈现增大的趋势，如赣江草鱼群体与修河草鱼群体间在鼻孔间距、ac、df 等特征上差异系数均较大。由此推测，若干年后，这些群体可能形成不同的草鱼亚种。当然，Mayr 的规则是根据一些统计学上的假设推理出来的，而且这只是一个形态指标；若要全面地鉴别这两个群体的差异，还须与分子遗传、生化遗传、生理生态的证据结合起来进行。

3.2 鲢幼鱼形态分化与分析

3.2.1 材料与方法

(1) 实验材料

实验材料为江西省鄱阳湖五河中修河、赣江、信江、抚河地理种群的鲢幼鱼及湖口的对照群体。各群体取样来源、时间、地点与数目如表 3.10，采样方式为网捕，所有的样本取回后用福尔马林浸泡液保存，共 154 尾，均为野生幼鱼群体。

表 3.10 实验鱼取样情况

Tab. 3.10 Samples of experimental fishes

群体	采样点	采集年月	样本数/尾
湖口	湖口县	2007.3	33
信江	鹰潭市	2008.4	30
赣江	峡江县	2009.4	38
抚河	抚州市	2009.4	47
修河	永修县	2009.4	6

（2）数据测量

见 3.1.1，图 3.4，图 3.5。数据统计结果见表 3.11。

（3）分析方法

见 3.1.1。

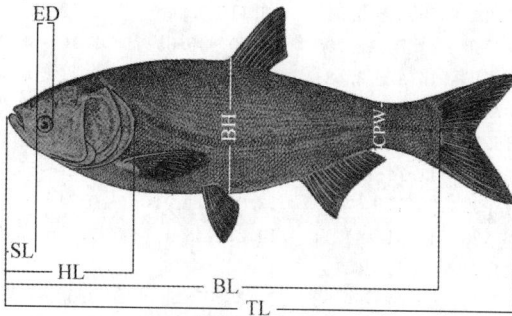

图 3.4 鲢传统可量性状测量示意图

Fig. 3.4 Drawing of traditional morphological measures of silver carp

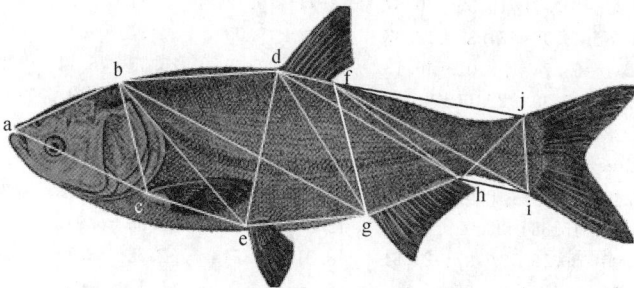

图 3.5 鲢框架性状测量示意图

Fig. 3.5 Drawing of network measured of silver carp

表 3.11 鲢传统可量性状和框架性状数据 （单位：mm）

Tab. 3.11 Traditional measured character and frame character data for silver carp

特征	赣江鲢	信江鲢	湖口鲢	抚河鲢	修河鲢
体长（BL）	202.65~298.38	45.46~200.17	76.74~179.86	133.26~249.05	106.57~245.54
	100.70±60.64	85.13±29.64	54.47±46.86	1.00±0.00	1.00±0.00
体高（BH）	59.40~91.87	14.52~72.82	20.96~50.05	39.98~82.40	32.02~81.35
	25.86±14.94	22.70±8.02	14.22±12.33	0.33±0.01	0.30±0.02
头高（HH）	54.58~76.67	11.77~58.37	19.25~40.96	36.01~64.75	27.16~64.45
	20.27±11.63	18.13±7.04	10.79±9.20	0.27±0.01	0.26±0.01
头长（HL）	58.24~85.37	15.68~53.45	23.55~50.77	31.33~66.25	30.49~64.11
	27.06±13.54	23.02±7.13	14.96±12.68	0.28±0.03	0.28±0.01
头宽（HW）	31.57~50.75	6.20~26.34	10.10~50.77	13.43~36.6	14.29~36.72
	16.42±10.99	13.34±5.16	8.55±7.40	0.15±0.02	0.14±0.01
吻长（SL）	10.47~19.16	3.06~6.83	4.84~26.25	7.88~15.93	6.26~12.91
	6.25±3.33	5.53±1.92	3.40±2.99	0.06±0.01	0.06±0.01
眼径（ED）	9.95~13.23	2.70~9.35	5.25~10.18	7.78~16.41	6.83~12.39
	5.56±1.68	5.11±1.22	3.35±2.78	0.05±0.01	0.06±0.01
鼻孔间距（NW）	14.29~21.46	2.85~11.88	4.62~17.17	7.68~25.24	6.17~15.88
	4.92±3.19	4.10±1.59	2.71±2.35	0.07±0.01	0.06±0.01
眼间距（IW）	25.11~39.54	4.43~22.62	8.02~18.49	13.24~31.11	11.16~31.03
	11.84±7.93	9.74±3.91	6.11±5.46	0.12±0.01	0.11±0.01
尾柄高（CPW）	21.88~33.68	4.74~22.00	7.50~46.33	13.16~65.04	10.13~28.6
	12.51±7.61	10.37±3.48	6.75±5.94	0.11±0.03	0.10±0.01
ac	60.71~87.86	15.44~60.64	23.92~52.52	39.64~73.26	31.37~65.03
	30.4±15.60	26.53±8.06	16.77±14.55	0.31±0.02	0.29±0.02
ab	47.11~68.43	11.74~47.22	19.24~41.01	31.27~55.73	24.41~54.96
	22.86±12.39	20.17±6.63	13.05±11.04	0.24±0.02	0.23±0.01
bc	45.31~67.28	10.31~44.14	14.21~38.47	27.93~66.10	20.68~52.23
	20.68±11.71	17.77±6.10	11.36±9.66	0.23±0.01	0.21±0.01
bd	63.89~98.24	13.02~60.53	23.35~58.1	41.55~118.58	34.04~77.82
	31.15±19.76	26.75±9.90	16.92±14.70	0.33±0.05	0.36±0.09
bg	115.92~168.02	24.09~110.52	41.83~100.46	70.65~143.22	37.87~138.86
	61.42±36.38	50.67±16.94	31.81±27.92	0.55±0.04	0.52±0.10
be	73.28~109.91	16.59~76.34	22.71~70.12	42.81~95.27	35.91~86.36
	40.28±23.09	34.39±12.03	21.82±19.05	0.37±0.04	0.35±0.01
ce	39.81~63.74	9.01~46.13	11.29~47.69	26.95~76.14	23.91~49.97
	26.64±17.30	22.11±8.13	13.75±12.3	0.21±0.03	0.21±0.01
de	58.38~89.57	12.77~67.22	18.60~59.73	40.42~82.01	29.05~76.67
	24.06±14.35	20.68±7.69	12.90±11.15	0.31±0.02	0.29±0.02
eg	51.43~74.15	9.54~53.03	20.51~57.71	21.32~62.98	26.45~64.47
	24.42±15.86	20.05±6.86	12.80±10.96	0.25±0.03	0.26±0.01
df	20.95~36.19	5.97~21.61	8.31~34.74	12.62~83.11	10.58~23.3
	12.73±6.12	10.36±3.20	6.50±5.57	0.11±0.05	0.10±0.01
dh	79.59~122.46	17.89~80.39	26.61~72.82	21.09~98.9	39.95~102.53

续表

特征	赣江鲢	信江鲢	湖口鲢	抚河鲢	修河鲢
dg	40.13±22.74	32.60±11.37	21.40±18.48	0.37±0.04	0.37±0.02
	67.30~100.05	14.59~70.53	21.45~66.3	40.27~87.49	33.78~89.57
fg	34.32±19.58	28.62±9.78	18.60±16.16	0.33±0.02	0.32±0.02
	51.50~76.30	10.31~58.04	16.34~54.29	31.30~71.53	25.44~71.10
gh	23.96±13.6	20.50±7.23	13.00±11.37	0.26±0.02	0.25±0.02
	29.37~51.5	5.85~27.73	10.74~43.88	19.29~59.24	15.75~38.02
fh	38.63±23.83	33.7±12.25	21.3±18.67	0.16±0.02	0.15±0.00
	56.99~88.65	11.60~58.37	18.40~57.63	29.24~75.02	30.38~77.27
hi	13.56±8.62	11.59±4.15	7.17±6.03	0.28±0.03	0.28±0.02
	23.67~113.19	5.68~26.87	8.70~40.65	17.89~102.47	15.71~34.47
hj	0.17±0.07	0.13±0.01	0.13±0.03	0.16±0.08	0.15±0.02
	34.87~103.94	8.09~36.93	10.10~48.56	22.99~93.59	19.82~46.36
fi	0.20±0.05	0.18±0.01	0.18±0.03	0.20±0.06	0.19±0.00
	39.75~126.71	17.01~84.88	28.43~76.09	28.59~95.46	42.71~106.16
fj	0.40±0.07	0.38±0.01	0.4±0.03	0.38±0.07	0.41±0.01
	48.09~116.77	15.65~78.33	26.70~72.70	42.4~88.95	38.16~97.03
ij	0.37±0.05	0.35±0.01	0.37±0.03	0.35±0.05	0.38±0.01
	25.21~39.73	4.98~24.56	7.93~38.10	16.21~32.74	13.29~32.94
	0.13±0.01	0.12±0.01	0.12±0.03	0.13±0.01	0.12±0.01

注：每个性状的上排为最小值~最大值（min~max），下排为平均值±标准差（mean$_{adj}$±std）。

3.2.2　结果与分析

（1）聚类分析

对 5 个地方鲢群体的形态比例参数的聚类分析结果见图 3.6。结果表明：5 个群体聚为三个主要分支，赣江、抚河鲢两个群体聚为第一个分支，形态最为接近；修河群体独立成为一支；信江、湖口鲢两个群体聚为另一个分支。

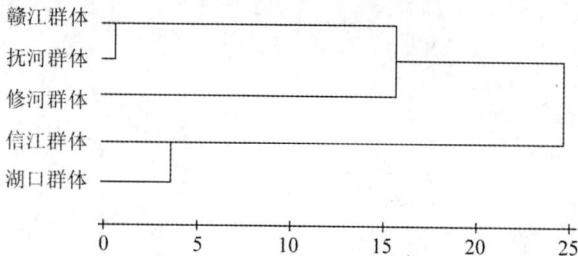

图 3.6 5 个鲢群体的聚类分析

Fig. 3.6 Cluster analysis of five populations of silver carp

（2）主成分分析

　　三个主成分对不同群体间的总变差累计的贡献率为 95.99%（表 3.12），说明它们包含总变异的大多数部分，即可以利用几个相互独立的因子概括 5 个群体之间的形态差异。结果表明：第一个主成分的贡献率为 79.522%，依据主成分特征的向量分量绝对值可得，吻长、bd、bg 的距离等指标为对第一主成分的贡献较大的性状；第二个主成分贡献率为 12.393%，尾柄长、ac、dh、dg、fg、fh、hi、fi、hj 的距离等指标为贡献较大的性状；第三个主成分的贡献率为 4.078%，头高、头宽、bc、be、de、df 的距离等指标为贡献较大的性状，主要反映头部和躯干部背鳍前端性状以及背鳍基长等特征。三主成分主要反映鱼体各方面的性状分布趋势。累计贡献率达到了大于 83% 的要求，说明鄱阳湖水系鲢能用几个相互独立的因子来概括不同群体间的形态差异。

表 3.12 鲢 29 个比例性状主成分载荷

Tab. 3.12 Loadings of principal components for 29 morphmetric
characters of silver carp component matrix

性状	主成分 1	主成分 2	主成分 3
体高（BH）	0.162	0.650	0.652
头高（HH）	0.075	−0.279	0.899*
头长（HL）	−0.468	−0.631	0.224
头宽（HW）	0.457	0.189	0.765*
吻长（SL）	−0.827*	−0.092	0.014
眼径（ED）	−0.261	−0.208	−0.252
鼻孔间距（NW）	0.521	−0.231	−0.042
眼间距（IW）	0.664	0.394	0.252
尾柄高（CPW）	0.232	0.772*	−0.259
ac	−0.302	−0.786*	0.476
ab	0.226	−0.614	0.171
bc	−0.126	−0.083	0.838*
bd	−0.994*	0.081	0.049
bg	0.998*	−0.030	0.026
be	0.113	−0.405	0.897*
ce	−0.224	−0.360	0.240
de	0.228	0.609	0.723*
eg	−0.020	0.339	−0.194
df	0.270	−0.132	−0.913*
dh	0.356	0.929*	0.065
dg	0.177	0.956*	−0.096
fg	0.411	0.896*	0.147
gh	−0.163	0.558	−0.428
fh	0.062	0.903*	−0.090

续表

性状	主成分 1	主成分 2	主成分 3
hi	−0.270	−0.845*	0.201
hj	0.163	−0.558	0.428
fi	0.534	0.688*	0.367
fj	0.339	0.761*	0.317
ij	0.357	0.268	0.539
贡献率/%	79.522	12.393	4.078

注：带“*”者大于 0.688。

（3）判别分析

在判别分析中，采用 Wilks' Lambda 法，如表 3.13 所示，选取 14 个参数（如表 3.14 中 F 值大于 3.14），建立了 5 个判别函数，进行判别。

赣江鲢：

$$Y=-2.93+49.29X_1-24.06X_2+5.51X_3+28.29X_4+45.45X_5-18.73X_6$$
$$-23.76X_7+11.75X_8+15.07X_9+9.76X_{10}-6.22X_{11}+4.54X_{12}$$
$$-40.22X_{13}-15.38X_{14}$$

信江鲢：

$$Y=-10.67-33.28X_1-11.57X_2-10.04X_3+22.62X_4+2X_5+4.59X_6$$
$$+70.58X_7-25.74X_8+18.27X_9+16.65X_{10}+1.96X_{11}$$
$$+29.38X_{12}-20X_{13}-14.75X_{14}$$

湖口鲢：

$$Y=-24.68+9.44X_1-2.486X_2-10.88X_3+8.09X_4-46.75X_5-8.73X_6$$
$$+28.1X_7-9.08X_8+4.07X_9+7.04X_{10}-10.68X_{11}+6.26\ X_{12}$$
$$-13.19X_{13}-12.49X_{14}$$

抚河鲢：

$$Y=2.1+19.28X_1+4.57X_2-11.34X_3-4.45X_4-12.15X_5+6.99X_6$$
$$-5.82X_7-38.49X_8+11.78X_9-13.6X_{10}+15.43X_{11}$$
$$-3.33X_{12}-31.14X_{13}+13.03X_{14}$$

修河鲢：

$$Y=-107.92+20.13X_1+9.08X_2+45.4X_3+105.87X_4-38.29X_5$$
$$-17.63X_6+14.9X_7+6.21X_8+1.06X_9-16.47X_{10}$$
$$+14.79X_{11}+16.47X_{12}-46X_{13}+38.19X_{14}$$

公式中 $X_1 \sim X_{14}$ 分别代表体高、头高、头长、头宽、鼻孔间距、眼间距、ac、ab、bc、bd、bg、de、eg、df 的距离与体长的比值。判别结果如表 3.15，判断某尾鱼的群体归属时，可将该鱼的上述形态参数测出，分别代入判别函数中，然后根据某个函数所得最大 Y 值来判定该鱼所属的类群。判别准确率范围 p_1 为 66.7%~93.8%，p_2 为 57.1%~98.9%，其中湖口鲢的平均判别率最高，达 94.9%，综合判别准确率为 90.7%，判别率较高，说明上述判别公式较为可靠。

表 3.13 原分类的方差分析及 λ 统计量

Tab. 3.13 Tests of equality of group means

性状	Wilks'Lambda	F 值	自由度 df$_1$	自由度 df$_2$	显著性差异 Sig
体高（BH）	0.647	19.817	4	145	0.000
头高（HH）	0.495	36.913	4	145	0.000
头长（HL）	0.659	18.765	4	145	0.000
头宽（HW）	0.867	5.550	4	145	0.000
鼻孔间距（NW）	0.748	12.215	4	145	0.000
眼间距（IW）	0.522	33.207	4	145	0.000
ac	0.583	25.971	4	145	0.000
ab	0.666	18.146	4	145	0.000
bc	0.757	11.668	4	145	0.000
bd	0.782	10.112	4	145	0.000
bg	0.899	4.057	4	145	0.004
de	0.801	9.034	4	145	0.000
eg	0.884	4.754	4	145	0.001
df	0.879	4.989	4	145	0.001

表 3.14 判别函数的系数

Tab. 3.14 Classification Function Coefficients

性状	赣江鲢	信江鲢	湖口鲢	抚河鲢	修河鲢
体高（BH）	49.29	−33.28	9.44	19.28	20.13
头高（HH）	−24.06	−11.57	−2.48	4.57	9.08
头长（HL）	5.51	−10.04	−10.88	−11.34	45.40
头宽（HW）	28.29	22.62	8.09	−4.45	105.87
鼻孔间距（NW）	45.45	2.00	−46.75	−12.15	−38.29
眼间距（IW）	−18.73	4.59	−8.73	6.99	−17.63
ac	−23.76	70.58	28.10	−5.82	14.90
ab	11.75	−25.74	−9.08	−38.49	6.21
bc	15.07	18.27	4.07	11.78	1.06
bd	9.76	16.65	7.04	−13.60	−16.05
bg	−6.22	1.96	−10.68	15.43	14.79
de	4.54	29.38	6.26	−3.33	16.47
eg	−40.22	−20.00	−13.19	−31.14	−46.00
df	−15.38	−14.75	−12.49	13.03	38.19
Fisher 常数（Constant）	−2.93	−10.67	−24.68	2.10	−107.92

表 3.15 5 个鲢群体判别结果

Tab. 3.15 Discriminate results of five populations of silver carp

群　　体	预测分类					判别准确率/%		综合判别准确率/%
	赣江鲢	信江鲢	湖口鲢	抚河鲢	修河鲢	p_1	p_2	
赣江鲢	30	0	0	2	0	93.8	90.9	
信江鲢	0	30	1	1	0	93.8	93.8	
湖口鲢	0	2	30	1	0	90.9	98.9	90.7
抚河鲢	2	0	0	42	3	89.4	89.4	
修河鲢	1	0	0	1	4	66.7	57.1	

(4) 单因子方差分析

表 3.16 是对 5 个鲢群体各形态参数进行单因子方差分析所得 P 值结果：表明 5 个鲢群体之间有 21 个特征差异极其显著，它们是体高、头高、头长、头宽、鼻孔间距、眼径、眼间距、吻长、ab、bc、bd、bg、be、eg、df、dh、dg、fg、gh、fi、ij；有 4 个特征差异显著，它们是 ce、de、hj、fj。

各种群的两种群间差异系数见表 3.17，可以看出，它们的差异系数小于亚种分类的阈值 1.28，因此它们之间的差异仍然属于不同地理种群的差异，还没有上升到亚种水平。但从差异系数来看，两两鲢群体之间个别性状差异系数呈增大趋势，如赣江与信江鲢群体在头长、眼径、眼间距、ac、ab、bd、df 等特征上差异系数均较大，尤其在头长、眼径、眼间距、ac、ab、bd、df 等特征上差异系数大于 1.28，达到了亚种水平；信江与修河鲢群体在头长、ab、df、fi 等特征上差异系数均较大，尤其是 ab、df 等特征上差异系数大于 1.28，达到了亚种水平；还有赣江与湖口鲢群体在眼间距，赣江与修河鲢群体在头宽、鼻孔间距，信江与抚河鲢群体在眼径，湖口与抚河鲢群体在头高等特征上差异系数均较大。说明这些两两鲢群体发生形态分化的性状特征数目在增多，形态分化越来越大。

表 3.16 鲢 P 值较大的性状特征

Tab. 3.16 The character of the high P value between silver carp

性状特征	GJ−XJ	GJ−HK	GJ−FH	GJ−XH	XJ−HK	XJ−FH	XJ−XH	HK−FH	HK−XH
BH/bl	0.016	—	0.000	0.000	0.000	—	0.000	—	0.001
HH/bl	0.000	0.000	0.004	—	0.000	0.009	0.000	0.001	0.047
HL/bl	0.000	0.004	0.017	0.000	0.000	0.000	—	—	
HW/bl	0.000	0.004	—	—	0.001	—	0.022	—	0.049
SL/bl	0.028	0.006	—	—	0.031	—	0.006	—	
ED/bl	0.000	0.000	0.010	0.000	0.000	0.001	0.000	—	
NW/bl	0.001	0.016	—	—	0.000	—	0.000	—	0.000
IW/bl	0.000	0.000	0.010	—	0.000	—	0.000	—	0.003

性状特征	GJ—XJ	GJ—HK	GJ—FH	GJ—XH	XJ—HK	XJ—FH	XJ—XH	HK—FH	HK—XH
ab/bl	0.000	0.000	0.000	0.000	0.000	0.000	—	0.014	0.004
bc/bl	0.000	0.000	0.000		0.009	0.000	—	0.001	0.009
bd/bl		0.001	0.016	0.000	0.030	0.004	0.000		0.000
bg/bl	0.000	—	—	0.010	0.000	0.000	0.011	0.005	—
be/bl	0.002				0.022		—	0.032	0.013
ce/bl	—	0.037	—		0.040		0.005	—	
de/bl	—		0.038		0.010		0.018	—	
eg/bl			0.002		0.000		0.000		0.008
df/bl	0.012			0.000	0.002	0.031	—		
dh/bl	0.001			0.001	0.001	0.003	—		
dg/bl	0.045			0.020	0.000		—		
fg/bl	—						—	0.005	
gh/bl	—		0.018		0.000		0.001		
hj/bl	0.015	0.026	—		0.013		0.024		
fi/bl	0.019				0.009		0.034		
fj/bl				0.029	—		0.021		
ij/bl	0.003	0.000	—		0.048		0.010		

注：GJ 为赣江群体，XJ 为信江群体，FH 为抚河群体，XH 为修河群体，HK 为湖口群体。

表 3.17 鲢性状差异系数

Tab. 3.17 The high variance of the character between silver carp

性状特征	GJ—XJ	GJ—HK	GJ—FH	GJ—XH	XJ—HK	XJ—FH	XJ—XH	HK—FH	HK—XH	FH—XH
BH/bl	0.318	0.187	0.748	0.016	0.493	0.458	0.299	0.893	0.201	0.726
HH/bl	0.655	0.982	0.328	0.109	0.180	0.933	0.591	1.297*	0.927	0.451
HL/bl	1.287*	0.458	0.280	0.234	0.744	0.680	1.062*	0.076	0.244	0.112
HW/bl	0.943	0.366	0.136	1.009*	0.105	0.465	0.105	0.203	0.158	0.523
SL/bl	0.341	0.310	0.035	0.065	0.058	0.291	0.424	0.275	0.368	0.099
ED/bl	1.630*	0.874	0.353	0.821	0.567	1.096*	0.716	0.470	0.104	0.394
NW/bl	0.692	0.360	0.260	1.039*	0.136	0.653	0.312	0.430	0.381	0.878
IW/bl	1.490*	1.134*	0.310	0.890	0.069	0.890	0.174	0.688	0.096	0.524
SL/bl	0.517	0.040	0.199	0.082	0.110	0.027	0.469	0.084	0.066	0.212
ac/bl	1.643*	0.733	0.782	0.091	0.606	0.505	0.991	0.066	0.433	0.476
ab/bl	1.064*	0.807	0.577	0.073	0.180	0.312	1.259*	0.142	0.918	0.626
bc/bl	0.034	0.546	0.267	0.756	0.541	0.228	0.737	0.663	0.255	0.812
bd/bl	1.397*	0.579	0.056	0.268	0.919	0.679	0.675	0.319	0.444	0.173
bg/bl	0.857	0.514	0.152	0.378	0.455	0.291	0.152	0.078	0.273	0.244
be/bl	0.421	0.379	0.068	0.396	0.110	0.243	0.008	0.258	0.113	0.235
ce/bl	0.142	0.041	0.273	0.329	0.033	0.326	0.434	0.212	0.204	0.117
de/bl	0.257	0.237	0.408	0.322	0.045	0.571	0.057	0.487	0.003	0.623
eg/bl	0.464	0.208	0.050	0.286	0.531	0.380	0.796	0.123	0.034	0.141

性状特征	GJ-XJ	GJ-HK	GJ-FH	GJ-XH	XJ-HK	XJ-FH	XJ-XH	HK-FH	HK-XH	FH-XH
df/bl	1.303*	0.038	0.054	0.758	0.692	0.401	2.032*	0.024	0.438	0.296
dh/bl	0.362	0.064	0.181	0.240	0.333	0.358	0.462	0.115	0.135	0.018
dg/bl	0.033	0.149	0.243	0.270	0.146	0.152	0.242	0.300	0.070	0.436
fg/bl	0.170	0.139	0.372	0.027	0.017	0.389	0.113	0.357	0.091	0.304
gh/bl	0.290	0.118	0.057	0.644	0.064	0.149	0.844	0.054	0.417	0.418
fh/bl	0.089	0.039	0.066	0.135	0.020	0.131	0.219	0.081	0.132	0.039
hi/bl	0.419	0.310	0.015	0.142	0.074	0.360	0.743	0.269	0.395	0.107
hj/bl	0.443	0.267	0.004	0.235	0.123	0.363	0.917	0.231	0.254	0.191
fi/bl	0.163	0.027	0.103	0.176	0.373	0.019	1.101*	0.165	0.279	0.327
fj/bl	0.220	0.101	0.133	0.175	0.498	0.008	0.888	0.263	0.070	0.372
ij/bl	0.785	0.373	0.305	0.642	0.055	0.450	0.249	0.243	0.154	0.268

注：①带"*"者大于1.00，表明该性状发生了明显的形态分化；
②GJ为赣江群体，XJ为信江群体，FH为抚河群体，XH为修河群体，HK为湖口群体。

3.2.3　讨论

(1) 形态变异与种群分化

鄱阳湖水系鲢群体的聚类分析和主成分分析的结果一致，表明它们在形态上既相似又有一定程度的差异。聚类分析结果中，抚河、赣江群体形态较为相似，与修河、信江、湖口群体的趋异程度增加，其中信江、湖口群体形态也较接近，修河群体属于过渡群体。由此可知，赣江、信江、湖口、抚河、修河5个群体之间可能存在较近的亲缘关系。实质上五河均属于长江流域的附属河流，且地理距离相对较近，而鲢也属于游动能力较强的鱼类，因此推测群体之间的基因交流可能是导致各群体之间形态上较为接近的原因之一。同时，存在的形态分化可能是由地理差异所致栖息环境不同造成的。另外，近年来由于鄱阳湖的主要支流水系的河流大中小型水利工程不断地增多及人工采沙等因素，使鲢群体基因交流受到一定程度的阻碍。鄱阳湖水系的鲢群体形态相似程度较大，但也存在一定的差异。信江与湖口群体存在较大的重叠区域，其形态最为接近；赣江、抚河群体也存在一定程度的重叠，其形态分化较小。鲢是一种半洄游性鱼类，每年大量的长江鲢幼鱼通过长江湖口进入鄱阳湖水系，赣江等河流也有鲢的产卵场，鲢在不同的地理环境下生存，因水流、营养及形成产卵场等影响形成形态上的差异。

由判别准确率 p_1 为 66.7%～93.8%，p_2 为 57.1%～98.9%，而综合判别准确率为90.7%可知，判别率偏高。其可能的原因主要是：鄱阳湖水系大、中、小型水利工程的逐年兴建，使得鲢群体的基因交流受阻，无法完成半洄游过程而留在鄱阳湖水系产卵和生活，且鄱阳湖水系鲢为了适应环境的改变，形成了不同的地方性群体。

(2) 多元分析方法在鲢群体形态判别上的应用

为了较好地从形态上对鄱阳湖水系 5 个鲢群体作区分，本研究采用了主成分分析、聚类分析和判别分析 3 种多元分析方法，系统分析了其 30 项形态比例性状。聚类分析表明：抚河、赣江群体形态较为相似，与修河、信江、湖口群体的趋异程度增加，其中信江、湖口群体形态也较接近。主成分分析表明：鄱阳湖水系的鲢群体形态相似程度较大，但也存在一定的差异。信江与湖口群体存在较大重叠区域，其形态最为接近；赣江、抚河群体也存在一定程度的重叠，其形态分化较小，修河群体与以上两类群体都有一定程度的重叠，为过渡群体。通过判别分析，综合判别准确率为 90.7%，判别率较高。总的来说，它们的分析结果类似，但它们从不同的角度来反映群体间的形态学差异，所以也是不可相互替代的。

(3) 单因素方差分析

通过对 5 个鲢群体性状特征进行单因素方差分析，结果发现，5 个鲢群体在 25 个性状特征上差异显著，它们分别是体高、头高、头长、头宽、鼻孔间距、眼径、眼间距、吻长、ab、bc、bd、bg、be、eg、df、dh、dg、fg、gh、fi、ce、de、hj、fj、ij。

(4) Mayr 的 75%规则

对 5 个鲢群体进行差异系数分析，结果发现：赣江与信江鲢群体在头长、眼径、眼间距、ac、ab、bd、df 等特征上差异系数大于 1.28，达到了亚种水平；信江与修河鲢群体在 ab、df 等特征上差异系数大于 1.28，达到了亚种水平。此外，信江与修河鲢群体在头长、fi，还有赣江与湖口鲢群体在眼间距，赣江与修河鲢群体在头宽、鼻孔间距，信江与抚河鲢群体在眼径，湖口与抚河鲢群体在头高等特征上差异系数均较大。说明这些两两鲢群体发生形态分化的性状特征数目在增多，形态分化越来越大，由此可以推测：若干年后，这些群体可能形成不同的鲢亚种。

3.3 鳙幼鱼形态分化与分析

3.3.1 材料与方法

(1) 实验材料

本研究采集鳙样本 152 尾，均为野生幼鱼群体。分别采自长江入鄱阳湖地区湖口以及鄱阳湖水系河流（赣江、抚河、信江、修河）。采样方式为网捕，所有样本用福尔马林溶液浸泡保存。实验材料来源见表 3.18。

表 3.18 实验鱼取样情况

Tab. 3.18 Samples of experimental fishes

群　　体	采　样　点	采 集 年 月	样本数/尾
湖口	湖口县	2007.3	40
信江	鹰潭市	2008.4	32
赣江	峡江县	2009.4	40
抚河	抚州市	2009.4	32
修河	永修县	2009.4	8

（2）数据测量

见 3.1.1，图 3.7，图 3.8。数据统计结果见表 3.19。

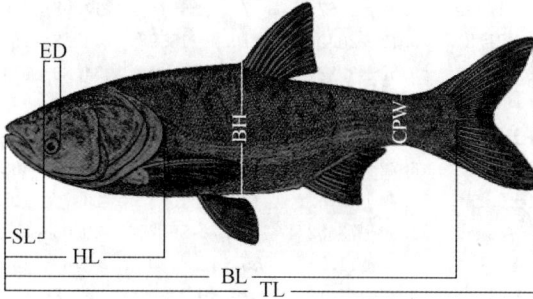

图 3.7 鳙传统可量性状测量示意图

Fig. 3.7 Drawing of traditional morphological measures of bighead carp

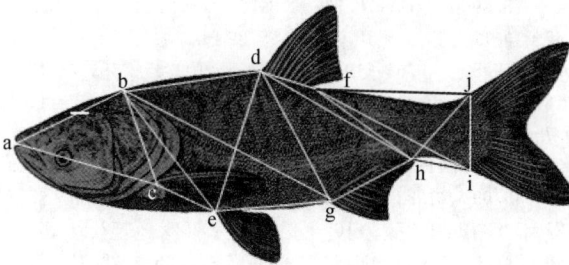

图 3.8 鳙框架性状测量示意图

Fig. 3.8 Drawing of network measured of bighead carp

（3）分析方法

见 3.1.1。

表 3.19 鳙传统可量性状和框架性状数据 （单位：mm）

Tab. 3.19 Traditional measured character and Frame character data for bighead carp

特征	赣江鳙	信江鳙	湖口鳙	抚河鳙	修河鳙
体长（BL）	117.05～243.94	73.15～225.49	142.13～181.54	117.05～243.94	73.15～225.49
	171.29±43.54	117.5±37.18	171.64±14.01	171.29±43.54	137.5±37.18
体高（BH）	30.21～76.46	19.95～67.78	39.68～57.46	43.68～78.46	26.21～78.64
	48.84±13.01	33.89±11.37	52.18±5.49	55.68±5.49	43.89±13.07
头高（HH）	30.05～69.63	17.55～28.51	18.53～60.65	26.19～80.74	38.07～51.21
	46.01±12.37	21.65±10.28	31.89±10.07	55.96±14.21	46.45±4.15
头长（HL）	37.8～76.76	14.66～69.84	48.45～55.07	30.21～76.76	19.95～67.78
	56.59±15.1	38.3±11.73	51.58±1.96	57.59±15.1	48.3±11.73
头宽（HW）	17.64～43.14	8～39.36	23.89～31.03	33.01～65.37	21.89～45.07
	29.26±8.93	19.03±6.72	28.48±2.58	46.01±12.37	31.89±10.07
吻长（SL）	9.82～21.96	5.32～20.1	10.96～13.59	7.95～25.62	5.31～10.02
	14.96±3.58	10.15±3.53	12.31±1.12	16.78±3.65	7.23±3.02
眼径（ED）	6.63～11.9	4.65～11.4	6.72～9.03	6.82～17.58	3.98～9.43
	9.32±1.89	6.98±1.67	7.77±0.74	10.98±6.43	6.82±7.58
鼻孔间距（NW）	9.64～21.8	5.18～20.07	10.9～15.98	37.8～76.76	14.66～69.84
	15.38±4.03	9.56±3.33	13.72±1.48	54.83±5.19	37.72±4.74
眼间距（IW）	16.44～39.27	9.29～32.65	17.97～26.08	18～57.57	17.25～34.98
	25.31±7	15.69±5.43	23.39±2.6	29.03±6.72	27.72±4.74
尾柄高（CPW）	10.48～28.15	6.72～31.1	13.39～18.6	17.64～43.14	8～39.36
	17.44±5.23	11.79±4.75	17.03±1.68	26.99±10.36	18.31±13.46
ac	38.29～80.89	23.89～73.52	48.7～59.29	20.06～97.97	10～40.42
	56.83±15.05	39±11.91	55.14±3.39	63±14.42	33.06±10.44
ab	27.6～64.74	19.37～55.13	36.8～43.91	26.8～63.97	19.57～58.63
	43.85±12.73	30.02±8.63	40.23±2.65	49.42±10.63	32.02±18.63
bc	25.52～58.82	17.24～52.76	35.19～43.63	22.13～72.32	24.79～57.64
	40.43±10.99	28.24±8.8	40.8±2.85	55.6±6.87	42.3±13.29
bd	28.29～78.69	22.19～73.73	39.56～60.72	34.63～81.9	24.65～71.4
	53.37±15.17	35.33±12.39	55.59±6.77	70.51±6.77	58.59±14.79
bg	40.1～129.89	36～119.36	69.55～102.65	58.07～155.03	38.47～115.21
	88.16±24.05	60.41±20.33	92.69±10.15	121.62±11.19	92.69±14.16
be	39.7～86.38	25.23～81.65	48.08～68.1	47.04～103.01	27.04～93.04
	60.24±15.19	41.12±13.87	61.94±5.97	81.94±9.49	67.64±8.79
ce	20.05～46.59	11.82～41.7	25.67～36.62	24.88～68.7	22.48～48.7
	30.21±7.93	21.27±7.16	32.57±3.25	52.57±6.25	36.58±8.29
de	19.45～74.82	22.28～66.83	39.17～56.06	28.31～90.03	25.19～67.32
	49.02±14.03	34.62±10.94	51.98±5.57	72.89±7.57	45.25±10.98
eg	22.85～56.15	16.19～51.85	32.3～47.59	29.26～66.01	19.64～56.26
	39.04±10.34	27.48±8.54	40.83±5.08	40.83±5.08	34.06±59.75
df	12.01～29.94	7.52～24.72	14.74～18.99	10.57～58.34	7.97～30.37
	19.01±5.01	12.7±4.36	17.65±1.37	34.65±10.31	20.61±7.33
dh	15.52～88.61	25.35～77.91	46.85～66.12	41.76～108.16	31.76～88.53

特征	赣江鳙	信江鳙	湖口鳙	抚河鳙	修河鳙
	59.69±17	39.78±13.26	60.05±5.98	80.15±14.87	58.35±8.87
dg	32.06~82.1	20.71~70.99	39.82~58.93	19.58~96.03	20.58~76.03
	51.27±14.3	35.36±12.43	53.32±5.92	73.32±8.21	38.32±12.28
fg	24.01~64.76	14.94~53	29.62~50.12	28.53~73.61	28.53~73.61
	39.18±10.65	26.98±9.41	44.7±6.63	44.7±6.63	44.7±6.63
gh	15.98~40.4	10~30.83	19.74~29.89	11.35~57.85	11.35~57.85
	27.24±6.44	17.36±5.09	25.19±3.39	25.19±3.39	25.19±3.39
fh	26.92~63.37	16.12~55.4	32.74~49.49	31.12~75.61	31.12~75.61
	41.62±11.43	27.25±9.43	44.1±5.43	44.1±5.43	44.1±5.43
hi	16.46~39.41	11~44.72	21.2~35.93	14.58~98.36	17.24~52.76
	27.25±7.54	19.42±6.71	29.32±4.67	29.32±4.67	29.32±4.67
hj	20.98~49.66	14.78~52.5	28.39~43.74	21.11~85.72	21.11~85.72
	34.59±9.56	23.72±7.82	36.8±4.46	36.8±4.46	36.8±4.46
fi	45.36~99.13	28.15~91.08	54.66~75.67	34.85~111.6	34.85~111.6
	67±17.66	44.95±14.76	69±7.48	69±7.48	69±7.48
fj	39.96~91.83	24.92~78.77	47.99~69.85	41.93~99.49	41.93~99.49
	60.61±16.06	40.83±13.02	63.02±7.4	63.02±7.4	63.02±7.4
ij	13.67~35.63	8.69~29.94	18.12~27.79	14.97~40	14.97~40
	22.73±7.05	15.25±5.31	24.32±2.95	24.32±2.95	24.32±2.95

注：其中每个性状的上排为最小值~最大值（min~max），下排为平均值±标准差（mean$_{adj}$±std）。

3.3.2　结果与分析

(1) 聚类分析

对 5 个地方鳙群体的形态比例参数的聚类分析结果见图 3.9。结果表明：5 个群体可分为三个主要分支，湖口、赣江两个鳙群体聚为第一分支，形态最为接近；信江群体聚为一支；抚河、修河鳙群体形态相近，聚为另一分支。

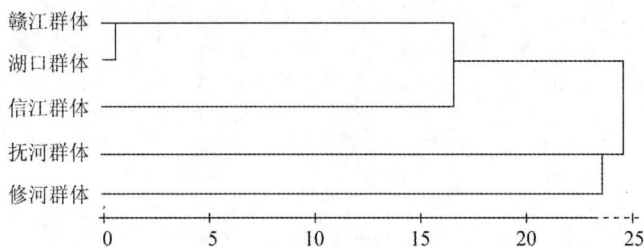

图 3.9 5 个鳙群体的聚类分析

Fig. 3.9 Cluster analysis of five populations of bighead carp

（2）主成分分析

在主成分分析中，5 个不同群体间总变差的累计贡献率为 94.27%（表 3.20），即它们包含了总变异的大部分。结果表明：第一个主成分贡献率为 50.88%，根据主成分特征向量分量的绝对值可知，对第一主成分贡献较大的性状是体高、头长、吻长、眼径、ab、bc、bd、bg、ce、be、de、dh、dg、fg、fh、fj、ij 的距离等指标；第二个主成分贡献率为 17.52%，其表现性状主要有：头宽、hi、hj、fi 的距离等指标，主要反映头宽和尾柄等特征；第三个主成分的贡献率为 14.76%，其表现性状主要有：鼻孔间距、eg、gh 的距离等指标，主要反映鼻孔间距和胸鳍、臀鳍基长等特征。5 个主成分累计贡献率达到了大于 83% 的要求，说明鄱阳湖水系 5 个鳙群体能用几个相互独立的因子来概括不同群体间的形态差异。

表 3.20 鳙 29 个比例性状主成分载荷

Tab. 3.20 Loadings of principal components for 29 morphometric characters

of bighead carp component matrix

性状	主成分 1	主成分 2	主成分 3	主成分 4	主成分 5
体高（BH）	0.729*	−0.043	−0.550	0.166	0.365
头高（HH）	0.188	−0.165	−0.029	−0.024	0.822*
头长（HL）	−0.884*	0.298	0.175	−0.065	0.302
头宽（HW）	0.011	0.878*	0.396	−0.063	0.025
吻长（SL）	−0.809*	0.162	−0.340	−0.241	0.277
眼径（ED）	−0.618*	0.207	0.148	0.122	0.429
鼻孔间距（NW）	−0.235	−0.423	−0.658*	0.171	−0.210
眼间距（IW）	0.380	0.015	0.009	−0.467	0.464
尾柄高（CPW）	0.591	0.516	0.475	0.052	0.335
ac	−0.587	0.407	−0.588	0.322	−0.007
ab	−0.776*	−0.042	0.305	−0.171	0.302
bc	−0.631*	0.475	−0.412	−0.094	0.289
bd	0.953*	0.081	−0.099	0.016	−0.050
bg	0.843*	0.520	0.002	0.000	0.036
be	0.842*	0.433	−0.063	0.171	0.255
ce	0.697*	0.165	−0.270	0.621	0.151
de	0.848*	0.121	−0.419	−0.291	0.026
eg	0.318	0.514	0.776*	−0.016	−0.034
df	0.277	0.091	0.340	0.593	0.436
dh	0.718*	−0.130	−0.126	0.521	0.128
dg	0.905*	−0.078	0.116	−0.037	0.400
fg	0.783*	0.042	−0.377	−0.460	0.033
gh	0.139	−0.250	−0.780*	0.323	0.035
fh	0.858*	0.145	0.305	0.240	−0.193
hi	0.285	−0.832*	0.244	−0.333	0.122
hj	0.320	−0.832*	0.046	0.124	0.120

续表

性状	主成分 1	主成分 2	主成分 3	主成分 4	主成分 5
fi	0.530	−0.651*	0.305	0.303	0.266
fj	0.661*	−0.388	0.568	−0.021	−0.200
ij	0.651*	−0.217	0.643	−0.111	0.261
贡献率/%	50.88	17.52	14.76	5.92	5.18

注：5 个主成分的累计贡献率为 94.26%。其中"＊"表示贡献率大于 0.651 的值。

（3）判别分析

利用 Wilks' Lambda 法，对 30 个形态比例参数进行分析，如表 3.21 所示，选取 20 个参数构建了 5 个群体的判别函数（判别函数的系数如表 3.22 所示）。

赣江鳙：
$$Y = -3190.04 - 705.9X_1 + 868.63X_2 + 1198.96X_3 - 1791.99X_4 + 1239.29X_5 \\ + 2977.00X_6 + 1149.21X_7 + 870.78X_8 + 2111.90X_9 + 1323.06X_{10} \\ + 2176.64X_{11} + 6.59X_{12} + 2009.00X_{13} + 1177.71X_{14} + 914.50X_{15} \\ + 1593.07X_{16} - 1087.96X_{17} + 3551.75X_{18} - 293.02X_{19} - 67.11X_{20}$$

信江鳙：
$$Y = -3202.18 - 554.8X_1 + 626.88X_2 + 1250.37X_3 - 1927.77X_4 + 1317.11X_5 \\ + 2930.60X_6 + 857.68X_7 + 525.32X_8 + 2197.97X_9 + 1141.63X_{10} \\ + 2224.84X_{11} + 95.29X_{12} + 1863.88X_{13} + 1072.09X_{14} + 1194.52X_{15} \\ + 1708.36X_{16} - 1129.35X_{17} + 3521.76X_{18} - 334.48X_{19} - 28.62X_{20}$$

湖口鳙：
$$Y = -3140.14 - 691.54X_1 + 774.54X_2 + 1106.79X_3 - 1759.62X_4 + 1233.46X_5 \\ + 3026.45X_6 + 1023.98X_7 + 690.15X_8 + 2098.73X_9 + 1253.29X_{10} \\ + 2227.01X_{11} - 107.69X_{12} + 2091.84X_{13} + 1156.60X_{14} + 979.29X_{15} \\ + 1509.83X_{16} - 1087.74X_{17} + 3437.73X_{18} - 355.66X_{19} - 38.68X_{20}$$

抚河鳙：
$$Y = -3200.23 - 638.94X_1 + 784.27X_2 + 1142.55X_3 - 1690.14X_4 + 1089.99X_5 \\ + 2993.76X_6 + 1237.64X_7 + 791.21X_8 + 2162.68X_9 + 1289.81X_{10} \\ + 2211.92X_{11} + 26.14X_{12} + 2047.55X_{13} + 1150.70X_{14} + 868.86X_{15} \\ + 1537.80X_{16} - 994.01X_{17} + 3412.92X_{18} - 261.57X_{19} - 114.37X_{20}$$

修河鳙：
$$Y = -3150.56 - 578.71X_1 + 741.06X_2 + 1055.6X_3 - 1803.89X_4 + 947.85X_5 \\ + 2895.56X_6 + 1055.71X_7 + 714.12X_8 + 2045.25X_9 + 1283.48X_{10} \\ + 2247.39X_{11} - 88.88X_{12} + 2069.34X_{13} + 1206.34X_{14} + 827.23X_{15} \\ + 1464.75X_{16} - 952.30X_{17} + 3420.06X_{18} - 234.83X_{19} + 45.18X_{20}$$

判别结果如表 3.23，公式中 $X_1 \sim X_{20}$ 分别代表体高、头高、头长、头宽、吻长、眼径、鼻孔间距、眼间距、ab、bd、bg、be、ce、eg、df、dh、fg、gh、fh、ij 与体长的比值。判断某尾鱼的群体归属时，可以将该鱼的上述形态参数测出，分别代入判别函数中，然后从某个函数所得最大 Y 值来判定该鱼所属的类群。判别的准确率范围 p_1 为 81.3% ~ 100%，p_2 为 58.3% ~ 100%，综合判别准确率为 89.8%，判别率较高，说明上述判别公式较为可靠。

表 3.21 原分类的方差分析及 λ 统计量

Tab. 3.21 Tests of equality of group means

性　　状	Wilks' Lambda	F 值	自由度 df₁	自由度 df₂	显著性差异 Sig
体高（BH）	0.76	11.75	4.00	145.00	0.00
头高（HH）	0.86	5.84	4.00	145.00	0.00
头长（HL）	0.90	4.18	4.00	145.00	0.00
头宽（HW）	0.60	24.39	4.00	145.00	0.00
吻长（SL）	0.81	8.47	4.00	145.00	0.00
眼径（ED）	0.80	9.02	4.00	145.00	0.00
鼻孔间距（NW）	0.73	13.64	4.00	145.00	0.00
眼间距（IW）	0.46	41.88	4.00	145.00	0.00
ab	0.88	4.94	4.00	145.00	0.00
bd	0.59	25.13	4.00	145.00	0.00
bg	0.87	5.59	4.00	145.00	0.00
be	0.80	9.09	4.00	145.00	0.00
ce	0.88	5.04	4.00	145.00	0.00
eg	0.89	4.65	4.00	145.00	0.00
df	0.73	13.16	4.00	145.00	0.00
dh	0.88	4.77	4.00	145.00	0.00
fg	0.77	10.60	4.00	145.00	0.00
gh	0.80	9.08	4.00	145.00	0.00
fh	0.74	12.41	4.00	145.00	0.00
ij	0.90	3.93	4.00	145.00	0.00

表 3.22 判别函数的系数

Tab. 3.22 Classification function coefficients

性状	赣江鲴	信江鲴	湖口鲴	抚河鲴	修河鲴
体高（BH）	−705.90	−554.80	−691.54	−638.94	−578.71
头高（HH）	868.63	626.88	774.54	784.27	741.06
头长（HL）	1198.96	1250.37	1106.79	1142.55	1055.60
头宽（HW）	−1791.99	−1927.77	−1759.62	−1690.14	−1803.89
吻长（SL）	1239.29	1317.11	1233.46	1089.99	947.85
眼径（ED）	2977.00	2930.60	3026.45	2993.76	2895.56
鼻孔间距（NW）	1149.21	857.68	1023.98	1237.64	1055.71
眼间距（IW）	870.78	525.32	690.15	791.21	714.12

续表

性状	赣江鳙	信江鳙	湖口鳙	抚河鳙	修河鳙
ab	2111.90	2197.97	2098.73	2162.68	2045.25
bd	1323.06	1141.63	1253.29	1289.81	1283.48
bg	2176.64	2224.84	2227.01	2211.92	2247.39
be	6.59	95.29	−107.69	26.14	−88.88
ce	2009.00	1863.88	2091.84	2047.55	2069.34
eg	1177.71	1072.09	1156.60	1150.70	1206.34
df	914.50	1194.52	979.29	868.86	827.23
dh	1593.07	1708.36	1509.83	1537.80	1464.75
fg	−1087.96	−1129.35	−1087.74	−994.01	−952.30
gh	3551.75	3521.76	3437.73	3412.92	3420.06
fh	−293.02	−334.48	−355.66	−261.57	−234.83
ij	−67.11	−28.62	−38.68	−114.37	45.18
Fisher 常数 (Constant)	−3190.04	−3202.18	−3140.14	−3200.23	−3150.56

表 3.23　5 个鳙群体判别结果

Tab. 3.23 Discriminate result s of five populations of bighead carp

群体	预测分类					判别准确率/%		综合判别准确率/%
	赣江鳙	信江鳙	湖口鳙	抚河鳙	修河鳙	p_1	p_2	
赣江鳙	35	0	1	0	1	94.6	87.5	
信江鳙	0	32	0	0	0	100	100	
湖口鳙	4	0	33	0	3	82.5	84.6	89.8
抚河鳙	1	0	4	26	1	81.3	100	
修河鳙	0	0	1	0	7	87.5	58.3	

（4）单因子方差及差异系数分析

　　表 3.24 是对 5 个鳙群体各形态参数进行单因子方差分析所得 P 值结果，表明 5 个鳙群体之间有 23 个特征差异极其显著，它们分别是体高、头高、头长、头宽、鼻孔间距、眼径、眼间距、吻长、ab、bc、bd、bg、be、ce、de、eg、df、dh、dg、fg、gh、fh、ij；有 3 个特征差异显著，它们分别是 hj、fj、fi。

　　两两种群间差异系数见表 3.25，可以看出，它们的差异系数值小于亚种分类的阈值 1.28，因此它们之间的差异仍然属于不同地理种群的差异，还没有上升到亚种水平。但从差异系数来看，两两鳙群体之间个别性状差异系数呈增大趋势，如：赣江与信江鳙群体在头长、眼径、眼间距、ac、ab、bd、df 等特征上差异系数均较大；修河与信江鳙群体在头长、ab、df、fi 等特征上差异系数均较大，尤其是 df 达到 2.032；还有赣江与湖口鳙群体在眼间距；赣江与修河鳙群体在头宽、鼻孔间距；信江与抚河鳙群体在眼径；湖口与抚河鳙群体在头高等特征上差异系数均较大。这说明这两个鳙群体发生形态分化的性状特征数目在增多，形态分化越来越大。

表 3. 24 鳙 P 值较大的性状特征
Tab. 3. 24 The character of the high P value between bighead carp

鳙特征	GJ-XJ	GJ-CJ	GJ-FH	GJ-XH	XJ-CJ	XJ-FH	XJ-XH	CJ-FH	CJ-XH	FH-XH
BH/bl	0.000	—	0.000	0.001	0.000	0.009	—	0.000	0.003	—
HH/bl	0.001	—	—	—	0.000	0.000	0.015	—	—	—
HL/bl	—	—	—	0.013	0.023	—	0.000	—	0.025	0.020
HW/bl	0.000	0.003	0.000	0.571	0.001	0.000	0.002	0.000	—	0.000
SL/bl	—	—	—	0.000	—	—	0.000	—	0.000	0.001
ED/bl	0.004	0.001	—	0.012	—	0.000	0.000	—	0.000	—
NW/bl	0.000	0.000	0.000	0.009	0.049	0.000	—	0.000	—	0.000
IW/bl	0.000	0.000	0.000	0.025	0.000	0.000	0.000	0.000	—	0.000
ab/bl	—	—	0.001	0.018	—	—	0.001	0.013	0.004	0.000
bc/bl	—	0.032	0.000	—	—	0.004	—	—	—	—
bd/bl	0.000	0.006	0.026	—	0.000	—	0.000	0.000	0.000	—
bg/bl	0.043	—	0.038	—	—	0.000	0.003	0.021	0.047	—
be/bl	—	—	0.000	—	—	—	0.035	0.000	—	—
ce/bl	—	—	0.015	—	0.024	—	0.036	0.048	—	—
de/bl	—	—	0.000	0.046	—	0.001	—	0.008	—	—
eg/bl	0.029	—	—	—	0.000	0.015	0.005	—	—	—
df/bl	0.000	—	—	—	0.000	0.000	0.000	—	—	—
dh/bl	0.003	—	—	—	0.000	—	—	0.043	—	—
dg/bl	0.006	—	0.014	—	0.005	—	—	0.012	—	—
fg/bl	—	—	0.000	0.000	0.039	0.000	0.003	—	0.000	—
gh/bl	0.034	0.010	0.018	—	0.000	0.000	0.004	—	—	—
fh/bl	—	0.001	0.000	0.021	0.001	0.000	0.023	0.000	0.000	—
hi/bl	—	—	0.047	—	—	—	—	—	—	—
hj/bl	—	—	0.018	—	—	—	—	0.012	—	—
fi/bl	—	—	0.030	—	—	—	—	—	—	0.033
fj/bl	—	—	—	—	—	—	0.016	—	0.021	0.016
ij/bl	—	—	0.027	0.003	—	0.013	0.002	0.002	0.000	—

注：GJ 为赣江群体，XJ 为信江群体，FH 为抚河群体，XH 为修河群体，HK 为湖口群体。

表 3. 25 鳙性状差异系数
Tab. 3. 25 The high variance of the character between bighead carp

鳙特征	GJ-XJ	GJ-HK	GJ-FH	GJ-XH	XJ-HK	XJ-FH	XJ-XH	HK-FH	HK-XH	FH-XH
体高 (BH)	0.318	0.187	0.748	0.016	0.493	0.458	0.299	0.893	0.201	0.726
头高 (HH)	0.655	0.982	0.328	0.109	0.180	0.933	0.591	1.297*	0.927	0.451
头长 (HL)	1.287*	0.458	0.280	0.234	0.744	0.680	1.062*	0.076	0.244	0.112
头宽 (HW)	0.943	0.366	0.136	1.009*	0.105	0.465	0.105	0.203	0.158	0.523
吻长 (SL)	0.341	0.310	0.035	0.065	0.058	0.291	0.424	0.275	0.368	0.099
眼径 (ED)	1.630*	0.874	0.353	0.821	0.567	1.096*	0.716	0.470	0.104	0.394

续表

鳙特征	GJ—XJ	GJ—HK	GJ—FH	GJ—XH	XJ—HK	XJ—FH	XJ—XH	HK—FH	HK—XH	FH—XH
鼻孔间距（NW）	0.692	0.360	0.260	1.039*	0.136	0.653	0.312	0.430	0.381	0.878
眼间距（IW）	1.490*	1.134*	0.310	0.890	0.069	0.890	0.174	0.688	0.096	0.524
尾柄高（CPW）	0.517	0.040	0.199	0.082	0.110	0.027	0.469	0.084	0.066	0.212
ac	1.643*	0.733	0.782	0.091	0.606	0.505	0.991	0.066	0.433	0.476
ab	1.064*	0.807	0.577	0.073	0.180	0.312	1.259*	0.142	0.918	0.626
bc	0.034	0.546	0.267	0.756	0.541	0.228	0.737	0.663	0.255	0.812
bd	1.397*	0.579	0.056	0.268	0.919	0.679	0.675	0.319	0.444	0.173
bg	0.857	0.514	0.152	0.378	0.455	0.291	0.152	0.078	0.273	0.244
be	0.421	0.379	0.068	0.396	0.110	0.243	0.008	0.258	0.113	0.235
ce	0.142	0.041	0.273	0.329	0.033	0.326	0.434	0.212	0.204	0.117
de	0.257	0.237	0.408	0.322	0.045	0.571	0.057	0.487	0.003	0.623
eg	0.464	0.208	0.050	0.286	0.531	0.380	0.796	0.123	0.034	0.141
df	1.303*	0.038	0.054	0.758	0.692	0.401	2.032*	0.024	0.438	0.296
dh	0.362	0.064	0.181	0.240	0.333	0.358	0.462	0.115	0.135	0.018
dg	0.033	0.149	0.243	0.270	0.146	0.152	0.242	0.300	0.070	0.436
fg	0.170	0.139	0.372	0.027	0.017	0.389	0.113	0.357	0.091	0.304
gh	0.290	0.118	0.057	0.644	0.064	0.149	0.844	0.054	0.417	0.418
fh	0.089	0.039	0.066	0.135	0.020	0.131	0.219	0.081	0.132	0.039
hi	0.419	0.310	0.015	0.142	0.074	0.360	0.743	0.269	0.395	0.107
hj	0.443	0.267	0.004	0.235	0.123	0.363	0.917	0.231	0.254	0.191
fj	0.220	0.101	0.133	0.175	0.498	0.008	0.888	0.263	0.070	0.372
ij	0.785	0.373	0.305	0.642	0.055	0.450	0.249	0.243	0.154	0.268

注：①带"*"者差异系数大于 1.00，表明该性状发生了明显的形态分化；

②GJ 为赣江群体，XJ 为信江群体，FH 为抚河群体，XH 为修河群体，HK 为湖口群体。

3.3.3　讨论

（1）形态变异与种群分化

鄱阳湖水系鳙群体的聚类分析和主成分分析的结果一致，表明它们在形态上既相似又有一定程度的差异。聚类分析结果中，湖口群体与赣江群体距离最短，形态最为接近，而抚河群体与修河群体较为接近，信江群体与其他 4 个群体差异程度最大，这种差异可能是由地理差异所致栖息环境不同造成的。近年来，由于鄱阳湖主要支流水系河流大、中、小型水利工程不断地增多，以及长江湖口江段人工采沙等因素，使鳙群体基因交流受到一定程度的阻碍。在主成分散布图中也可以看到同样的结果。从湖口群体及鄱阳湖四河种群的主成分散布图还可以看出，赣江群体与湖口、抚河群体都存在一定的重叠区域，表明其形态分化较小（非重叠区域表明其差异程度);而信江群体与其他 4 个群体重叠较少,说明其形态发生了较大程度的分化。鳙是一种半洄游性鱼类,每年大量的长江鳙幼鱼通过湖口进入鄱阳湖水系,赣江等河流也有鳙的产卵场,鳙在不同的地理环境下生存,因水流、营养及形成的产卵场等影响造成形态上的差异。

判别准确率 p_1 为 81.3%～100%, p_2 为 58.3%～100%,综合判别准确率为 89.8%,说明判别率偏高,可能的原因主要是:鄱阳湖水系大、中、小型水利工程的逐年兴建,使得鳙群体的基因交流受阻,无法完成半洄游过程而继续在鄱阳湖主要支流水系产卵及生活,为了适应环境的改变,形成了不同的地方性群体。

(2) 多元分析方法在鳙群体形态判别上的应用

为了较好地在形态上对鄱阳湖水系 5 个鳙群体作区分,本研究采用了聚类分析、主成分分析和判别分析 3 种多元分析方法,系统分析了 30 项形态比例性状。聚类分析得:赣江、长江群体形态最为接近,信江、修河、抚河群体的趋异程度增加,其中抚河、修河群体形态也很相近。通过主成分分析得:鄱阳湖水系 5 个鳙群体均存在一定程度的形态分化;赣江、湖口群体与抚河、修河群体均存在较大程度的重叠,分化程度较小,而信江群体与其他 4 个群体均存在一定程度的重叠,作为过渡群体,其形态与其他四个群体相距较远,分化程度较大。通过判别分析得出:综合判别准确率为 89.8%,判别率较高,说明上述判别公式较为可靠。总的来说,其分析结果是类似的,但是它们从不同的角度来反映群体间的形态学差异,所以也是不可相互替代的。

(3) 单因素方差分析

通过对 5 个鳙群体进行单因素方差分析,结果发现,5 个鳙群体在 26 个性状特征上差异显著,它们分别是:体高、头高、头长、头宽、鼻孔间距、眼径、眼间距、吻长、ab、bc、bd、bg、be、ce、de、eg、df、dh、dg、fg、gh、fh、hj、fj、fi、ij。

(4) Mayr 的 75% 规则

修河与信江鳙群体在 df 上,赣江和信江群体在头长、眼径、眼间距、ac、bd 等特征上,湖口和抚河群体在头高上,均大于 1.28,达到了亚种水平。此外,修河与信江鳙群体在头长、ab、df、fi 等特征上;还有赣江与湖口群体在眼间距上;赣江与修河群体在头宽、鼻孔间距;信江、抚河群体在眼径上;湖口、抚河群体在头高等特征上差异系数均较大。这说明两两鳙群体发生形态分化的性状特征数目在增多,形态分化越来越大,由此推测:若干年后,这些群体可能形成不同的鳙亚种。

3.4　青鱼幼鱼形态分化与分析

3.4.1　材料与方法

（1）实验材料

本研究所采集青鱼样本为 83 尾，均为野生幼鱼群体。分别采自长江入鄱阳湖湖口以及赣江、修河。采样方式为网捕，所有样本用福尔马林溶液浸泡保存。实验材料来源见表 3.26。

表 3.26 实验鱼取样情况

Tab. 3.26 Samples of experimental fishes

群体	采样点	采集年月	样本数/尾
湖口	湖口县	2007.3	31
赣江	峡江县	2009.4	4
修河	永修县	2009.4	48

（2）数据测量

见 3.1.1，图 3.10，图 3.11。数据统计结果见表 3.27。

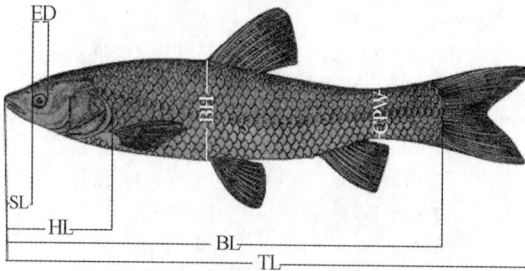

图 3.10 青鱼传统可量性状测量示意图

Fig. 3.10 Drawing of traditional morphological measures of black carp

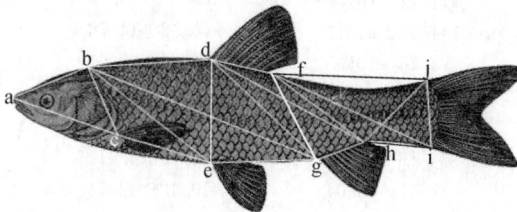

图 3.11 青鱼框架性状测量示意图

Fig. 3.11 Drawing of network measured of black carp

（3）分析方法

见 3.1.1。

表 3.27 青鱼传统可量性状和框架性状数据 （单位：mm）
Tab. 3.27 Traditional measured character and Frame character data for black carp

特 征	赣江群体	修河群体	湖口群体
体长（BL）	186.16~269.35	42.46~168.65	50.43~133.4
	233.19±38.03	80.63±25.75	87.01±18.87
体高（BH）	41.45~73.35	10.68~44.82	13.54~35.46
	57.24±12.60	21.28±7.20	22.95±5.19
头高（HH）	35.42~53.83	8.58~36.94	10.14~26.10
	45.30±8.49	16.93±6.11	17.50±3.60
头长（HL）	47.84~65.83	12.60~42.60	15.78~35.80
	56.37±7.6	22.36±6.16	23.79±4.95
头宽（HW）	33.27~47.04	6.22~29.27	7.42~22.01
	40.47±6.72	12.64±4.45	13.65±3.15
吻长（SL）	11.39~16.43	2.50~9.33	3.27~9.05
	13.39±1.99	5.25±1.62	5.45±1.53
眼径（ED）	7.81~10.17	3.66~8.45	3.92~7.35
	9.23±0.90	4.99±0.97	5.33±0.91
鼻孔间距（NW）	11.41~12.59	1.74~9.32	2.54~7.34
	12.07±0.48	3.81±1.37	4.33±1.02
眼间距（IW）	26.22~32.69	4.47~21.14	3.57~15.49
	29.44±2.85	9.11±3.39	9.88±2.63
尾柄高（CPW）	19.30~35.23	5.19~21.39	6.02~17.55
	28.28±7.59	9.93±3.10	10.81±2.63
ac	54.32~73.52	14.76~49.05	10.51~40.55
	64.48±8.95	25.31±7.01	26.90±6.07
ab	40.84~59.55	10.66~39.22	13.06~28.74
	49.82±7.75	18.98±5.81	20.79±3.92
bc	36.34~54.30	8.66~34.66	10.75~27.52
	45.81±8.71	16.9±5.34	18.13±3.61
bd	59.84~84.27	11.6~56.02	15.79~41.77
	74.71±10.09	24.74±8.66	27.29±6.17
bg	111.72~164.49	24.97~95.39	24.94~82.03
	141.01±21.53	48.52±14.78	51.47±12.22
be	72.16~105.53	16.63~63.61	19.17~54.18
	90.59±14.37	32.37±10.06	35.42±8.74
ce	48.88~76.77	9.92~39.02	11.93~36.75
	64.13±11.76	20.58±6.91	22.67±5.83
de	37.41~69.04	10.48~42.71	12.34~31.69
	54.03±12.77	19.66±6.88	20.62±4.72
eg	45.61~71.51	8.84~40.41	13.13~32.72

特　　征	赣江群体	修河群体	湖口群体
df	58.79±10.47 17.77~30.13	18.9±6.17 5.50~17.95	20.70±4.21 6.45~19.75
dh	25.31±5.28 61.99~107.73	10.25±2.61 16.75~63.14	10.76±2.72 10.19~51.07
dg	88.53±18.47 56.53~90.76	32.33±9.40 13.68~55.30	33.43±8.60 17.54~45.36
fg	76.3±13.96 38.57~64.57	27.5±8.60 9.52~38.80	29.77±6.82 11.82~33.02
gh	53.14±10.1 15.30~30.62	19.34±6.10 4.60~29.71	21.15±5.22 4.03~12.12
fh	83.27±35.59 42.07~78.81	32.24±10.59 9.86~44.21	34.02±7.9 13.3~36.87
hi	31.93±7.00 25.00~85.90	10.89±3.69 5.65~26.93	11.47±2.42 5.27~17.55
hj	1.71±1.32 34.38~78.84	1.13±0.18 7.63~37.18	1.03±0.13 8.89~27.18
fi	2.03±0.96 29.66~122.09	1.56±0.18 17.55~68.21	1.52±0.10 18.82~51.45
fj	2.88±0.88 37.03~110.93	3.25±0.29 16.49~62.22	3.16±0.21 16.89~47.81
ij	2.72±0.59 24.23~39.40	3.00±0.27 6.11~24.54	2.84±0.20 6.78~16.79
	1.15±0.09	1.11±0.33	1.07±0.07

注：每个性状的上排为最小值~最大值（min~max），下排为平均值±标准差（mean$_{adj}$±std）。

3.4.2　结果与分析

(1) 聚类分析

对 3 个青鱼群体的形态比例参数的聚类分析结果见图 3.12。结果表明：赣江群体与其他两群体相距较远，形态差异较明显，而湖口、修河青鱼群体形态最为接近，形态分化较小。

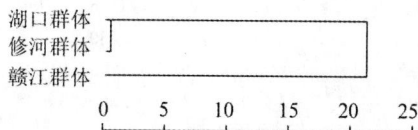

图 3.12 三个青鱼群体的聚类分析

Fig. 3.12 Cluster analysis of three populations of black carp

（2）主成分分析

在主成分分析中，5 个主成分对不同群体间总变差的累计贡献率为 94.42%
（表 3.28），即它们包含了总变异的大部分。结果表明：第一个主成分的贡献率为
64.37%，根据主成分特征向量分量的绝对值可知，对第一主成分贡献较大的性状
是尾柄长等指标；第二个主成分贡献率为 15.41%，主要反映 hj、hi 等指标，其中
hi 的距离的影响最大，说明这个性状是 3 个群体中进化速度较快的性状；第三个
主成分贡献率为 5.61%，主要反映眼间距、ac、ab、bd、bg、be 等指标；第四个
主成分贡献率为 5.08%，主要反映 ce、df 等指标。5 个主成分的累计贡献率达到
了大于 83% 的要求，说明鄱阳湖水系 3 个青鱼群体能用几个相互独立的因子来概
括不同群体间的形态差异。

表 3.28 青鱼 29 个比例性状主成分载荷

Tab. 3.28 Loadings of principal components for 29 morphometric characters

of black carp component matrix

性状	主成分 1	主成分 2	主成分 3	主成分 4	主成分 5
体高（BH）	0.301	0.242	0.246	−0.180	0.065
头高（HH）	0.352	0.102	−0.025	0.189	−0.164
头长（HL）	−0.169	−0.083	0.102	0.300	0.140
头宽（HW）	0.250	−0.256	0.042	0.463	0.112
吻长（SL）	−0.046	−0.146	0.095	0.312	0.238
眼径（ED）	−0.164	−0.182	−0.028	−0.283	−0.219
鼻孔间距（NW）	−0.163	0.038	−0.421	0.029	−0.131
眼间距（IW）	0.534	−0.178	0.622*	0.141	0.299
尾柄高（CPW）	0.719*	0.058	0.307	0.222	0.144
ac	0.380	−0.212	0.736*	0.018	0.157
ab	−0.152	−0.012	−0.635*	0.226	−0.548
bc	−0.219	−0.005	−0.379	0.376	−0.223
bd	0.386	−0.166	0.671*	0.045	0.241
bg	0.538	−0.045	0.715*	−0.031	0.179
be	−0.203	0.174	−0.765*	0.537	0.118
ce	0.249	0.173	−0.504	0.524*	0.382
de	0.285	0.276	0.003	0.308	−0.157
eg	0.333	0.332	−0.175	−0.008	−0.215
df	0.104	−0.016	−0.239	0.583*	0.189
dh	0.075	−0.215	0.299	−0.545	−0.650*
dg	0.100	−0.199	0.000	0.447	0.008
fg	0.147	0.025	−0.121	0.659*	0.469
gh	−0.411	−0.150	0.508*	0.295	0.049
fh	0.267	−0.136	−0.169	−0.014	−0.180
hi	−0.492	0.829*	0.140	0.133	0.048
hj	−0.400	0.660*	−0.188	−0.543	0.158

续表

性状	主成分 1	主成分 2	主成分 3	主成分 4	主成分 5
fi	−0.977*	0.018	0.079	0.094	−0.140
fj	−0.930*	−0.298	−0.013	−0.082	0.183
ij	−0.549*	−0.044	−0.481	−0.152	−0.440
贡献率/%	64.371	15.407	5.612	5.077	3.952

注：5 个主成分的累计贡献率为 94.42%，其中"*"表示差异系数大于 0.508 的值。

(3) 判别分析

利用 Wilks' Lambda 法，对 29 个形态比例参数进行分析，如表 3.29 所示，选取 8 个参数构建了 3 个群体的判别函数（判别函数的系数如表 3.30）。

表 3.29 原分类的方差分及 λ 统计量

Tab. 3.29 Tests of equality of group means

性状	Wilks' Lambda	F 值	自由度 df_1	自由度 df_2	显著性差异 Sig
头宽	0.87	6.28	2.00	81.00	0.00
眼径	0.81	9.68	2.00	81.00	0.00
鼻孔间距	0.90	4.66	2.00	81.00	0.01
眼间距	0.87	5.98	2.00	81.00	0.00
eg	0.92	3.50	2.00	81.00	0.03
hi	0.82	9.09	2.00	81.00	0.00
hj	0.83	8.27	2.00	81.00	0.00
fj	0.89	5.06	2.00	81.00	0.01

表 3.30 判别函数的系数

Tab. 3.30 Classification function coefficients

性状	湖口青鱼	赣江青鱼	修河草鱼
头宽	46.94	122.21	39.48
眼径	68.29	77.80	74.24
鼻孔间距	−47.17	−49.50	−48.96
眼间距	31.83	52.09	43.94
eg	48.34	78.87	48.63
hi	−58.59	−38.49	−44.05
hj	95.34	92.85	86.35
fj	0.85	15.30	21.21
常数项	−181.85	−217.30	−182.31

赣江草鱼：

$$Y=-217.3+122.21X_1+77.8X_2-49.5X_3+52.09X_4+78.87X_5-38.49X_6$$
$$+92.85X_7+15.3X_8$$

湖口草鱼：

$$Y=-181.85+46.94X_1+68.29X_2-47.17X_3+31.83X_4+48.34X_5-58.59X_6$$

$$+95.34X_7+0.85X_8$$

修河草鱼：

$$Y=-182.31+39.48X_1+74.24X_2-48.96X_3+43.94X_4+48.63X_5-44.05X_6$$
$$+86.35X_7+21.21X_8$$

判别结果如表 3.31。公式中 $X_1 \sim X_8$ 分别代表：头宽、眼径、鼻孔间距、眼间距、eg、hi、hj、fj。判断某尾鱼的群体归属时，可将该鱼的上述形态参数测出，分别代入判别函数中，然后根据某个函数所得最大 Y 值来判定该鱼所属的类群。判别准确率的范围 p_1 为 93.5%～100%，p_2 为 90.6%～100%，综合判别准确率为 94%，判别率较高，说明上述判别公式较为可靠。

表 3.31 3 个青鱼群体判别结果

Tab. 3.31 Discriminate results of three populations of black carp

群体	预测分类			判别准确/%		综合判别准确率/%
	湖口青鱼	赣江青鱼	修河青鱼	p_1	p_2	
湖口青鱼	29	0	2	93.5	90.6	
赣江青鱼	0	5	0	100	100	64
修河青鱼	3	0	45	93.8	95.7	

（4）单因子方差及差异系数分析

表 3.32 是对 3 个青鱼群体各形态参数进行单因子方差分析所得 P 值结果，表明 3 个青鱼群体之间有 10 个特征差异极其显著，它们分别是头长、头宽、眼径、ac、ab、bc、hi、hj、fi、fj；有 9 个特征差异显著，它们分别是体高、头高、鼻孔间距、眼间距、bd、eg、df、dh、gh。

表 3.32 青鱼 P 值较大的性状特征

Tab. 3.32 The character of the high P value between black carp

性状特征	GJ－CJ	GJ－XH	CJ－XH
体高（BH）	0.025	0.032	—
头高（HH）	—	0.041	—
头长（HL）	0.003	0.000	—
头宽（HW）	0.000	0.000	—
眼径（ED）	0.000	0.000	—
鼻孔间距（NW）	—	0.024	—
眼间距（IW）	0.026	0.013	—
ac	0.008	0.002	—
ab	0.000	0.001	—
bc	0.014	0.009	—
bd	0.033	—	—

续表

性状特征	GJ－CJ	GJ－XH	CJ－XH
eg	—	0.022	—
df	—	0.017	—
dh	0.025	—	—
gh	—	—	0.027
hi	0.000	0.001	—
hj	0.000	0.000	—
fi	0.004	0.000	—
fj	—	0.001	0.001

注：GJ 为赣江群体，XJ 为信江群体，HK 为湖口群体。

　　两两种群间差异系数见表 3.33，可以看出，它们的差异系数值小于亚种分类的阈值 1.28（赣江与湖口青鱼群体的头宽、眼径差异系数分别为 1.289、1.392，赣江与修河青鱼群体的头宽、眼径、ac 的差异系数分别为 1.461、1.496、1.381 除外），因此它们之间的差异仍然属于不同地理种群的差异，还没有上升到亚种水平。但从差异系数来看，两两青鱼群体之间个别性状差异系数呈增大趋势，如：赣江与信江青鱼群体在头长、头宽、眼径、ac、ab、bd、df 等特征上差异系数均较大，尤其在头宽、眼径、ac 等特征上大于 1.28，达到了亚种水平；赣江与湖口群体在头宽、眼径等特征上大于 1.28，达到了亚种水平。说明这些两两青鱼群体发生形态分化的性状特征数目在增多，形态分化越来越大。

表 3.33 青鱼性状差异系数

Tab. 3. 33 The high variance of the character between black carp

性状特征	GJ－HK	GJ－XH	HK－XH
体高（BH）	0.520	0.501	0.038
头高（HH）	0.428	0.682	0.192
头长（HL）	0.773	1.069*	0.136
头宽（HW）	1.289*	1.461*	0.080
吻长（SL）	0.260	0.697	0.147
眼径（ED）	1.392*	1.496*	0.128
鼻孔间距（NW）	0.226	0.402	0.240
眼间距（IW）	0.530	0.776	0.047
尾柄高（CPW）	0.175	0.126	0.040
ac	0.677	1.381*	0.109
ab	0.908	0.995	0.181
bc	0.662	0.684	0.025
bd	0.207	0.537	0.243
bg	0.127	0.036	0.132
be	0.314	0.429	0.053
ce	0.303	0.640	0.133
de	0.189	0.308	0.169

续表

性状特征	GJ－HK	GJ－XH	HK－XH
eg	0.457	0.634	0.170
df	0.624	1.043*	0.108
dh	0.110	0.614	0.264
dg	0.397	0.409	0.019
fg	0.269	0.293	0.068
gh	0.136	0.232	0.312
fh	0.039	0.129	0.216
hi	0.453	0.374	0.439
hj	0.443	0.398	0.160
fi	0.311	0.405	0.317
fj	0.204	0.411	0.551
ij	0.207	0.013	0.092

注：①带"*"者差异系数大于1.00，表明该性状发生了明显的形态分化；

②GJ为赣江群体，XJ为信江群体，HK为湖口群体。

3.4.3 讨论

(1) 形态变异与种群分化

鄱阳湖水系3个青鱼种群的聚类分析和主成分分析的结果一致，表明它们在形态上既相似又有一定程度的差异。聚类分析结果中，湖口群体与修河群体距离最短，形态最为接近，而赣江群体与其他两群体相距则较远，形态差异较为明显，这种差异可能是由地理差异所致栖息环境不同造成的。近年来，鄱阳湖水系河流大、中、小型水利工程不断地增多，使青鱼群体基因交流受到一定程度的阻碍。在主成分散布图中也可以看到同样的结果。从鄱阳湖水系青鱼群体的主成分散布图还可以看出，赣江群体与长江、抚河群体都存在一定的重叠区域，表明其形态分化较小（非重叠区域表明其差异程度）；而信江群体与其他四种群体重叠较少，说明其形态发生了较大程度的分化。青鱼是一种半洄游性鱼类，每年大量的长江青鱼幼鱼通过湖口进入鄱阳湖水系，赣江等河流也有青鱼的产卵场，青鱼在不同的地理环境下生存，因水流、营养及形成的产卵场等影响造成形态上的差异。而形态特征是由遗传因子与环境因子共同作用的结果，地理屏障使一个种群与同种的另一种群存在某种程度的地理分隔，从而可能在形态、生理甚至遗传上形成一定的差异。

从判别分析结果来看，判别准确率 p_1 为 81.3%～100%，p_2 为 58.3%～100%，综合判别准确率为 89.8%，判别率偏高可能的原因主要有：一方面是由于长江水系与鄱阳湖主要支流水系的青鱼群体为适应当地的生活环境形成不同的地理种群；另一方面则是鄱阳湖主要支流水系大、中、小型水利工程的逐年兴建，使得青鱼群体的基因交流受阻，从而在未能完成半洄游过程而在鄱阳湖主要支流水系产卵及生活，由于进化和环境的改变，形成了不同的地方性群体。由于鱼类的外部形态也受遗传因子、栖息环境、饲料及季节变化等多方面的综合影响，因此单凭形态测量参数下结论还不够全面。还有待于利用细胞学、分子生物学手段（如免疫学、同工酶、DNA 等）进行研究和分析，从而得出更加客观准确的结论。

（2）多元分析方法在青鱼群体形态判别上的应用

本研究采用了聚类分析、主成分分析和判别分析 3 种多元分析方法，系统分析了鄱阳湖 3 个青鱼群体的 30 项形态比例性状，较好地在形态上对它们作了区分。聚类分析结果中，长江群体与修河群体距离最短，形态最为接近，而赣江群体与其他两群体相距较远，形态差异较明显；通过主成分分析得：鄱阳湖水系 3 个青鱼群体均存在一定程度的形态分化；湖口、修河青鱼群体存在一定程度的重叠，分化程度较小，而赣江群体与其他两个群体相距较远，分化程度较大；判别分析得出综合判别准确率为 94%，判别率较高，说明上述判别公式较为可靠。总的来说，它们的分析结果是类似的，但它们从不同的角度反映群体间的形态学差异，所以也是不可相互替代的。

（3）单因子方差分析

通过对 3 个青鱼群体进行单因素方差分析，结果发现：3 个青鱼群体在 19 个性状特征上差异显著，它们分别是：头长、头宽、眼径、体高、头高、鼻孔间距、眼间距、ac、ab、bc、bd、eg、df、dh、gh、hi、hj、fi、fj。

（4）Mayr 的 75% 规则

赣江与信江青鱼群体在头宽、眼径、ac 等特征上，赣江、湖口群体在头宽、眼径等特征上均大于 1.28，达到了亚种水平。说明这些两两青鱼群体发生形态分化的性状特征数目在增多，形态分化越来越大，由此推测：若干年后，这些群体可能形成不同的青鱼亚种。

3.5　小　结

3.5.1　鄱阳湖水系四大家鱼形态分化与分析

对鄱阳湖水系 6 个草鱼群体的外部形态变异进行了研究。结果发现，对可量性状多元分析发现草鱼不同群体外部形态差异明显。判别分析的综合判别准确率为 76.4%，饶河、抚河群体的判别率高于其他群体，其贡献率大小顺序为：饶河群体＞抚河群体＞湖口群体＞修河群体＞赣江群体＞信江群体；聚类分析表明赣江群体与信江、饶河群体在形态上较为接近，与抚河、修河群体在形态上却存在较大的差异；主成分分析结果表明，6个草鱼群体主要是在鱼体头部和躯干部等形态特征上存在差异。

对鄱阳湖湖口、赣江、信江、抚河、修河的鲢群体的外部形态变异进行了研究。结果发现，对可量性状多元分析发现鲢不同群体外部形态差异明显。判别分析的综合判别准确率为90.7%，其贡献率大小顺序为：湖口群体>信江群体>赣江群体>抚河群体>修河群体；聚类分析表明赣江群体与抚河群体在形态上最为接近，信江、湖口群体形态较为接近，修河群体属于过渡群体；主成分分析和判别分析的结果表明，5个鲢群体在外部形态上存在明显差异，且体现出鱼体各个方面的性状分布趋势出现分化。

对鄱阳湖湖口、赣江、信江、抚河、修河鳙群体的外部形态变异进行了研究。结果发现，对可量性状多元分析发现鳙不同群体外部形态差异明显。判别分析的综合判别准确率为89.8%，判别率大小顺序为：信江群体>抚河群体>赣江群体>湖口群体>修河群体；聚类分析表明赣江群体与长江群体在形态上最为接近，抚河、修河群体在形态上也较为接近，信江群体与其他4个群体呈现较大程度的差异；主成分分析和判别分析的结果表明，5个鳙群体在外部形态上存在的明显差异，主要是由于鱼体头部和尾柄部以及胸鳍、臀鳍等形态特征差异引起的。

对湖口、赣江、修河3个青鱼群体的外部形态变异进行了研究。结果发现，对可量性状多元分析发现青鱼不同群体外部形态差异明显。判别分析的综合判别准确率为94%，3个群体判别率均较高，其大小顺序为：赣江群体>修河群体>湖口群体；聚类分析表明湖口群体与修河群体在形态上最为接近，赣江群体与其他两个群体在形态上存在较大的差异；主成分分析和判别分析的结果表明，3个青鱼群体在外部形态上存在的明显差异，主要是由于鱼体各个方面形态特征差异引起的。

通过对鄱阳湖水系四大家鱼进行多变量形态学分析，比较其综合判别准确率得：青鱼>鲢>鳙>草鱼。

通过对鄱阳湖水系四大家鱼30个性状进行单因素方差分析得到两两群体间差异系数较大的性状，即形态分化较大的性状。由此说明各群体间发生形态分化的性状特征数目在增多，形态分化越来越大，并推测若干年后，这些群体可能形成不同的家鱼亚种。

3.5.2 鄱阳湖水系四大家鱼形态分化与鱼类洄游的关系

四大家鱼是长江中下游重要的水产资源之一，鄱阳湖水系也分布有大量的四大家鱼资源。每年有大量的长江四大家鱼幼鱼通过湖口进入鄱阳湖，本研究讨论的四大家鱼长江群体以湖口群体为样本，其他五群体样本分别来源于江西五河（修河、赣江、抚河、信江、饶河）[12-14]。

通过实验得出：鄱阳湖水系四大家鱼均存在较明显的形态差异与分化，有的性状甚至达到了亚种的水平。因此，我们可以得出鄱阳湖水系的四大家鱼不属于同一个长江群体，并推测鄱阳湖四大家鱼的洄游路线可能有两种。

① 长江—鄱阳湖路线：江湖洄游性的四大家鱼在长江及其支流中繁殖，其幼鱼洄游到湖泊中育肥，秋末到江河的中下游越冬，成熟后再溯江至中上游产卵。

② 鄱阳湖水系—鄱阳湖路线：江湖洄游性的四大家鱼在鄱阳湖水系中繁殖，其幼鱼洄游到鄱阳湖中肥育，成熟后再溯河洄游到流水性河流中产卵。即鄱阳湖水系可能存在地方性四大家鱼群体。

4～6 月是四大家鱼繁殖的季节，据调查，湖口县（湖口）、鹰潭市（信江）、鄱阳县（饶河）、峡江县（赣江）、抚州市（抚河）、永修县（修河）等采样点在 4～6 月可以捕到成熟的亲鱼，并观察到频繁活动的四大家鱼鱼群。因此，不难得出：鄱阳湖水系地方性四大家鱼群体的产卵场可能存在于各采样点附近。

参 考 文 献

[1] 张志伟，曹哲明，杨弘，等. 草鱼野生和养殖群体间遗传变异的微卫星分析. 动物学研究，2006，27（2）：189－196

[2] 张晓庭，方开秦. 多元分析统计引论. 北京：科学出版社，1982：393－401

[3] 李思发，周碧云，倪重匡，等. 长江、珠江、黑龙江鲢、鳙和草鱼原种种群形态差异. 动物学报，1989，（4）：390－398

[4] 王成辉. 中国红鲤遗传多样性研究（上海水产大学博士学位论文），2002

[5] 李思发，周碧云，吕国庆，等. 长江鲢、鳙、草鱼和青鱼原种亲鱼标准与检测的研究. 水产学报，1997，21（2）：143－151

[6] 李思发. 长江水系鲢和珠江水系的生长差异. 水产学报，1984，8（3）：211－218

[7] 仇潜如，王令铃，吴福煌. 长江中、下游鲢、鳙、草鱼池养成鱼的形态学比较. 上海：上海科学技术出版社，1990：18－23

[8] 张四明，邓怀，汪登强，等. 长江水系鲢和草鱼遗传结构及变异性的 RAPD 研究. 水生生物学报，2001，25（4）：324－330

[9] 王茂元，杨弘，邹芝英，等. 太湖鲢 mtDNA D－loop 区遗传多样性. 中国农学通报，2009，25（13）：265－267

[10] 张德春，张锡元，杨代淑，等. 长江鳙遗传多样性的研究. 武汉大学学报，1999，45（6）：857－890

[11] 方耀林，余来宁，许映芳，等. 长江水系青鱼遗传多样性的研究. 湖北农学院学报，2004，24（1）：26－29

[12] 张希，吴志强，张爱芳，等. 鄱阳湖水系鲢群体的形态差异. 江西水产科技，2010，3：11－14

[13] 张建铭，吴志强，胡茂林，等. 赣江中游四大家鱼幼鱼的形态测量与分析. 江西水产科技，2011，1：9－12

[14] 张希. 鄱阳湖水系青鱼、草鱼、鲢、鳙形态度量分析（南昌大学硕士学位论文），2011

第4章 鄱阳湖水系四大家鱼的遗传多样性分析

4.1 赣江峡江段四大家鱼遗传多样性的 ISSR 分析

4.1.1 材料与方法

4.1.1.1 实验材料与试剂

提取基因组 DNA 所需的四大家鱼于 2009 年 4～6 月在峡江采样时获得，剪取亲鱼的尾鳍，放入装有 95％乙醇溶液的离心管中，低温保存，带回实验室备用。用于 ISSR-PCR 实验的四大家鱼基本参数如表 4.1。实验所用试剂和 ISSR-PCR 反应引物购自上海生工生物工程技术服务有限公司。

表 4.1 用于 ISSR-PCR 实验的四大家鱼基本参数

Tab. 4.1 Essential parameter of four major Chinese carps which used in ISSR-PCR experiment

种类		青鱼	草鱼	鲢	鳙
数量/尾		24	24	24	24
体长/cm	范围	25～108	17.5～52	24～80	21.5～92
	均值（±std）	71.13±29.92	34.95±12.38	35.73±11.62	29.27±15.39
体重/kg	范围	0.33～30	0.1～5	0.25～7	0.15～15
	均值（±std）	12.04±10.10	1.29±1.44	1.01±1.35	1.09±3.05

4.1.1.2 基因组 DNA 提取

参照文献[1]的方法略作改动，具体方法如下：

取 30～50mg 酒精保存的尾鳍，在蒸馏水中浸洗 1～2min，然后用 TE 溶液（pH8.0）冲洗 2 或 3 次。将冲洗干净的尾鳍置于 1.5ml 的 eppendorf 管中，加入 305μl STE、50μl 10％SDS、5μl 20mg/ml 蛋白酶 K 和 140μl 双蒸水，混匀，于 55～57℃消化过夜至溶液澄清。加入等体积的平衡酚，上下颠倒混匀 10min，置于 4℃，12 000r/min，离心 15min。取上清液，加入等体积的酚-氯仿-异戊醇（25：24：1），轻轻摇 10min，置于 4℃，1200r/min，离心 10min。再取上清液，加入等体积的酚-氯仿-异戊醇（25：24：1），轻轻摇 10min，置于 4℃，1200r/min，离心 10min。取上清液，加入等体积的氯仿-异戊醇（24：1），轻轻摇 10min，置于 4℃，12 000r/min，离心 10min。取上清液，加入 2 倍体积的冷无水乙醇（－20℃

预冷），轻轻摇匀，置于−20℃沉淀 30min。然后 4℃，12 000r/min，离心 15min。弃上清液，用 1ml 70％的乙醇溶液漂洗 5min，置于 4℃，12 000r/min，离心 5min。弃上清液，将沉淀晾干，加入 50μl TE 溶液（pH8.0）和 1μl Rnase（10μg/μl）溶解，37℃消化 1h。4℃保存备用，如需长时间保存则置于−20℃下。

4.1.1.3　DNA 模板的浓度与纯度分析

取抽提的基因组 DNA 产物 5μl，用 1％的琼脂糖凝胶进行电泳，在 5V/cm 的电压下电泳 30min，然后用 BIO - RAD，Gel DocTM XR 型紫外凝胶成像系统检测，并拍照保存。用 UV−1700 型紫外分光光度计读取基因组 DNA 在 260nm 和 280nm 时的 OD，并计算 OD_{260}/OD_{280} 的值，初步判断基因组 DNA 的纯度。

4.1.1.4　ISSR-PCR 反应体系与条件

ISSR-PCR 反应体系为：总体积为 25μl，内含 2.5μl 10×PCR Buffer，3μl 25mmol/L 的 Mg^{2+}，0.6μl 10mmol/L 的 dNTP，1μl 10μmol/L 的引物，0.2μl 5U/μl Taq 酶，30ng 的 DNA 模板和 16.2μl 双蒸水。

ISSR-PCR 反应程序为：经过 94℃预变性 5min，然后进入循环，94℃30s，52℃45s，72℃2min，共 38 个循环，循环结束后于 72℃继续延伸 10min。扩增产物经 1.5％琼脂糖凝胶电泳（5V/cm）分离，EB 染色后用 BIO - RAD，Gel DocTM XR 型凝胶成像系统检测，并拍照保存。

4.1.1.5　ISSR-PCR 反应随机引物筛选

采用上述 ISSR-PCR 反应体系与程序，以混合的基因组 DNA 为模板对 100 个随机引物进行初步筛选，选出扩增条带清晰、条带数多的随机引物进行 ISSR 数据分析。

4.1.1.6　数据分析

ISSR 分子标记与 RAPD 标记一样，主要为显性标记，主要表现为有、无 PCR 条带两种类型。有带的记为“1”，无带的记为“0”，不清楚或模糊的带忽略不计。统计每个引物扩增出的总带数和多态性带数。

采用 POPGENE 1.32 软件对四大家鱼进行遗传参数分析。分别计算多态位点百分数（percentage of polymorphic，PPL）、观测等位基因数（n_a，number of alleles per locus）、有效等位基因数（n_e，effective number of alleles per locus）、Nei's 基因多样性（H_e）。Shannon 信息指数（H_0，Shannon information index）也被用来检测群体遗传多样性水平。$H_0 = -\sum P_i \ln P_i$，P_i 为位点 i 在被检测群体中的表型频率。具体计算方法如下：

多态位点比例 P＝多态位点数/位点总数×100％。

Nei's 基因多样性为

$$H_e = \sum\ (1 - \sum P_i^2)\ /n$$

式中，P_i 为单个位点上的等位基因的频率；n 为所检测到的位点数。

Shannon 信息指数 $H_0 = -\sum P_i\ \ln P_i /N$（$P_i$ 为第 i 条扩增条带存在的频率；N 为检测到的位点数）。$H_{pop} = \sum H/n$，$H_{sp} = -\sum\ (X\ln X)\ /n$（$n$ 为群体数，X 为 n 个群体的综合表型频率）。分别以 H_{pop}/H_{sp} 和（$H_{sp} - H_{pop}$）/H_{sp} 评估群体内和群体间的遗传变异比例。

个体间遗传相似率和遗传距离用下列公式计算：

$$S = 2\ N_{xy}/\ (N_x + N_y);$$
$$D = 1 - S$$

式中 S 为群体任意两个体间遗传相似率；D 为两个体间遗传距离；N_x 和 N_y 分别为 x 和 y 个体拥有的 ISSR 标记总数，N_{xy} 是 x 和 y 两个体共享的 ISSR 标记数。

4.1.2 结果与分析

4.1.2.1 基因组 DNA 提取效果

通过琼脂糖凝胶电泳，可以看出用酚—氯仿法提取的基因组 DNA 效果比较理想（图 4.1～图 4.4）。经紫外分光光度计测定，DNA 浓度为 $4×10^3$ ng/ml 左右，OD_{260}/OD_{280} 为 1.85 左右，由此可见，此方法提取的 DNA 纯度和 DNA 得率都较高。

图 4.1 青鱼 DNA 电泳结果

Fig. 4.1 The DNA electrophoresis result of black carp

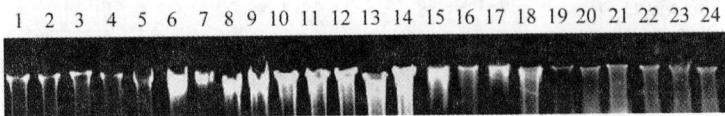

图 4.2 草鱼 DNA 电泳结果

Fig. 4.2 The DNA electrophoresis result of grass carp

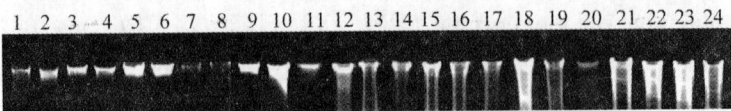

图 4.3 鲢 DNA 电泳结果

Fig. 4.3 The DNA electrophoresis result of silver carp

图 4.4 鳙 DNA 电泳结果

Fig. 4.4 The DNA electrophoresis result of bighead carp

4.1.2.2 Mg^{2+} 浓度与 dNTP 浓度的优化

影响 ISSR-PCR 反应的因素较多，本实验采用引物 AW15497 对青鱼的 Mg^{2+} 浓度、dNTP 浓度、引物浓度和模板浓度进行优化。

Mg^{2+} 浓度是影响 PCR 结果的重要变量之一。TaqDNA 聚合酶是 Mg^{2+} 依赖性酶，对 Mg^{2+} 浓度非常敏感。Mg^{2+} 浓度能影响反应的特异性和扩增片段的产率。韩加军等[2]对散斑壳属 ISSR-PCR 反应条件的优化中设置的 Mg^{2+} 浓度为 1.0～3.5mmol/L。陈大霞等[3]对黄连 ISSR 反应条件优化中采用的 Mg^{2+} 浓度为 0.5～2.5mmol/L。杨浩等[4]对黄鳝 ISSR-PCR 反应体系的优化中采用的 Mg^{2+} 浓度为 1.5～3.5mmol/L。本实验对青鱼样品设置了 5 个 Mg^{2+} 浓度梯度：1.0mmol/L、1.5mmol/L、2.0mmol/L、2.5mmol/L、3.0mmol/L。

dNTP 浓度也是影响 PCR 结果的重要变量之一。底物 dNTP 浓度过高，会导致聚合酶的掺入；浓度过低，又会影响合成效率，甚至会因 dNTP 过早消耗而使产物单链化，影响扩增效果。在 PCR 反应中，dNTP 浓度应在 0.02～0.2 mmol/L[5]。本实验对青鱼样品设计了 5 个 dNTP 浓度梯度：0.1mmol/L、0.15mmol/L、0.2mmol/L、0.25mmol/L、0.3mmol/L。

5 个 Mg^{2+} 浓度梯度 1mmol/L，1.5mmol/L，2mmol/L，2.5mmol/L，3mmol/L 和 5 个 dNTP 浓度梯度 0.1mmol/L、0.15mmol/L、0.2mmol/L、0.25mmol/L、0.3mmol/L 进行交叉实验。具体组合方法及组合序号见表 4.2。

表 4.2 Mg^{2+} 浓度（首行）与 dNTP 浓度（首列）的组合

Tab. 4.2 Combination between concentration of Mg^{2+} (above) and dNTP (left)

Mg^{2+} / dNTP	1mmol/L	1.5mmol/L	2mmol/L	2.5mmol/L	3mmol/L
0.1 mmol/L	1	2	3	4	5
0.15 mmol/L	6	7	8	9	10
0.2 mmol/L	11	12	13	14	15
0.25 mmol/L	16	17	18	19	20
0.3 mmol/L	21	22	23	24	25

扩增结果见图 4.5，Mg^{2+} 浓度较低时，即使 dNTP 的浓度很高，也不能扩增出清晰的条带。同样，dNTP 浓度较低时，扩增出的条带也不清晰，亮度不够。只有当 Mg^{2+} 和 dNTP 都达到一定的浓度，才可扩增出清晰、较亮的条带。组合 9～

组合 15 和组合 20 均可扩增出较多且较清晰的条带。组合 20 较其他组合稍亮、条带数较多。因此，本实验选用组合 20（Mg^{2+} 浓度为 3mmol/L，dNTP 浓度为 0.25mmol/L）。

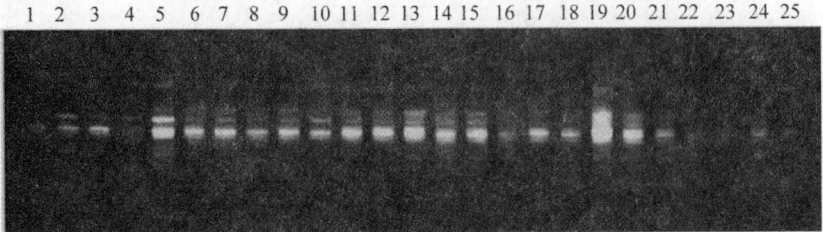

图 4.5 Mg^{2+} 浓度和 dNTP 浓度优化组合扩增图

Fig. 4.5 The result of combination between concentration of Mg^{2+} and dNTP

4.1.2.3 引物浓度与模板浓度的优化

引物浓度偏高或偏低所得到的 PCR 结果均不可靠，引物浓度偏高会引起错配和非特异性产物扩增，且可增加引物之间形成二聚体的概率，浓度过低则无法测出所有 ISSR 位点。本实验设置了 4 个引物浓度梯度：$0.3\mu mol/L$、$0.4\mu mol/L$、$0.5\mu mol/L$、$0.6\mu mol/L$。

DNA 模板的浓度是影响 ISSR-PCR 扩增效果的一个重要的因子。模板浓度过低，分子碰撞的机率低，偶然性大，影响扩增产物的稳定性；模板浓度过高又会降低特异性扩增效率，增加非特异性产物。本实验设置了 4 个模板浓度梯度：10ng，20ng，30ng，45ng。

4 个引物浓度梯度 $0.3\mu mol/L$、$0.4\mu mol/L$、$0.5\mu mol/L$、$0.6\mu mol/L$ 和 4 个模板浓度梯度 15ng、20ng、30ng、45ng 进行交叉实验，具体组合方法及组合序号见表 4.3。

表 4.3 引物浓度（首行）与模板量（首列）的组合

Tab. 4.3 Combination between concentration of primer (above) and template (left)

引物浓度 模板量	$0.3\mu mol/L$	$0.4\mu mol/L$	$0.5\mu mol/L$	$0.6\mu mol/L$
10ng	1	2	3	4
20ng	5	6	7	8
30ng	9	10	11	12
45ng	13	14	15	16

扩增结果见图 4.6。除组合 13～组合 16 外，引物浓度不变时，随着模板浓度的增加，扩增出的条带逐渐清晰，亮度增加，条带数增多；模板浓度固定时，随着引物浓度的增加，扩增出的条带也逐渐清晰，亮度增加，条带数增多。当模板浓度为 20ng 和 30ng 时，扩增出来的条带较清晰，浓度为 30ng 时的条带数较多，因此，本

实验选用组合 10（引物浓度为 0.4μmol/L，模板浓度为 30ng）。

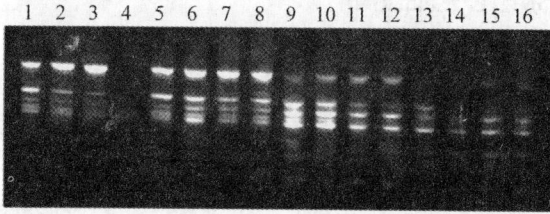

图 4.6 引物浓度和模板浓度优化扩增效果图

Fig. 4.6 The result of combination between concentration of primer and template

4.1.2.4　ISSR 引物筛选结果

采用上述 ISSR-PCR 反应体系与条件，用 100 个随机引物，分别对青鱼、草鱼、鲢、鳙基因组 DNA 模板进行 PCR 扩增，结果见图 4.7 和图 4.8（序号 1~17 表示使用引物 AW15492~AW15508 进行 PCR 凝胶电冰的结果），青鱼、草鱼、鲢、鳙初步筛选出 10、13、11、11 个引物。然后用初筛引物分别对 4 种鱼进行 ISSR 分析。

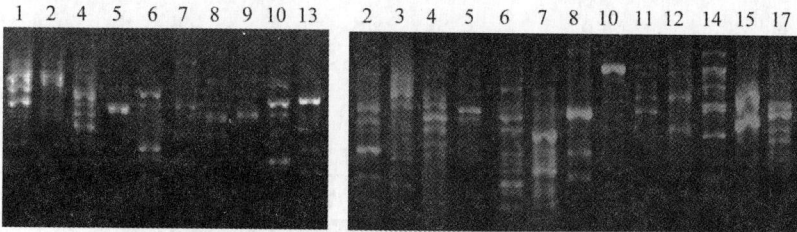

图 4.7 引物对青鱼（左）和草鱼（右）DNA 初筛扩增图谱

Fig. 4.7 ISSR amplified results of fist screened primers
to the DNA of black carp（L）and grass carp（R）

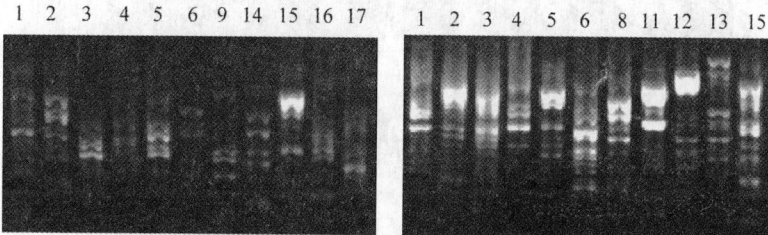

图 4.8 引物对鲢（左）和鳙（右）DNA 初筛扩增图谱

Fig. 4.8 ISSR amplified results of fist screened primers to the DNA of
silver carp（L）and bighead carp（R）

4.1.2.5 ISSR 标记多态性分析

(1) 青鱼的 ISSR 标记分析

由初筛得到的 5 个引物对青鱼基因组 DNA 的 ISSR 扩增结果显示（表 4.4）：每个引物所扩增出的谱带数都表现出差异，同一引物在不同的材料上具有不同的带谱，产生总带数最多的引物是 AW15498，产生了 12 个位点；产生总带数最少的是 AW15499，仅有 5 个位点。多态位点比例最高者达 80.00%，最低者只有 66.67%。5 个引物在青鱼基因组 DNA 中共扩增出 47 个不同分子量的 ISSR 标记位点，其中多态位点 33 个，多态性带的比例为 70.21%，平均每个引物产生 9.4 个位点和 6.6 个多态位点。扩增结果见图 4.9。

表 4.4 引物对青鱼基因组 DNA 扩增带数

Tab. 4.4 Number of total and polymorphic DNA bands amplified by primers in black carp

位点	总条带数/个	多态性条带数/个	多态性位点比例/%
AW15492	9	6	66.67
AW15497	11	8	72.73
AW15498	12	8	66.67
AW15499	5	4	80.00
AW15501	10	7	70.00
总和	47	33	
平均	9.4	6.6	70.21

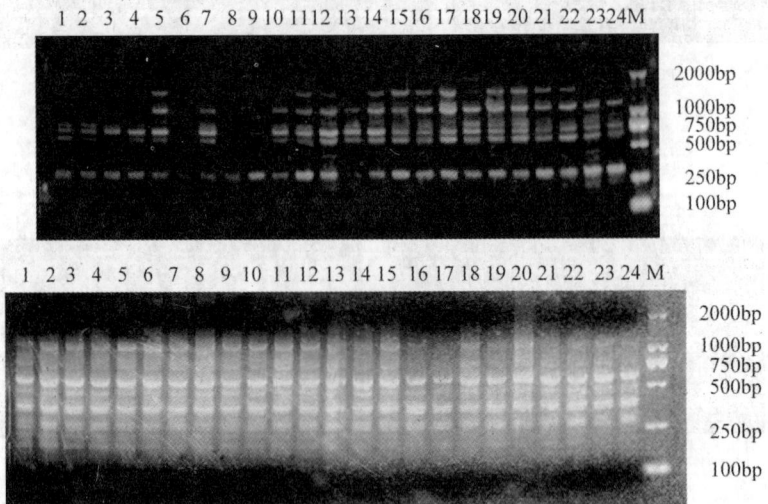

图 4.9 引物 AW15497（上）、AW15498（下）对青鱼 ISSR 扩增图谱

Fig. 4.9 The results of ISSR amplification by primers AW15497（up）
and AW15498（down）in black carp

47 个位点的等位基因数由 1 到 2 不等，平均等位基因数为 1.7021；有效等位基因从 AW15499 位点的 1.2901 到 AW15492 位点的 1.5446 不等，平均值为 1.4567；Nei's 基因多样性 (H_e) 为 0.2011～0.2981，平均值为 0.2606；Shannon 信息指数 (H_0) 为 0.3260～0.4259，平均值为 0.3846（表 4.5）。

表 4.5 青鱼的遗传多样度的统计分析

Tab. 4.5 Statistics analysis of genetic variation in black carp

扩增位点	个体数	观测等位 基因数 n_a	有效等位 基因数 n_e	Nei's 基因 多样性 H_e	Shannon 信息 指数 H_0
AW15492	24	1.6667	1.5446	0.2981	0.4259
AW15497	24	1.7273	1.4352	0.2507	0.3726
AW15498	24	1.6667	1.4206	0.2427	0.3612
AW15499	24	1.8000	1.2901	0.2011	0.3260
AW15501	24	1.7000	1.5278	0.2890	0.4182
平均	24	1.7021	1.4567	0.2606	0.3846
St. Dev		0.4623	0.3913	0.2038	0.2861

(2) 草鱼的 ISSR 标记分析

由初筛得到的 8 个引物对草鱼基因组 DNA 的 ISSR 扩增结果显示（表 4.6）：每个引物所扩增出的谱带数都表现出差异，同一引物在不同的材料上具有不同的带谱，产生总带数最多的引物是 AW15493，产生了 13 个位点，产生总带数最少的是 AW15496 和 AW15502，仅有 6 个位点。多态位点比例最高者达 83.33%，最低者只有 44.44%。8 个引物在草鱼基因组 DNA 中共扩增出 74 个不同分子量的 ISSR 标记位点，其中多态位点 50 个，多态性带的比例为 67.57%，平均每个引物产生 9.25 个位点和 6.25 个多态位点。扩增结果见图 4.10。

表 4.6 引物对草鱼基因组 DNA 扩增带数

Tab. 4.6 Number of total and polymorphic DNA bands amplified by primers in grass carp

位点	总条带数/个	多态性条带数/个	多态性位点比例/%
AW15493	13	10	76.92
AW15494	7	4	57.14
AW15496	6	3	50
AW15497	13	10	76.92
AW15498	9	4	44.44
AW15502	6	5	83.33
AW15505	10	7	70.00
AW15506	10	7	70.00

位点	总条带数/个	多态性条带数/个	多态性位点比例/%
总和	74	50	
平均	9.25	6.25	67.57

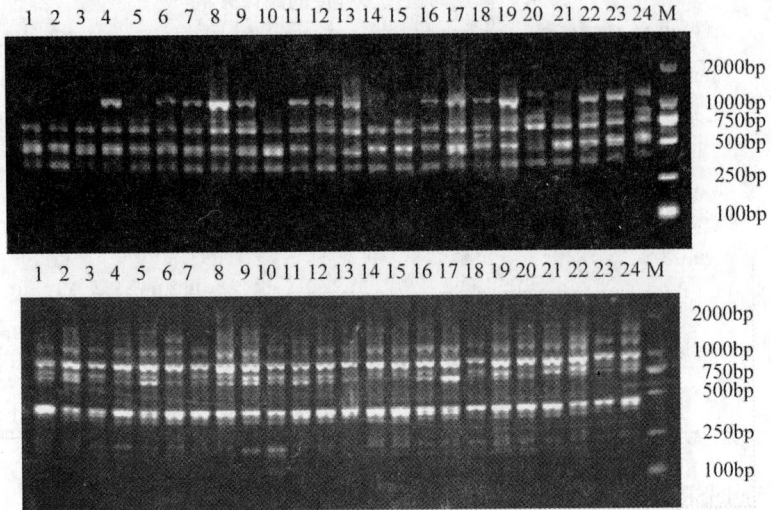

图 4.10 引物 AW15497（上）、AW15505（下）对草鱼 ISSR 扩增图谱

Fig. 4.10 The results of ISSR amplification by Primers AW15497（up）
and AW15505（down）in brass carp

74 个位点的等位基因数由 1 到 2 不等，平均等位基因数为 1.6757；有效等位基因从 AW15506 位点的 1.2905 到 AW15497 位点的 1.5015 不等，平均值为 1.4135；Nei's 基因多样性（H_e）为 0.1949~0.2920，平均值为 0.2391；Shannon 信息指数（H_0）为 0.2916~0.4315，平均值为 0.3560（表 4.7）。

表 4.7 草鱼的遗传多样度统计分析

Tab. 4.7 Statistics analysis of genetic variation in grass carp

扩增位点	个体数	观测等位基因数 n_a	有效等位基因数 n_e	Nei's 基因多样性 H_e	Shannon 信息指数 H_0
AW15493	24	1.7692	1.4396	0.2591	0.3904
AW15494	24	1.5714	1.4059	0.2303	0.3367
AW15496	24	1.5000	1.4922	0.2480	0.3446
AW15497	24	1.7692	1.5015	0.2920	0.4315
AW15498	24	1.4444	1.3873	0.2061	0.2916
AW15502	24	1.8333	1.3639	0.2322	0.3672
AW15505	24	1.7000	1.3996	0.2236	0.3329
AW15506	24	1.7000	1.2905	0.1949	0.3076

续表

扩增位点	个体数	观测等位基因数 n_a	有效等位基因数 n_e	Nei's 基因多样性 H_e	Shannon 信息指数 H_0
平均	24	1.6757	1.4135	0.2391	0.3560
St. Dev	—	0.4713	0.3843	0.2018	0.2847

（3）鲢的 ISSR 标记分析

由初筛得到的 6 个引物对鲢基因组 DNA 的 ISSR 扩增结果显示（表 4.8）：每个引物所扩增出的谱带数都表现出差异，同一引物在不同的材料上具有不同的带谱，产生总带数最多的引物是 AW15492 和 AW15497，产生了 11 个位点；产生总带数最少的是 AW15505，仅有 7 个位点。多态位点比例最高者达 85.71%，最低者只有 36.36%。6 个引物在鲢基因组 DNA 中共扩增出 55 个不同分子质量的 ISSR 标记位点，其中多态位点 29 个，多态性带的比例为 52.73%，平均每个引物产生 9.17 个位点和 4.83 个多态位点。扩增结果见图 4.11。

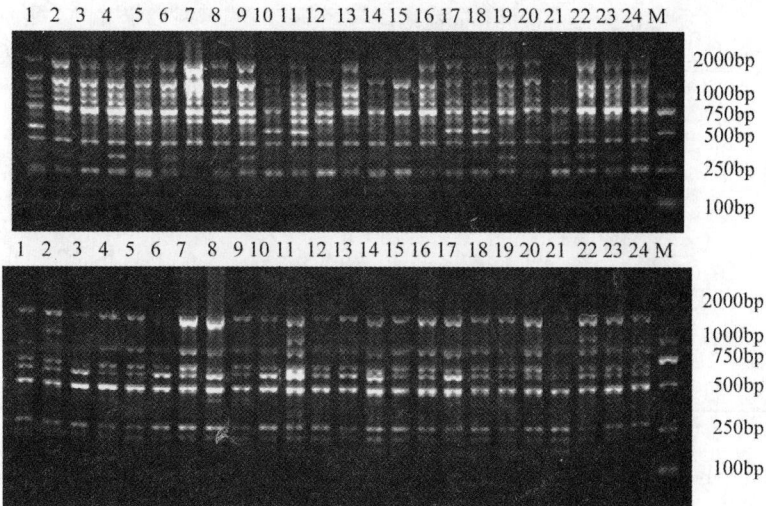

图 4.11 引物 AW15492（上）、AW15497（下）对鲢 ISSR 扩增图谱

Fig. 4.11 The results of ISSR amplification by primers AW15492（up）and AW15497（down）in silver carp

表 4.8 引物对鲢基因组 DNA 扩增带数

Tab. 4.8 Number of total and polymorphic DNA bands amplified by primers in silver carp

位点	总条带数/个	多态性条带数/个	多态性位点比例/%
AW15492	11	7	63.64
AW15493	9	4	44.44

位点	总条带数/个	多态性条带数/个	多态性位点比例/%
AW15496	8	4	50.00
AW15497	11	4	36.36
AW15505	7	6	85.71
AW15506	9	4	44.44
总和	55	29	
平均	9.17	4.83	52.73

55 个位点的等位基因数由 1 到 2 不等，平均等位基因数为 1.5273；有效等位基因从 AW15493 位点的 1.1531 到 AW15505 位点的 1.5082 不等，平均值为 1.3171；Nei's 基因多样性 H_e 为 0.0940~0.3156，平均值为 0.1858；Shannon 信息指数 H_0 为 0.1522~0.4746，平均值为 0.2769（表 4.9）。

表 4.9 鲢的遗传多样度统计分析
Tab. 4.9 Statistics analysis of genetic variation in silver carp

扩增位点	个体数	观测等位基因数 n_a	有效等位基因数 n_e	Nei's 基因多样性 H_e	Shannon 信息指数 H_0
AW15492	24	1.6364	1.4320	0.2489	0.3664
AW15493	24	1.4444	1.1531	0.0940	0.1522
AW15496	24	1.5000	1.4209	0.2271	0.3230
AW15497	24	1.3636	1.1924	0.1193	0.1817
AW15505	24	1.8571	1.5082	0.3156	0.4746
AW15506	24	1.4444	1.2521	0.1442	0.2140
平均	24	1.5273	1.3171	0.1858	0.2769
St. Dev		0.5039	0.3679	0.2024	0.2914

（4）鳙的 ISSR 标记分析

由初筛得到的 6 个引物对鳙基因组 DNA 的 ISSR 扩增结果显示（表 4.10）：每个引物所扩增出的谱带数都表现出差异，同一引物在不同的材料上具有不同的带谱，产生总带数最多的引物是 AW15502，产生了 13 个位点；产生总带数最少的是 AW15503，仅有 7 个位点。多态位点比例最高者达 71.43%，最低者只有 41.67%。6 个引物在鳙基因组 DNA 中共扩增出 59 个不同分子量的 ISSR 标记位点，其中多态位点 30 个，多态性带的比例为 51.72%，平均每个引物产生 9.17 个位点和 5 个多态位点。扩增结果见图 4.12。

表 4.10 引物对鳙基因组 DNA 扩增带数

Tab. 4.10 Number of total and polymorphic DNA bands amplified by primers in bighead carp

位点	总条带数/个	多态性条带数/个	多态性位点比例/%
AW15492	12	6	50.00
AW15496	9	5	55.56
AW15497	8	4	50.00
AW15502	13	5	41.67
AW15503	7	5	71.43
AW15504	10	5	50.00
总和	59	30	
平均	9.17	5	51.72

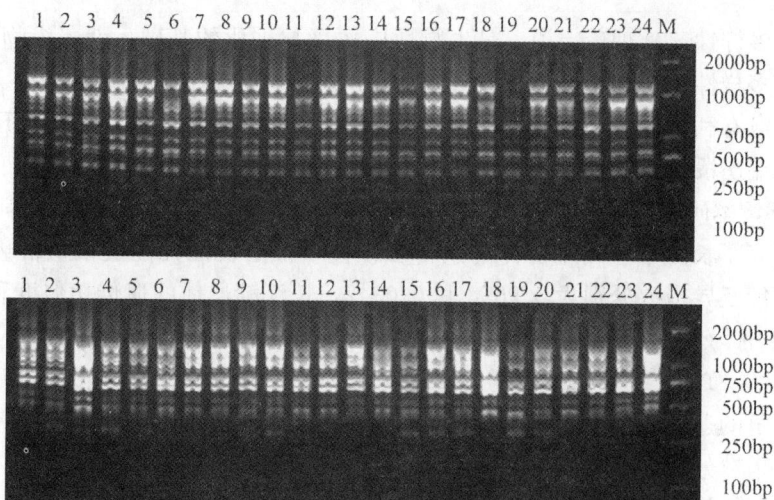

图 4.12 引物 AW15502（上）、AW15505（下）对鳙 ISSR 扩增图谱

Fig. 4.12 The results of ISSR amplification by primers AW15502（up）

and AW15505（down）in bighead carp

59 个位点的等位基因数由 1 到 2 不等，平均等位基因数为 1.5172；有效等位基因从 AW15502 位点的 1.2730 到 AW15497 位点的 1.4197 不等，平均值为 1.3286；Nei's 基因多样性（H_e）为 0.1517~0.2266，平均值为 0.1908；Shannon 信息指数（H_0）为 0.2206~0.3499，平均值为 0.2827（表 4.11）。

表 4.11 鳙的遗传多样度统计分析

Tab. 4.11 Statistics analysis of genetic variation in bighead carp

扩增位点	个体数	观测等位基因数 n_a	有效等位基因数 n_e	Nei's 基因多样性 H_e	Shannon 信息指数 H_0
AW15492	24	1.5000	1.2910	0.1755	0.2651
AW15496	24	1.5556	1.3762	0.2079	0.3033
AW15497	24	1.5000	1.4197	0.2266	0.3225

续表

扩增位点	个体数	观测等位基因数 n_a	有效等位基因数 n_e	Nei's 基因多样性 H_e	Shannon 信息指数 H_0
AW15502	24	1.4167	1.2730	0.1517	0.2206
AW15503	24	1.7143	1.3441	0.2244	0.3499
AW15504	24	1.5000	1.3136	0.1884	0.2808
平均	24	1.5172	1.3286	0.1908	0.2827
St. Dev		0.5041	0.3763	0.2053	0.2953

4.1.3 讨论

遗传多样性，从理论上说，是生物适应环境与进化的基础。就一个物种而言，种内遗传多样性愈丰富，该物种对环境变化的适应能力愈强，其进化的潜力也就愈大，也就愈有利于保持物种和整个生态系统的多样性。方耀林等[6]应用 RAPD 研究了长江瑞昌段青鱼的遗传多样性，得出其遗传相似度为 0.9612，遗传变异指数为 0.0388，本研究青鱼对应的指数分别为 0.7486 和 0.2514；张德春等[7,8]应用 RAPD 研究了长江草鱼和鳙群体的遗传多样性，得出长江九江段草鱼群体遗传相似度和遗传变异指数分别为 0.9658 和 0.0342，长江鳙群体的遗传相似度和遗传变异指数分别为 0.9699 和 0.0301，本研究草鱼和鳙的对应数值分别为 0.7700、0.2300 和 0.8150、0.1850；张锡元等[9]应用 RAPD 研究了长江鲢的遗传多样性，得出长江鲢的遗传相似度和遗传变异指数分别为 0.9543 和 0.0457，本研究的鲢群体的对应指数分别为 0.8184 和 0.1816。以上数据显示：赣江四大家鱼群体遗传相似度均小于长江群体，而遗传变异指数均大于长江群体。其原因可能是：a. 样品来源随机性较大，实验所用尾鳍是 2009 年 4～6 月作者野外采样时获得，获取样本的时间比较分散，而实验过程中提取基因组 DNA 所选的尾鳍又是随机性的，因此样品来源随机性大，导致样品代表性有差异；b. 标记方法的灵敏度，ISSR 分子标记稳定性和重复性高，可检测出更丰富的多态性，而 RAPD 分子标记受实验条件影响较大，稳定性和重复性均存在一定缺陷等，使实验结果有所差别，房新英等[10]、张道远等[11]和杨太有等[12]的研究都证明，与利用随机引物的 RAPD 扩增相比，ISSR 检测遗传多态性的能力更高；c. 赣江历来是四大家鱼的重要繁殖地之一，受环境等各方面因素的影响，其资源量较匮乏[13]，所以其种群数量小，基因交流的机会相对较小，导致其遗传相似度也相应较小。

应用 ISSR 分子标记研究赣江峡江段四大家鱼的遗传多样性，结果表明赣江四大家鱼群体遗传相似度较低，存在较大的遗传变异空间，其遗传多样性丰富，仍然保持着天然种群的遗传性状，因此，如何继续保护赣江四大家鱼生物多样性及其优良性状是今后科研工作中的重点。

4.2　赣江赣州段四大家鱼遗传多样性的 ISSR 分析

4.2.1　材料与方法

样品采自赣江上游的赣州市，实验材料的处理、基因组 DNA 提取、DNA 模板浓度与纯度分析、PCR 反应体系与反应条件、随机引物的筛选以及数据分析方法同 4.1.1。

4.2.2　结果与分析

4.2.2.1　基因组 DNA 的提取效果

利用上述方法提取出的基因组 DNA，再通过琼脂糖凝胶电泳检测（图 4.13）。图 4.13 中 1、2、3、4、5、6 是用于提取基因组 DNA 的 6 个青鱼样本，从提取效果来看，青鱼的 6 个基因组 DNA 条带明亮清晰，无降解；经紫外分光光度计测定，DNA 浓度为 5.0×10^{-3} g/ml 左右，OD_{260}/OD_{280} 为 1.6 左右，说明用上述方法提取的基因组 DNA 的纯度和 DNA 得率都较高。

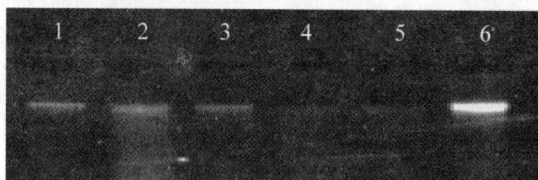

图 4.13 四大家鱼基因组 DNA 电泳结果

Fig. 4.13 The DNA electrophoresis result of four major Chinese carps

4.2.2.2　ISSR-PCR 扩增结果分析

采用上述 ISSR-PCR 反应体系和反应程序，引物参照吴兴兵等对四大家鱼进行 ISSR 标记研究所得到的能够扩增出清晰稳定条带的 17 个引物[14]，进行扩增。扩增结果见表 4.12。表 4.12 显示对青鱼群体扩增出清晰稳定条带的引物有 6 个，分别为 AW90235、AW90237、AW78344、AW90238、AW90241、AW90242；对草鱼群体扩增出清晰稳定条带的引物有 5 个，分别为 AW90235、AW90237、AW78344、AW52457、AW90241；对鲢群体扩增出清晰稳定条带的引物有 7 个，分别为 AW90237、AW78343、AW90246、AW90248、AW90242、AW90243、AW90245；对鳙群体扩增出清晰稳定条带的引物有 5 个，分别为 AW78343、AW90240、AW90246、AW90247、AW90238。扩增效果见图 4.14～图 4.17。

表 4. 12 17 个引物的 ISSR 扩增结果

Tab. 4. 12 The amplification results for 17 primmers of ISSR

引物序列号	序列 (5′−3′)	青鱼	草鱼	鲢	鳙
AW90235	AGAGAGAGAGAGAGAGAGT	+	+		
AW90237	AGAGAGAGAGAGAGAGAGC	+	+	+	
AW78343	AGAGAGAGAGAGAGAGAGG			+	+
AW90239	CTCTCTCTCTCTCTCTG				
AW90240	TCTCTCTCTCTCTCTCC				+
AW78344	GAGAGAGAGAGAGAGAYT	+	+		
AW90246	GAGAGAGAGAGAGAGAYG			+	+
AW90247	CTCTCTCTCTCTCTCTRA				+
AW90248	CTCTCTCTCTCTCTCTRC			+	
AW52457	CTCTCTCTCTCTCTCTRG		+		
AW90251	TCTCTCTCTCTCTCTCRG				
AW90238	TCTCTCTCTCTCTCTCTT	+			+
AW90241	ACACACACACACACACC	+	+		
AW90242	AGAGAGAGAGAGAGAGYT	+		+	
AW90243	AGAGAGAGAGAGAGAGYC			+	
AW90245	GAGAGAGAGAGAGAGA			+	
AW90250	GTGTGTGTGTGTGTGTTC				

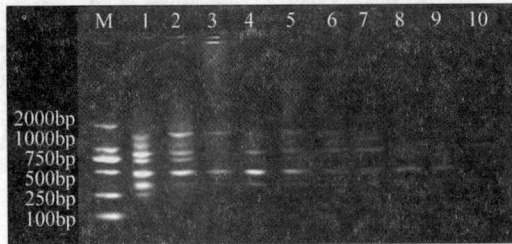

图 4. 14 引物 AW90235 对青鱼的扩增图谱

Fig. 4. 14 The amplification patterns of primmer AW90235 in black carp

M：分子标记 Marker；1～10 号为青鱼个体

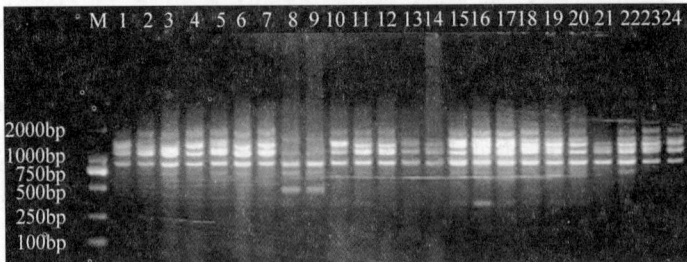

图 4. 15 引物 AW90237 对草鱼的扩增图谱

Fig. 4. 15 The amplification patterns of primmer AW90237 in grass carp

M：分子标记 Marker；1～24 号为草鱼个体

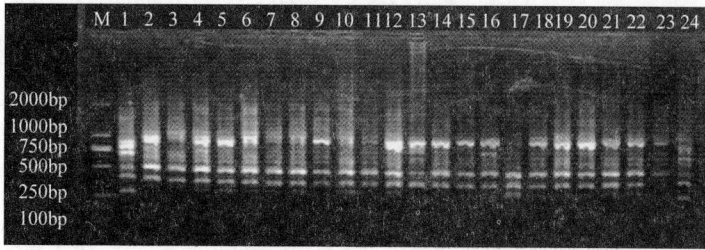

图 4.16 引物 AW90245 对鲢的扩增图谱

Fig4. 16 The amplification patterns of primmer AW90245 in silver carp

M：分子标记 Marker；1～24 号为鲢个体

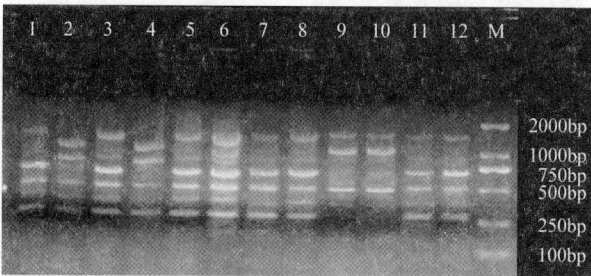

图 4.17 引物 AW90246 对鳙的扩增图谱

Fig. 4. 17 The amplification patterns of primmer AW90246 in bighead carp

M：分子标记 Marker；1～12 号为鳙个体

4.2.2.3　ISSR 标记多态性分析

（1）青鱼群体的 ISSR 标记分析

　　青鱼群体的基因组 ISSR 扩增结果显示（表 4.13）：每个引物所扩增出来的谱带数都表现出差异，产生总带数最多的引物是 AW90235，有 8 个位点；总带数最少的引物是 AW90237，仅有 4 个位点。多态位点最高为 87.50％，最低为 75.00％。6 个引物在青鱼基因组 DNA 中共扩增出 35 个不同分子量的 ISSR 标记位点，其中多态位点 29 个，多态性带的比例为 82.85％，平均每个引物产生 5.83 个位点和 4.83 个多态性位点。

表 4.13 引物对青鱼基因组 DNA 的扩增带数

Tab. 4. 13 The number of total and polymorphic DNA bands amplied by primer in black carp

位点	总位点/个	多态位点/个	多态性位点百分率/％
AW90235	8	7	87.50
AW90237	4	3	75.00
AW78344	5	4	80.00

续表

位点	总位点/个	多态位点/个	多态性位点百分率/%
AW90238	7	6	85.71
AW90242	5	4	80.00
AW90241	6	5	83.33
总数	35	29	
平均	5.83	4.83	82.75

35 个位点的等位基因数由 1 到 2 不等，平均等位基因数为 1.8235；有效等位基因从 AW90242 位点的 1.3171 到位点 AW78344 位点的 1.7079 不等，平均有效等位基因数为 1.4772；Nei's 基因多样性 H_e 为 0.2049～0.3740，平均值为 0.2833；Shanon 信息指数 H_0 为 0.3285～0.5279，平均值为 0.4263（表 4.14）。

表 4.14 青鱼的遗传多样度统计分析

Tab. 4.14 Statistics analysis of genetic variation in black carp

扩增位点	个体数	观测等位基因数 n_a	有效等位基因数 n_e	Nei's 基因多样性 H_e	Shannon 信息指数 H_0
AW90235	10	1.8571	1.3684	0.2387	0.3770
AW90237	10	1.7500	1.4056	0.2353	0.3559
AW78344	10	1.8000	1.7079	0.3740	0.5279
AW90238	10	1.8571	1.5332	0.3236	0.4828
AW90242	10	1.8000	1.3171	0.2049	0.3285
AW90241	10	1.8333	1.5275	0.3103	0.4615
Mean	10	1.8235	1.4772	0.2833	0.4263
St. Dec		0.3870	0.3449	0.1781	0.2460

（2）草鱼群体的 ISSR 标记分析

草鱼群体的基因组 ISSR 扩增结果显示（表 4.15）：每个引物所扩增出来的谱带数都表现出差异，产生总带数最多的引物是 AW90235，有 8 个位点；总带数最少的引物是 AW90241、AW52457，仅有 5 个位点。多态位点最高为 87.50%，最低为 60.00%。5 个引物在草鱼基因组 DNA 中共扩增出 31 个不同分子量的 ISSR 标记位点，其中多态位点 25 个，多态性带的比例为 80.65%，平均每个引物产生 6.20 个位点和 5.00 个多态性位点。

表 4.15 引物对草鱼基因组 DNA 的扩增带数

Tab. 4.15 The number of total and polymorphic DNA bands amplied by primer in grass carp

位点	总位点/个	多态位点/个	多态性位点百分率/%
AW90235	8	7	87.50
AW90237	7	6	85.71
AW78344	6	5	83.33
AW52457	5	4	80.00

位点	总位点/个	多态位点/个	多态性位点百分率/%
AW90241	5	3	60.00
总数	31	25	
平均	6.20	5.00	80.65

31 个位点的等位基因数由 1 到 2 不等，平均等位基因数为 1.8387；有效等位基因从 AW90235 位点的 1.2541 到位点 AW90241 位点的 1.7436 不等，平均有效等位基因数为 1.4573；Nei's 基因多样性 H_e 为 $0.1575 \sim 0.3849$，平均值为 0.2578；Shanon 信息指数 H_0 为 $0.2591 \sim 0.5393$，平均值为 0.3857（表 4.16）。

表 4.16 草鱼的遗传多样度统计分析

Tab. 4. 16 Statistics analysis of genetic variation in grass carp

扩增位点	个体数	观测等位基因数 n_a	有效等位基因数 n_e	Nei's 基因多样性 H_e	Shannon 信息指数 H_0
AW90235	24	1.8750	1.2541	0.1575	0.2591
AW90237	24	1.8571	1.3778	0.2253	0.3494
AW78344	24	1.833	1.5173	0.2982	0.4435
AW52457	24	1.800	1.5355	0.2882	0.4160
AW90241	24	1.800	1.7436	0.3849	0.5393
Mean	24	1.8387	1.4573	0.2578	0.3857
St. Dec		0.3739	0.4098	0.2071	0.2784

（3）鲢群体的 ISSR 标记分析

鲢群体的基因组 ISSR 扩增结果显示（表 4.17）：每个引物所扩增出来的谱带数都表现出差异，产生总带数最多的引物是 AW90246，有 8 个位点；总带数最少的引物是 AW90248，仅有 4 个位点。多态位点最高为 87.50%，最低为 66.67%。7 个引物在草鱼基因组 DNA 中共扩增出 42 个不同分子量的 ISSR 标记位点，其中多态位点 33 个，多态性带的比例为 78.57%，平均每个引物产生 6.00 个位点和 4.71 个多态性位点。

表 4.17 引物对鲢基因组 DNA 的扩增带数

Tab. 4. 17 The number of total and polymorphic DNA bands amplied by primer in silver carp

位点	总位点/个	多态位点/个	多态性位点百分率/%
AW90237	7	5	71.42
AW78343	6	4	66.67
AW90246	8	7	87.50
AW90248	4	3	75.00
AW90242	6	5	83.33
AW90243	6	5	83.33
AW90245	5	4	80.00

续表

位点	总位点/个	多态位点/个	多态性位点百分率/%
总数	42	33	
平均	6.00	4.71	78.57

42 个位点的等位基因数由 1 到 2 不等，平均等位基因数为 1.8095；有效等位基因从 AW78343 位点的 1.2728 到位点 AW90243 位点的 1.7986 不等，平均有效等位基因数为 1.5820；Nei's 基因多样性 H_e 为 0.1729～0.4077，平均值为 0.3224；Shanon 信息指数 H_0 为 0.2769～0.5685，平均值为 0.4694（表 4.18）。

表 4.18 鲢群体的遗传多样度统计分析

Tab. 4.18 Statistics analysis of genetic variation in silver carp

扩增位点	个体数	观测等位基因数 n_a	有效等位基因数 n_e	Nei's 基因多样性 H_e	Shannon 信息指数 H_0
AW90237	24	1.8571	1.4794	0.2877	0.4351
AW78343	24	1.6667	1.2728	0.1729	0.2769
AW90246	24	1.8750	1.5699	0.3312	0.4900
AW90248	24	1.7500	1.5958	0.3206	0.4676
AW90242	24	1.8333	1.6724	0.3629	0.5199
AW90243	24	1.8333	1.7986	0.4077	0.5685
AW90245	24	1.8000	1.7365	0.3831	0.5374
Mean	24	1.8095	1.5820	0.3224	0.4694
St. Dec		0.3974	0.3877	0.1926	0.2636

（4）鳙群体的 ISSR 标记分析

鳙群体的基因组 ISSR 扩增结果显示（表 4.19）：每个引物所扩增出来的谱带数都表现出差异，产生总带数最多的引物是 AW78343、AW90247，各有 7 个位点；总带数最少的引物是 AW90246、AW90240，仅有 5 个位点。多态位点最高为 85.71%，最低为 71.43%。5 个引物在鳙基因组 DNA 中共扩增出 30 个不同分子量的 ISSR 标记位点，其中多态位点 24 个，多态性带的比例为 80.65%，平均每个引物产生 6.00 个位点和 4.80 个多态性位点。

表 4.19 引物对鳙基因组 DNA 的扩增带数

Tab. 4.19 The number of total and polymorphic DNA bands amplied by primer in bighead carp

位点	总位点/个	多态位点/个	多态性位点百分率/%
AW78343	7	6	85.71
AW90240	5	4	80.00
AW90246	5	4	80.00
AW90247	7	5	71.43
AW90238	6	5	83.33
总数	30	24	
平均	6.00	4.80	83.33

30 个位点的等位基因数由 1 到 2 不等，平均等位基因数为 1.8333；有效等位基因从 AW90238 位点的 1.5811 到位点 AW78343 位点的 1.6878 不等，平均有效等位基因数为 1.6449；Nei's 基因多样性 H_e 为 0.3346～0.3778，平均值为 0.3563；Shanon 信息指数 H_0 为 0.4827～0.5416，平均值为 0.5136（表 4.20）。

表 4.20 鳙的遗传多样度统计分析

Tab. 4.20 Statistics analysis of genetic variation in bighead carp

扩增位点	个体数	观测等位基因数 n_a	有效等位基因数 n_e	Nei's 基因多样性 H_e	Shannon 信息指数 H_0
AW78343	12	1.8571	1.6878	0.3770	0.5403
AW90240	12	1.8000	1.6162	0.3346	0.4827
AW90246	12	1.8000	1.6344	0.3397	0.4879
AW90247	12	1.8571	1.6847	0.3778	0.5416
AW90238	12	1.8333	1.5811	0.3391	0.4967
Mean	12	1.8333	1.6449	0.3563	0.5136
St. Dec		0.3790	0.3501	0.1766	0.2461

4.2.3 讨论

ISSR 应用在物种遗传多样性的研究多见于植物的报道，对应用在四大家鱼的遗传多样性的研究报道很少。吴兴兵等采用 ISSR 标记对长江下游四大家鱼遗传多样性进行研究，结果扩增出清晰稳定并且可重复的条带[14]，检测四大家鱼相当水平的遗传多样性，这充分说明 ISSR 标记技术用于分析四大家鱼遗传多样性是可行的。

① 赣江赣州江段四大家鱼的多态性的比较：本次实验的材料均为天然野生四大家鱼种群，因此本次实验取样鱼的遗传多样性高低可在一定程度上反映出天然种群的遗传资源状况。4 种鱼中鳙的多态性位点最高为 83.33%，反映了其天然物种极高的遗传变异水平；最低为鲢，多态性位点比例为 78.57%，其遗传变异水平相对于鳙较低。

② 与长江中下游四大家鱼的多态性比较：赣江赣州江段四大家鱼多态性位点比例均比长江中下游四大家鱼多态性位点比例高，显示了赣江赣州江段四大家鱼较丰富的遗传多样性。

4.3 抚河四大家鱼遗传多样性的 ISSR 分析

4.3.1 材料与方法

样品采自抚州市，实验材料的处理、基因组 DNA 提取、DNA 模板浓度与纯度分析、PCR 反应体系与反应条件、随机引物的筛选以及数据分析方法同 4.2.1。

4.3.2 结果与分析

4.3.2.1 基因组 DNA 提取结果

通过琼脂糖凝胶电泳，可以看出用上述方法提取的基因组 DNA 比较完整（图 4.18～图 4.21）。经紫外分光光度计测定，DNA 浓度为 $1.5 \times 10^4 \text{ng}/\mu\text{l}$ 左右，OD_{260}/OD_{280} 为 1.8 左右，说明用上述方法提取的基因组 DNA 的纯度和 DNA 得率都较高。

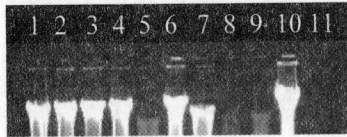

图 4.18 青鱼基因组 DNA 电泳结果图

Fig. 4.18 The DNA electrophoresis result of black carp

图 4.19 草鱼基因组 DNA 电泳结果图

Fig. 4.19 The DNA electrophoresis result of grass carp

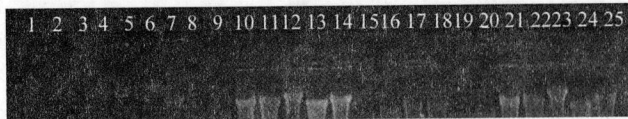

图 4.20 鲢基因组 DNA 电泳结果图

Fig. 4.20 The DNA electrophoresis result of silver carp

图 4.21 鳙基因组 DNA 电泳结果图

Fig. 4.21 The DNA electrophoresis result of bighead carp

由图 4.18～图 4.21 可知，由于 4～6 月在抚州采样，所以所有样本均只能以无水乙醇浸泡，－20℃冷冻保存，然后等野外采样工作结束后，带回实验室再进行处理。大部分样本基因组 DNA 保存完好，虽然这些样本都有拖带现象，但是经紫外分光光度计测量后，OD$_{260}$/OD$_{280}$ 均为 1.8 左右，证明 DNA 的纯度可以用作 ISSR-PCR 模板。而图中其他没有带的样本，则可能是因为保存时间过久，基因组 DNA 基本降解，无法用于 ISSR-PCR。

4.3.2.2　ISSR 引物的筛选

采用上述 ISSR-PCR 反应体系与条件，用 100 个随机引物，对四大家鱼基因组 DNA 模板进行 PCR 扩增，初步筛选出 17 个引物，结果见图 4.22。然后用初筛引物对各自群体进行 ISSR 分析。

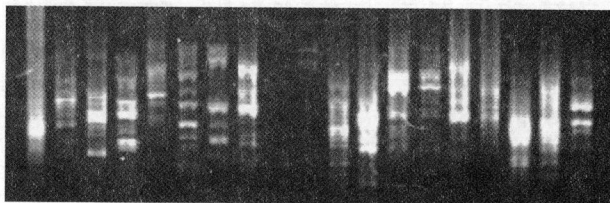

图 4.22　四大家鱼引物筛选结果

Fig. 4.22　The result of screened primers to the four major Chinese carps

4.3.2.3　ISSR-PCR 扩增结果分析

扩增结果如表 4.21～表 4.24 和图 4.23～图 4.26 所示。对四大家鱼使用不同的引物所能扩增出的谱带数都表现出差异，同一引物对四种鱼也扩增出不同的带谱。

对青鱼的扩增结果显示，产生带数最多的是引物 AW90237，产生了 8 个位点；产生带数最少的是 AW90248，仅产生了 4 个位点。多态位点比例最高为 100.00%，最低为 80.00%，5 种引物可以扩增出清晰稳定的条带，扩增位点共有 28 个，多态位点 25 个，多态位点比例高达 89.29%。平均每个引物产生 5.6 个位点和 5 个多态位点。

对草鱼的扩增结果显示，产生带数最多的是引物 AW90246，产生了 7 个位点；产生带数最少的是 AW90235，仅产生了 5 个位点。多态位点比例最高为 83.33%，最低为 60.00%，4 种引物可以扩增出清晰稳定的条带，扩增位点共有 24 个，多态位点 18 个，多态位点比例为 75.00%。平均每个引物产生 6 个位点和 4.5 个多态位点。

对鲢的扩增结果显示，产生带数最多的是引物 AW90235 和 AW78344，各产生了 8 个位点；产生带数最少的是 AW90246，仅产生了 5 个位点。多态位点比例最高为 87.50%，最低为 62.50%，3 种引物可以扩增出清晰稳定的条带，扩增位点共有 21 个，多态位点 16 个，多态位点比例为 76.19%。平均每个引物产生 7 个位点和 5.33 个多态位点。

对鳙的扩增结果显示，产生带数最多的是引物 AW90238 和 AW90242，各产生了 11 个位点；产生带数最少的是 AW90246 和 AW90240，各产生了 9 个位点。多态位点比例最高为 81.82%，最低为 54.50%，4 种引物可以扩增出清晰稳定的条带，扩增位点共有 40 个，多态位点 27 个，多态位点比例为 67.50%。平均每个引物产生 10 个位点和 6.75 个多态位点。

表 4.21 引物对青鱼基因组 DNA 的扩增带数

Tab. 4.21 The number of total and polymorphic DNA bands amplified by primer in black carp

引　　物	序列（5′-3′）	扩增位点/个	多态位点/个	多态位点比例/%
AW90237	(Ag)$_8$C	8	7	87.50
AW90246	(gA)$_8$Yg	6	6	100.00
AW90248	(CT)$_8$RC	4	4	100.00
AW52457	(CT)$_8$Rg	5	4	80.00
AW52458	(TC)$_8$Rg	5	4	80.00
总数		28	25	89.29

表 4.22 引物对草鱼基因组 DNA 的扩增带数

Tab. 4.22 The number of total and polymorphic DNA bands amplified by primer in grass carp

引　　物	序列（5′-3′）	扩增位点/个	多态位点/个	多态位点比例/%
AW90235	(Ag)$_8$T	5	3	60.00
AW78344	(gA)$_8$YT	6	5	83.33
AW90246	(gA)$_8$Yg	7	5	71.43
AW90242	(Ag)$_8$YT	6	5	83.33
总数		24	18	75.00

表 4.23 引物对鲢基因组 DNA 的扩增带数

Tab. 4.23 The number of total and polymorphic DNA bands amplified by primer in silver carp

引　　物	序列（5′-3′）	扩增位点/个	多态位点/个	多态位点比例/%
AW90235	(Ag)$_8$T	8	5	62.50
AW78344	(gA)$_8$YT	8	7	87.50
AW90246	(gA)$_8$Yg	5	4	80.00
总数		21	16	76.19

表 4.24 引物对鳙基因组 DNA 的扩增带数

Tab. 4.24 The number of total and polymorphic DNA bands amplified by primer in bighead carp

引　　物	序列（5′-3′）	扩增位点/个	多态位点/个	多态位点比例/%
AW90240	(TC)$_8$CC	9	6	66.67
AW90246	(gA)$_8$Yg	9	6	66.67
AW90238	(CT)$_8$TT	11	6	54.50
AW90242	(Ag)$_8$YT	11	9	81.82
总数		40	27	67.50

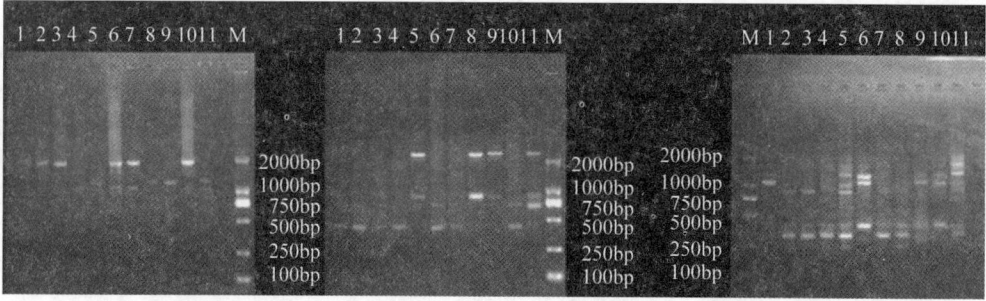

图 4.23 引物 AW90246（左）、AW90248（中）和 AW52458（右）对青鱼的扩增图谱

Fig. 4.23 The amplification patterns of primmer AW90246（left），

AW90248（middle）and AW52458（right）in black carp

M：分子标记 Marker；1～11 号为青鱼个体

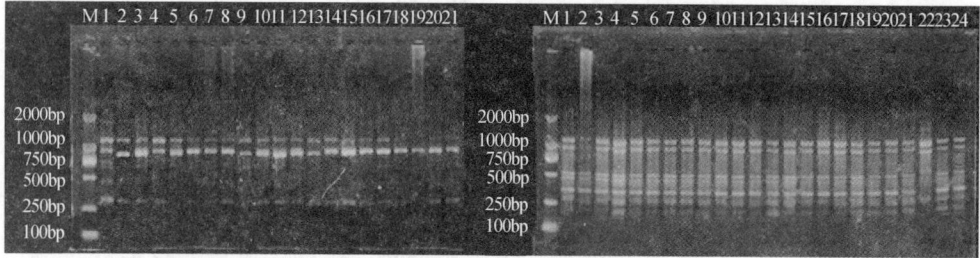

图 4.24 引物 AW78344（左）和 AW90246（右）对草鱼的扩增图谱

Fig. 4.24 The amplification patterns of primmer AW78344（left）

and AW90246（right）in grass carp

M：分子标记 Marker；1～24 号为草鱼个体

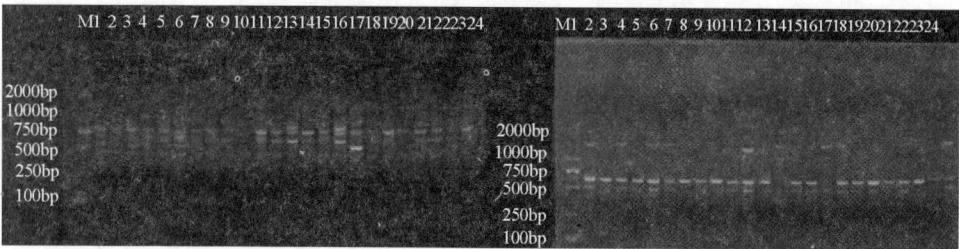

图 4.25 引物 AW90235（左）和 AW78344（右）对鲢的扩增图谱

Fig4.25 The amplification patterns of primmer AW90235（left）

and AW78344（right）in silver carp

M：分子标记 Marker；1～24 号为鲢个体

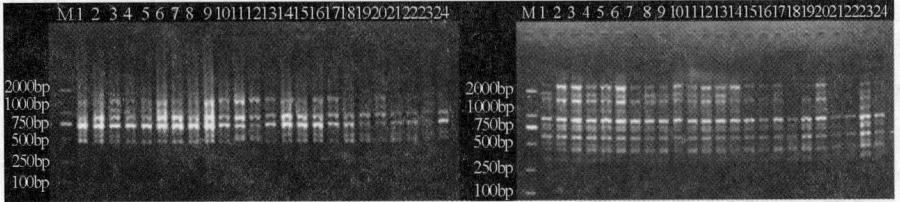

图 4.26 引物 AW90246（左）和 AW90238（右）对鳙的扩增图谱

Fig. 4.26 The amplification patterns of primmer AW90246 （left）
and AW90238 （right) in bighead carp

M：分子标记 Marker；1～24 号为鳙个体

4.3.2.4 ISSR-PCR 遗传标记分析

采用上述 ISSR-PCR 反应体系、反应程序和引物，遗传多样度如表 4.25～表 4.28所示。青鱼的等位基因数由 1 到 2 不等，平均等位基因数为 1.8929±0.3150；有效等位基因数由 AW90237 的 1.0000 到 AW90248 的 1.9961 不等，平均有效等位基因数为 1.4772±0.2858；Nei's 基因多样性 H_e 为 0.0000～0.4990，平均值为 0.2967±0.1448；ShannonH_0 信息指数为 0.0000～0.6922，平均值为 0.4536±0.1992。

草鱼的等位基因数由 1 到 2 不等，平均等位基因数为 1.7500±0.4423；有效等位基因数由 AW90235 的 1.0000 到 AW90242 的 2.0000 不等，平均有效等位基因数为 1.3649±0.3573；Nei's 基因多样性 H_e 为 0.0000～0.5000，平均值为 0.2201±0.1911；Shannon 信息指数 H_0 为 0.0000～0.6931，平均值为 0.3369±0.2682。

鲢的等位基因数由 1 到 2 不等，平均等位基因数为 1.7619±0.4364；有效等位基因数由 AW90235 的 1.0000 到 AW78344 的 1.8439 不等，平均有效等位基因数为 1.2821±0.2840；Nei's 基因多样性 H_e 为 0.0000～0.4577，平均值为 0.1860±0.1632；Shannon 信息指数 H_0 为 0.0000～0.6502，平均值为 0.2992±0.2344。

鳙的等位基因数由 1 到 2 不等，平均等位基因数为 1.6750±0.4743；有效等位基因数由 AW90240 的 1.0000 到 AW90238 的 2.0000 不等，平均有效等位基因数为 1.4070±0.3836；Nei's 基因多样性 H_e 为 0.0000～0.5000，平均值为 0.2365±0.2013；Shannon 信息指数 H_0 为 0.0000～0.6931，平均值为 0.3531±0.2842。

表 4.25 青鱼的遗传多样度统计分析

Tab. 4.25 Statistics analysis of genetic variation in black carp

扩增位点	个体数	观测等位基因数 n_a	有效等位基因数 n_e	Nei's 基因多样性 H_e	Shannon 信息指数 H_0
AW90237	11	1.8750	1.4750	0.2999	0.1024
AW90246	11	2.0000	1.4664	0.3018	0.4698
AW90248	11	2.0000	1.8274	0.4448	0.6348
AW52457	11	1.8000	1.2711	0.1995	0.3308

续表

扩增位点	个体数	观测等位基因数 n_a	有效等位基因数 n_e	Nei's 基因多样性 H_e	Shannon 信息指数 H_0
AW52458	11	1.8000	1.4196	0.2642	0.4049
Mean	11	1.8929	1.4772	0.2967	0.4536
St. Dec		0.3150	0.2858	0.1448	0.1992

表 4.26 草鱼的遗传多样度统计分析

Tab. 4.26 Statistics analysis of genetic variation in grass carp

扩增位点	个体数	观测等位基因数 n_a	有效等位基因数 n_e	Nei's 基因多样性 H_e	Shannon 信息指数 H_0
AW90235	24	1.6000	1.3250	0.2076	0.3169
AW78344	24	1.8333	1.3269	0.1927	0.3000
AW90246	24	1.7143	1.4039	0.2371	0.3569
AW90242	24	1.8333	1.3907	0.2381	0.3672
Mean	24	1.7500	1.3649	0.2201	0.3369
St. Dec		0.4423	0.3573	0.1911	0.2688

表 4.27 鲢的遗传多样度统计分析

Tab. 4.27 Statistics analysis of genetic variation in silver carp

扩增位点	个体数	观测等位基因数 n_a	有效等位基因数 n_e	Nei's 基因多样性 H_e	Shannon 信息指数 H_0
AW90235	24	1.6250	1.2258	0.1592	0.2604
AW78344	24	1.8750	1.2828	0.1825	0.2977
AW90246	24	1.8000	1.3713	0.2346	0.3637
Mean	24	1.7619	1.2821	0.1860	0.2992
St. Dec		0.4364	0.2840	0.1632	0.2344

表 4.28 鳙的遗传多样度统计分析

Tab. 4.28 Statistics analysis of genetic variation in bighead carp

扩增位点	个体数	观测等位基因数 n_a	有效等位基因数 n_e	Nei's 基因多样性 H_e	Shannon 信息指数 H_0
AW90240	24	1.6667	1.2369	0.1530	0.2485
AW90246	24	1.6667	1.4305	0.2398	0.3537
AW90238	24	1.5455	1.3727	0.2190	0.3219
AW90242	24	1.8182	1.5613	0.3199	0.4696
Mean	24	1.6750	1.4070	0.2365	0.3531
St. Dec		0.4743	0.3836	0.2013	0.2842

4.3.2.5　四大家鱼遗传距离及遗传相似度

通过 POPGENE 软件分析后得出抚河抚州段四大家鱼遗传距离及遗传相似度（表 4.29）。由表 4.29 可知，青鱼的遗传相似度范围为 0.3214～0.8929，平均值为 0.5670±0.1854，遗传距离范围为 0.1133～1.5404，平均值为 0.6019±0.3376；

草鱼遗传相似度范围为 0.5417~0.9767，平均值为 0.7723±0.0813，遗传距离范围为 0.0426~0.6131，平均值为 0.2644±0.1076；鲢遗传相似度范围为 0.4762~1.0000，平均值为 0.7600±0.1287，遗传距离范围为 0.0000~0.6466，平均值为 0.2869±0.1801；鳙遗传相似度范围为 0.6000~1.0000，平均值为 0.7938±0.0755，遗传距离范围为 0.0000~0.5108，平均值为 0.2351±0.0983。

表 4.29 四大家鱼的遗传相似度和遗传距离

Tab. 4.29 The genetic similarity, variability and distance of the four major Chinese carps

	青鱼	草鱼	鲢	鳙
遗传相似度范围	0.3214~0.8929	0.5417~0.9767	0.4762~1.0000	0.6000~1.0000
遗传相似度平均值	0.5670±0.1854	0.7723±0.0813	0.7600±0.1287	0.7938±0.0755
遗传变异指数	0.4330	0.2277	0.2400	0.2062
遗传距离范围	0.1133~1.5404	0.0426~0.6131	0.0000~0.6466	0.0000~0.5108
遗传距离平均值	0.6019±0.3376	0.2644±0.1076	0.2869±0.1801	0.2351±0.0983

4.3.3 讨论

生物群体的遗传多样性是评价生物资源状况的一个重要依据，是物种适应多变的环境条件、维持长期生存和进化的遗传基础。对种群内和种群间遗传多样性的认识在进行种质鉴定和亲本选择时具有重要的现实意义[15]。

(1) 与采用 ISSR 分子标记技术的其他鱼类相比

通过对数据进行统计分析，得出四大家鱼的多态位点比例 P、Nei's 基因多样性 H_e 平均值和 Shannon 信息指数 H_0 平均值分别为青鱼 89.29%、0.2987、0.4536，草鱼 75.00%、0.2201、0.3369，鲢 76.19%、0.1860、0.2992 以及鳙 67.50%、0.2365、0.3531。由于迄今为止基于 ISSR 技术所反映的物种遗传多样性的定性还没有一个定量标准。所以与采用相同技术对刀鲚[16]和斜带髭鲷[17]、银鲳和小黄鱼[18,19]、赤眼鳟和翘嘴红鲌[20,21]、菊黄东方鲀和双斑东方鲀[22]的研究结果相比较，抚河抚州江段四大家鱼在多态位点比例 P、Nei's 基因多样性 H_e 平均值和 Shannon 信息指数 H_0 平均值三个方面的数值都较高，说明抚河抚州江段四大家鱼的遗传多样性较为丰富。虽然由于鱼类的分类地位及海洋鱼类和淡水鱼类在基因交流方面的不同，可能导致它们彼此之间在遗传分化水平上存在差异，但上述比较仍可以从一定程度上间接地反映出四大家鱼的遗传多样性水平。

(2) 与采用 RAPD 分子标记技术对四大家鱼进行分析的结果相比

方耀林等[6]应用 RAPD 分子标记对长江水系青鱼遗传多样性进行了研究，得出瑞昌江段青鱼的遗传相似度为 0.9612，遗传变异指数为 0.0388，本研究青鱼对应的指数分别为 0.5670 和 0.4330；张德春等[7]应用 RAPD 分子标记技术研究了长江草鱼群体的遗传多样性，得出长江九江段草鱼群体遗传相似度和遗传变异指数分别为 0.9658 和 0.0342，本研究中草鱼的对应数值为 0.7723 和 0.2277；张锡元等[9]应用 RAPD 分子标记技术研究了长江鲢群体的遗传多样性，得出长江鲢群体的遗传相似度和遗传变异指数分别为 0.9543 和 0.04725，本研究鲢群体的对应指数分别为 0.7600 和 0.2400；张德春等[8]应用 RAPD 分子标记技术对长江鳙群体的遗传多样性进行了分析，得出长江九江段鳙群体遗传相似度和遗传变异指数分别为 0.9699 和 0.0301，本研究所得鳙对应的指数分别为 0.7938 和 0.2062。

由以上数据可知，抚河抚州段四大家鱼群体遗传相似度均小于长江群体，遗传变异指数相对长江群体较大。造成这一结果的原因可能是：a. 渔民捕鱼区域较大，根据对渔民的问卷调查得知，渔民捕鱼的区域上从廖坊水利枢纽坝址起，下到焦石坝为止，且不论干流、支流都会进行捕鱼作业，所以所捕捉到的四大家鱼的群体差异性较大；b. 采样时间跨度较大，所选用样本随机性较强，样本代表性有差异；c. 所采用的实验方法不同，相对于 RAPD 分子标记技术，ISSR 分子标记技术稳定性和重复性更高，检测遗传多样性能力更强；d. 抚河抚州段四大家鱼资源相比于长江较为匮乏，群体数量较少，基因交流机会的稀少导致遗传相似度较低，遗传距离更大，遗传多样性较为丰富。

应用 ISSR 分子标记研究抚河抚州段四大家鱼的遗传多样性，结果表明抚河抚州段四大家鱼群体遗传相似度较低，其遗传多样性丰富，仍然保持着天然种群的遗传性状。抚州市各地方政府近年来对鱼类资源保护极为重视，每年对抚河进行鱼苗的人工放流，但是该河段四大家鱼遗传多样性仍较丰富，可能是四大家鱼有较强的适应生存的能力，蕴藏着较大的进化潜能及丰富的育种潜力。因此，应该采取合理的措施对抚河抚州江段的野生四大家鱼种质资源进行保护，使其能够持续地开发利用并且为人工选择育种提供种质资源保证。

4.4　信江四大家鱼遗传多样性的 ISSR 分析

4.4.1　材料与方法

样品采自信江中游的鹰潭市，实验材料的处理、基因组 DNA 提取、DNA 模板浓度与纯度分析、PCR 反应体系与反应条件、随机引物的筛选以及数据分析方法同 4.2.1。

4.4.2　结果与分析

4.4.2.1　基因组 DNA 的检测

经琼脂糖凝胶电泳，DNA 检测结果见图 4.27。从结果中挑选出条带明亮、拖带和降解不明显的 DNA，添加 $2\mu l$ RNA 酶进行处理后，利用紫外分光光度计对其进行 OD 值的测定。测定结果显示，DNA 浓度为 3.0×10^4 ng/μl 左右，OD_{260}/OD_{280} 为 1.8 左右。说明提取的 DNA 质量较为理想，无蛋白质和 RNA 的污染，可以进行扩增实验。

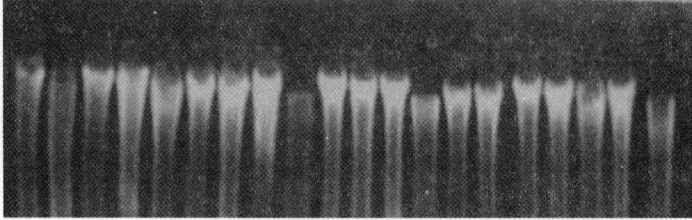

图 4.27 鳙基因组 DNA 电泳结果

Fig. 4.27 The DNA electrophoresis result of the bighead carp

4.4.2.2 ISSR-PCR 扩增结果分析

采用上述 ISSR-PCR 反应体系和反应程序，用 17 个引物对四大家鱼进行 ISSR 扩增。结果显示，同一引物在四大家鱼中扩增出的条带数和多态性均有明显差异。

青鱼群体扩增结果显示（图 4.28，表 4.30），共有 6 个引物可对青鱼扩增出清晰稳定的条带，扩增位点共 42 个，多态位点 15 个，多态位点比例为 35.72%。平均每个引物产生 7 个位点和 2.5 个多态位点。产生条带最多的是引物 AW52457，产生了 8 个位点；产生带数最少的是 AW90235，仅产生了 6 个位点。多态位点比例最高的为 AW90237 和 AW90240，都是 42.86%，最低为 AW78344 和 AW90246，都只有 28.57%。

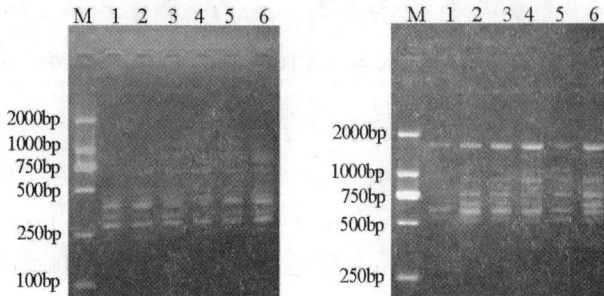

图 4.28 引物 AW78344（左）、AW52457（右）对青鱼 ISSR 扩增图谱

Fig. 4.28 The results of ISSR amplification by primers AW78344 and AW52457 in black carp

表 4.30 引物对青鱼基因组 DNA 的扩增带数

Tab. 4. 30 The number of total and polymorphic DNA bands amplified by primers in black carp

位点	总位点/个	多态位点/个	多态位点比例/%
AW90235	6	2	33.33
AW90237	7	3	42.86
AW90240	7	3	42.86
AW78344	7	2	28.57
AW90246	7	2	28.57
AW52457	8	3	37.50
总数	42	15	35.71
平均	7	2.5	35.71

草鱼群体扩增结果显示（图 4.29，表 4.31），共有 5 个引物可对草鱼扩增出清晰稳定的条带，扩增位点共 38 个，多态位点 25 个，多态位点比例为 65.79%。平均每个引物产生 7.6 个位点和 5 个多态位点。产生条带最多的是引物 AW90235，10 个位点；产生条带最少的是 AW90243，仅有 5 条。多态位点比例最高为 AW90246，是 85.71%，最低为 AW90243，只有 20.00%。

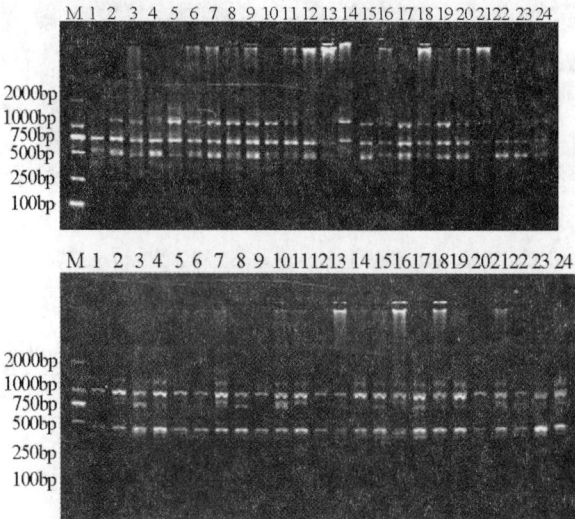

图 4.29 引物 AW78344（上）、AW90242（下）对草鱼 ISSR 扩增图谱

Fig. 4. 29 The results of ISSR amplification by primers AW78344 and AW90242 in grass carp

表 4.31 引物对草鱼基因组 DNA 的扩增带数

Tab. 4. 31 The number of total and polymorphic DNA bands amplified by primers in grass carp

位点	总位点/个	多态位点/个	多态位点比例/%
AW90235	10	7	70.00
AW78344	7	4	57.14
AW90246	7	6	85.71

位点	总位点/个	多态位点/个	多态位点比例/%
AW90242	9	7	77.78
AW90243	5	1	20.00
总数	38	25	65.79
平均	7.6	5	65.79

鲢群体扩增结果显示（图4.30，表4.32），共有5个引物可对鲢扩增出清晰稳定的条带，扩增位点共31个，多态位点19个，多态位点比例为61.29%。平均每个引物产生6.2个位点和3.8个多态位点。产生条带最多的是引物AW90237和AW90246，7个位点；产生条带最少的是AW78343，仅为5条。多态位点比例最高为AW78344，是83.33%，最低为AW90235，是50.00%。

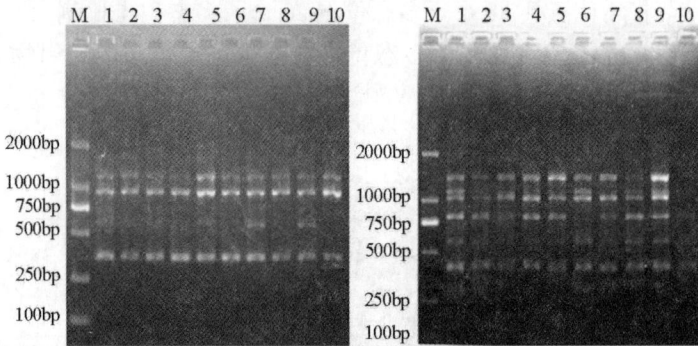

图4.30 引物AW90237（左）、AW90246（右）对鲢ISSR扩增图谱

Fig.4.30 The results of ISSR amplification by primers AW90237 and AW90246 in silver carp

表4.32 引物对鲢基因组DNA的扩增带数

Tab.4.32 The number of total and polymorphic DNA bands amplified by primers in silver carp

位点	总位点/个	多态位点/个	多态位点比例/%
AW90235	6	3	50.00
AW90237	7	4	57.14
AW78343	5	3	60.00
AW78344	6	5	83.33
AW90246	7	4	57.14
总数	31	19	61.29
平均	6.2	3.8	61.29

鳙群体扩增结果显示（图4.31，表4.33），共有5个引物可对鳙扩增出清晰稳定的条带，扩增位点共50个，多态位点26个，多态位点比例52.00%。平均每个引物产生10个位点和5.2个多态位点。产生条带最多的是引物AW90242，12个位点；产生条带最少的是AW90240，仅有7个位点。多态位点比例最高为

AW90246，是 60.00%，最低为 AW90235，是 40.00%。

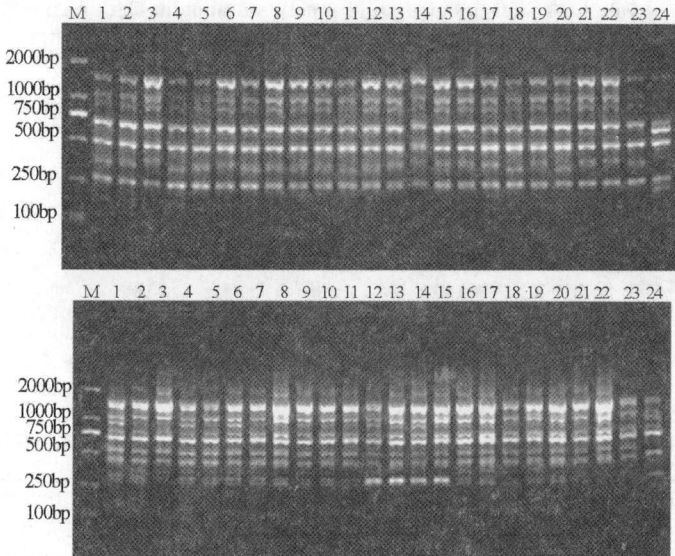

图 4.31 引物 AW90246（上）、AW90242（下）对鳙 ISSR 扩增图谱

Fig. 4. 31 The results of ISSR amplification by primers AW 90246 and AW 90242 in bighead carp

表 4.33 引物对鳙基因组 DNA 的扩增带数

Tab. 4. 33 The number of total and polymorphic DNA bands amplified by primers in bighead carp

位点	总位点/个	多态位点/个	多态位点比例/%
AW90235	10	4	40.00
AW90240	7	3	42.86
AW90246	10	6	60.00
AW90238	11	6	54.55
AW90242	12	7	58.33
总数	50	26	52.00
平均	10	5.2	52.00

4. 4. 2. 3　ISSR 标记的遗传多样性分析

青鱼（表 4.34）的等位基因数由 1 到 2 不等，平均等位基因数为 1.3571 ± 0.4850；有效等位基因数最小的是 AW90235，最大的是 AW90240，分别为 1.0631 和 1.4006；平均有效等位基因数为 1.2287 ± 0.3662；Nei's 基因多样性 H_e 为 $0.0530 \sim 0.2071$，平均值为 0.1299 ± 0.1950；Shannon 信息指数 H_0 为 $0.0986 \sim 0.2898$，平均值为 0.1926 ± 0.2790。

表 4.34 青鱼的遗传多样度统计分析

Tab. 4.34 Statistics analysis of genetic variation in black carp

扩增位点	个体数	观测等位基因数 n_a	有效等位基因数 n_e	Nei's 基因多样性 H_e	Shannon 信息指数 H_0
AW90235	6	1.3333	1.0631	0.0530	0.0986
AW90237	6	1.4286	1.2642	0.1516	0.2259
AW90240	6	1.4286	1.4006	0.2071	0.2898
AW78344	6	1.2857	1.2671	0.1381	0.1932
AW90246	6	1.2857	1.0882	0.0655	0.1104
AW52457	6	1.3750	1.2610	0.1502	0.2203
Mean	6	1.3571	1.2287	0.1299	0.1926
St. Dec		0.4850	0.3662	0.1950	0.2790

草鱼（表 4.35）的等位基因数由 1 到 2 不等，平均等位基因数为 1.6579 ± 0.4808；有效等位基因数最小的是 AW90243，最大的是 AW90242，分别为 1.1688 和 1.6388；平均有效等位基因数为 1.4513 ± 0.3848；Nei's 基因多样性 H_e 为 $0.0915\sim0.3475$，平均值为 0.2581 ± 0.2072；Shannon 信息指数 H_0 为 $0.1300\sim0.4962$，平均值为 0.3781 ± 0.2950。

表 4.35 草鱼的遗传多样度统计分析

Tab. 4.35 Statistics analysis of genetic variation in grass carp

扩增位点	个体数	观测等位基因数 n_a	有效等位基因数 n_e	Nei's 基因多样性 H_e	Shannon 信息指数 H_0
AW90235	24	1.7000	1.4900	0.2746	0.4008
AW78344	24	1.5714	1.2889	0.1917	0.2960
AW90246	24	1.8571	1.5192	0.3048	0.4534
AW90242	24	1.7778	1.6388	0.3475	0.4962
AW90243	24	1.2000	1.1688	0.0915	0.1300
Mean	24	1.6579	1.4513	0.2581	0.3781
St. Dec		0.4808	0.3848	0.2072	0.2950

鲢（表 4.36）的等位基因数由 1 到 2 不等，平均等位基因数为 1.6129 ± 0.4951；有效等位基因数最小的是 AW90237，最大的是 AW78344，分别为 1.2494 和 1.5134；平均有效等位基因数为 1.3740 ± 0.3735；Nei's 基因多样性 H_e 为 $0.1572\sim0.3115$，平均值为 0.2198 ± 0.2015；Shannon 信息指数 H_0 为 $0.2473\sim0.4657$，平均值为 0.3285 ± 0.2883。

表 4.36 鲢的遗传多样度统计分析

Tab. 4.36 Statistics analysis of genetic variation in silver carp

扩增位点	个体数	观测等位 基因数 n_a	有效等位 基因数 n_e	Nei's 基因 多样性 H_e	Shannon 信息 指数 H_0
AW90235	10	1.5000	1.3887	0.2104	0.3034
AW90237	10	1.5714	1.2494	0.1572	0.2473
AW78343	10	1.6000	1.3946	0.2232	0.3298
AW78344	10	1.8333	1.5134	0.3115	0.4657
AW90246	10	1.5714	1.3520	0.2097	0.3128
Mean	10	1.6129	1.3740	0.2198	0.3285
St. Dec		0.4951	0.3735	0.2015	0.2883

鳙（表 4.37）的等位基因数由 1 到 2 不等，平均等位基因数为 1.5200±0.5047；有效等位基因数最小的是 AW90235，最大的是 AW90242，分别为 1.2252 和 1.4309；平均有效等位基因数为 1.3182±0.3603；Nei's 基因多样性 H_e 为 0.1419~0.2427，平均值为 0.1883±0.2005；Shannon 信息指数 H_0 为 0.2152~0.3525，平均值为 0.2808±0.2905。

表 4.37 鳙的遗传多样度统计分析

Tab. 4.37 Statistics analysis of genetic variation in bighead carp

扩增位点	个体数	观测等位 基因数 n_a	有效等位 基因数 n_e	Nei's 基因 多样性 H_e	Shannon 信息 指数 H_0
AW90235	24	1.4000	1.2252	0.1419	0.2152
AW90240	24	1.4286	1.2635	0.1545	0.2308
AW90246	24	1.6000	1.3042	0.1891	0.2879
AW90238	24	1.5455	1.3275	0.1919	0.2876
AW90242	24	1.5833	1.4309	0.2427	0.3525
Mean	24	1.5200	1.3182	0.1883	0.2808
St. Dec		0.5047	0.3603	0.2005	0.2905

4.4.3　讨论

生物群体的遗传多样性是评价生物资源状况的一个重要依据，是物种适应多变的环境条件、维持长期生存和进化的遗传基础。对种群内和种群间遗传多样性的认识在进行种质鉴定和亲本选择有重要的现实意义[15]。

青鱼的多态位点比例为 35.72%；观测等位基因数为 1.3571±0.4850；平均有效等位基因数为 1.2287±0.3662；Nei's 基因多样性 H_e 为 0.1299±0.1950；Shannon 信息指数 H_0 为 0.1926±0.2790。种群内遗传相似度为 0.8492，变异指数为 0.1644。方耀林等[6]应用 RAPD 研究了长江干流金口、瑞昌江段以及湘江青鱼的遗传多样性。三个地点青鱼的遗传相似度分别为 0.9524、0.9612、0.9578；Shannon 遗传多样性值分别为 0.2057、0.1483、0.1821。信江青鱼的遗传相似度低于长江流域，可能是由于青鱼的标本过少，导致本实验结果青鱼群体变异指数较高。

草鱼的多态位点比例为 65.79%；观测等位基因数为 1.6579±0.4808；平均有效等位基因数为 1.4513±0.3848；Nei's 基因多样性 H_e 为 0.2581±0.2072；Shannon 信息指数 H_0 为 0.3781±0.2950。种群内遗传相似度为 0.8152，变异指数为 0.2263。张德春等[7,8]应用 RAPD 研究了长江中游自然繁殖草鱼群体的遗传多样性，结果显示个体间的遗传相似度在 0.9294～0.9862，平均值为 0.9649，遗传变异度为 0.0138～0.0716，平均值为 0.0451。

鲢的多态位点比例为 61.29%；观测等位基因数为 1.6129±0.4951；平均有效等位基因数为 1.3740±0.3735；Nei's 基因多样性 H_e 为 0.2198±0.2015；Shannon 信息指数 H_0 为 0.3285±0.2883。种群内遗传相似度为 0.7649，变异指数为 0.2128。张锡元等[9]应用 RAPD 研究了长江鲢的遗传多样性，得出长江鲢的遗传相似度和遗传变异指数分别为 0.9543 和 0.04725。

鳙的多态位点比例为 52.00%；观测等位基因数为 1.5200±0.5047；平均有效等位基因数为 1.3182±0.3603；Nei's 基因多样性 H_e 为 0.1883±0.2005；Shannon 信息指数 H_0 为 0.2808±0.2905。种群内遗传相似度为 0.8305，变异指数为 0.1875。张德春等[8]应用 RAPD 研究了长江鳙的遗传多样性，结果显示，长江中游自然繁殖的 18 条鳙个体间的遗传相似度为 0.9386～0.9857，平均值为 0.9661；遗传变异指数则为 0.0143～0.0614，平均值为 0.0439。

本次实验青鱼、草鱼、鲢、鳙的遗传相似度和遗传变异指数均不同于长江四大家鱼。信江四大家鱼全部显示出了较高的遗传多样性和遗传变异能力。造成此种结果的原因可能包括：a. 样本数量的选择及样本采集的随机性。生物统计学与抽样调查中通常将 30 作为区分大样本与小样本的界定值。此次研究由于采样点样本捕获量少，青鱼、草鱼、鲢、鳙样本数量为 6、24、10 和 24，这样可能对青鱼和鲢的实验结果会产生一些影响，但是草鱼和鳙的结果基本上能够反应信江该群体的遗传资源状况。同时，由于样本采集为收购方式，所以不能完全保证样品的批次和数量，这造成了实验样品选择的随机性，也使遗传变异指数偏高成为可能。b. 使用 ISSR 分子标记手段。关于长江四大家鱼的遗传多样性研究大多采用 RAPD 分子标记，ISSR 与之相比，具有较高的灵敏性，并且能够得到较高的遗传变异指数。杨太有等[12,20]分别利用 RAPD 和 ISSR 对丹江口水库的赤眼鳟和翘嘴红鲌进行了遗传多样性的研究。结果显示，赤眼鳟通过 RAPD 和 ISSR 检测的遗传距离分别为 0.1742 和 0.1907；翘嘴红鲌的 RAPD 和 ISSR 检测的遗传距离分别为 0.0941 和 0.1058。以上结果均显示两种标记方法能得到不同的遗传多样性结果，ISSR 比 RAPD 检测出的遗传多样性结果更丰富。c. 实验样本来源问题。由于近年来信江水利设施的频繁建设以及水质污染等原因，四大家鱼资源正处于严重衰退之中，因此，信江也进行过多次人工放流或放养。虽然此措施能够增大信江的四大家鱼群体量，保证其繁衍生存，但是这也同样可能污染四大家鱼原种基因资源，从而改变其遗传多样性。另外，由于暴雨或洪水等自然因素，许多水库的养殖群体可能逃逸至信江而引起不同程度的遗传渗入。综合以上因素，此次信江调查结果基本可以反映四大家鱼的资源现状。目前四大家鱼的群体遗传相似度较低，存在较大遗传变异空间，如何对其加以保护并且利用其优质资源将可能成为日后工作的重点。

4.5　修河四大家鱼遗传多样性的 ISSR 分析

4.5.1　材料与方法

样品采自修河中下游的永修县，实验材料的处理、基因组 DNA 提取、DNA 模板浓度与纯度分析、PCR 反应体系与反应条件、随机引物的筛选以及数据分析方法同 4.2.1。

4.5.2　结果与分析

4.5.2.1　DNA 的提取效果

把用酚-氯仿-异戊醇方法提取的四大家鱼基因组 DNA 通过琼脂糖凝胶电泳，从结果中挑选主带明显，无拖带或拖带不明显的个体 DNA。如图 4.32 所示依次为青鱼、草鱼、鲢和鳙提取 DNA 效果图，其中大部分个体 DNA 保存较好，DNA 降解不明显，青鱼只有 8 号和 9 号个体主带不明显，可能是基因组 DNA 由于保存时间较长被降解，或者用传统的酚-氯仿-异戊醇方法提取过程中动作过于剧烈导致基因组 DNA 断裂。挑选主带明显，拖带不明显的个体，用紫外分光光度计测定 DNA 的浓度为 $4.4 \times 10^{-3} \sim 1.2 \times 10^{-2} \, \mathrm{g/ml}$，$OD_{260}/OD_{280}$ 的值大部分为 1.4～1.8，说明用传统的酚-氯仿-异戊醇方法提取的 DNA 纯度和浓度都较高。

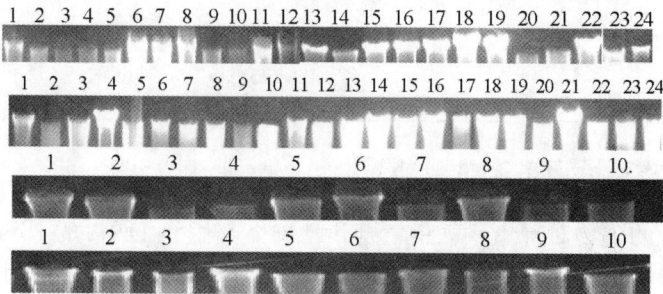

图 4.32　四大家鱼基因组 DNA 电泳结果

Fig. 4.32　The DNA elctrophoresis result of four major Chinese carp

4.5.2.2 引物筛选结果

采用上述的 ISSR-RCR 反应体系与条件,用 17 个两个碱基重复单位的随机引物,分别对青鱼、草鱼、鲢和鳙基因组 DNA 进行 PCR 扩增,如表 4.38 所示能扩增清晰条带的引物用"+"表示。其中青鱼和鲢均有 10 个引物可以扩增出清晰条带,其中多态引物均为 6 个;其次是草鱼,有 10 个引物可以扩增出清晰条带,8 个能扩增出多态性条带;鳙能扩增出清晰条带的引物最少,只有 7 种引物,多态引物有 5 个。

表 4.38 17 个引物扩增结果

Tab. 4.38 Amplification result of 17 primers

	引物	青鱼	草鱼	鲢	鳙
AW15492	$(AG)_8T$	+	+	+	
AW15493	$(AG)_8C$	+	+	+	+
AW15494	$(AG)_8G$	+	+		+
AW15495	$(CT)_8G$				
AW15496	$(TC)_8C$	+		+	
AW15497	$(AG)_8YT$		+		
AW15498	$(GA)_8YG$	+	+	+	+
AW15499	$(CT)_8RA$	+		+	+
AW15500	$(CT)_8RC$	+	+		+
AW15501	$(CT)_8RG$	+		+	+
AW15502	$(TC)_8RG$		+	+	
AW15503	$(CT)_8T$				
AW15504	$(AC)_8C$				
AW15505	$(GA)_8YT$	+	+	+	+
AW15506	$(AG)_8YC$		+	+	
AW15507	$(AG)_8YA$				
AW15508	$(GT)_8YC$	+			

4.5.2.3 ISSR 标记多态性分析

由初筛后的引物对青鱼、草鱼、鲢和鳙群体基因组 DNA 的 ISSR 扩增结果显示:每一个引物扩增出来的谱带数都表现出一定的差异,同一个引物在不同的鱼或同种鱼的不同个体间扩增出不同的条带。每种引物能扩增出 3~14 个条带。扩增片段大小在 100~2000bp(图 4.33~图 4.36)。

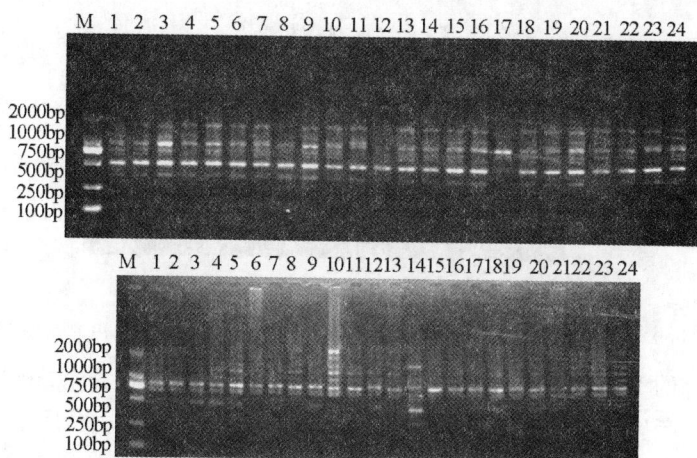

图 4.33 引物 AW15492（上）和 AW15496（下）对青鱼群体 ISSR 图谱

Fig. 4.33 The result of ISSR amplification by primers AW15492（up）and AW15496（down）in black carp

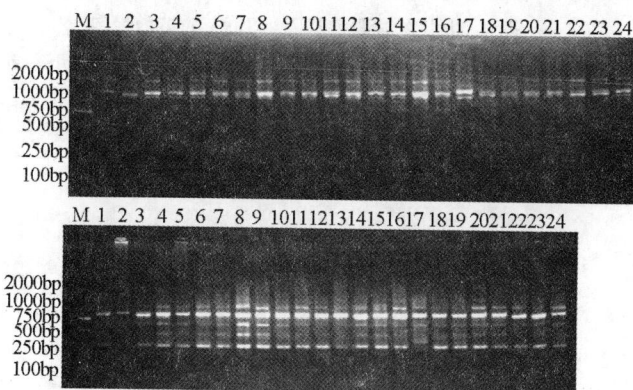

图 4.34 引物 AW15494（上）和 AW15505（下）对草鱼群体 ISSR 图谱

Fig. 4.34 The result of ISSR amplification by primers AW15494（up）and AW15505（down）in grass carp

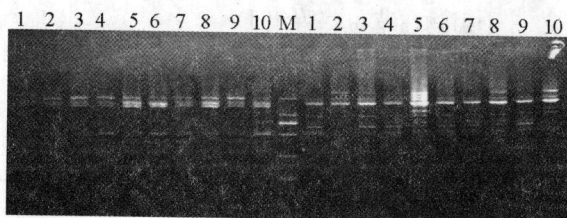

图 4.35 引物 AW15501（左）和 AW15505（右）对鲢群体 ISSR 图谱

Fig. 4.35 The result of ISSR amplification by primers AW15501（left）

and AW15505（right）in silver carp

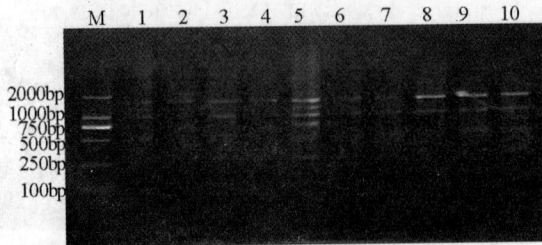

图 4.36 引物 AW15498 对鳙群体 ISSR 图谱

Fig. 4.36 The result of ISSR amplification by primers AW1498 in bighead carp

青鱼初筛的 10 个引物有 6 个引物可以扩增出多态性条带，其中 AW15505 扩增出的条带最多，产生了 14 个位点，引物 AW15493、AW15494、AW15498 均扩增出 8 条条带；多态性位点比例最高者达 80%，最低者只有 25%。6 个引物在青鱼群体基因组中共扩增出了 58 个不同分子量的 ISSR 标记位点，其中多态位点为 31 个，多态性的比例为 53.45%；平均每个引物产生 9.67 个位点和 5.17 个多态位点（表 4.39）。

表 4.39 引物对青鱼基因组 DNA 的扩增带数

Tab. 4.39 Number of total and polymorphic DNA bands anplied by primers in black carp

引物序号	总位点/个	多态位点/个	多态性位点比例/%
AW15492	10	8	80.00
AW15493	8	2	25.00
AW15494	8	4	50.00
AW15496	10	8	80.00
AW15498	8	5	62.50
AW15505	14	4	28.57
总和	58	31	
平均	9.67	5.17	53.45

草鱼初筛的 9 个引物有 8 个可以扩增出多态性条带。其中 AW15497 扩增出 14 个条带，AW15498 扩增出的条带最少，只有 6 条；多态性位点比例最高者为 63.64%，最低者仅为 32.50%。8 个引物在草鱼基因组 DNA 中共扩增出了 75 个不同分子量的 ISSR 标记位点，其中多态性位点有 32 个，多态性位点比例为 42.64%，平均每个引物产生 9.38 个位点和 4 个多态位点（表 4.40）。

表 4.40 引物对草鱼基因组 DNA 的扩增带数

Tab. 4.40 Number of total and polymorphic DNA bands anplied by primers in grass carp

引物序号	总位点/个	多态位点/个	多态性位点比例/%
AW15492	8	2	32.50
AW15493	9	4	44.44
AW15494	8	3	42.50
AW15497	14	5	35.71
AW15498	6	2	33.33

续表

引物序号	总位点/个	多态位点/个	多态性位点比例/%
AW15502	7	4	57.14
AW15505	11	7	63.64
AW15506	12	5	41.67
总和	75	32	
平均	9.38	4	42.64

　　鲢初筛出 10 个引物有 6 个可以扩增出多态性条带，其中 AW15505 扩增的条带最多，有 12 条，AW15492 扩增出条带最少，只有 6 条；多态性位点比例最高的为 80%，最低者仅为 25%。6 个引物共在鲢基因组 DNA 中扩增出 49 个不同分子量的 ISSR 标记位点，其中多态性位点有 25 个，多态性位点比例为 51.04%，平均每个引物扩增出 8.17 个位点和 4.17 个多态性位点（表 4.41）。

表 4.41 引物对鲢基因组 DNA 的扩增带数
Tab. 4.41 Number of total and polymorphic DNA bands anplied by primers in silver carp

引物序号	总位点/个	多态位点/个	多态性位点比例/%
AW15492	6	3	80.00
AW15496	7	3	25.00
AW15498	7	2	50.00
AW15501	9	3	80.00
AW15502	8	7	28.57
AW15505	12	7	62.50
总和	49	25	
平均	8.17	4.17	51.04

　　如表 4.42 所示鳙共有 5 个引物可以扩增出多态性条带，其中 AW15493 扩增出的条带最多，有 10 个，AW15500 扩增的条带最少仅 3 个；多态性位点比例最高达 66.67%，最低达 33.33%，5 个引物共在鳙基因组 DNA 中扩增出 37 个不同分子量的 ISSR 标记位点，其中多态性条带有 18 个，多态性位点比例为 48.64%，平均每个引物扩增出 7.4 个位点和 3.6 个多态性位点。

表 4.42 引物对鳙基因组 DNA 的扩增带数
Tab. 4.42 Number of total and polymorphic DNA bands anplied by primers in bighead carp

引物序号	总位点/个	多态位点/个	多态性位点比例/%
AW15492	9	3	33.33
AW15493	10	6	60.00
AW15498	9	6	66.67
AW15500	3	1	33.33
AW15505	6	2	33.33
总和	37	18	
平均	7.4	3.6	48.64

4.5.2.4 四大家鱼遗传多样性分析

用 PopGen 32 软件对四大家鱼 Nei's 基因多样性 H_e 和 Shannon 信息指数 H_0 分析结果如表 4.43 所示。

表 4.43 四大家鱼的遗传多样性统计分析

Tab. 4.43 Statistics analysis of genetic variation in four major Chinese carp

种类	尾数/尾	观测等位基因数 n_a	有效等位基因数 n_e	Nei's 基因多样性 H_e	Shannon 信息指数 H_0	遗传相似度 I	遗传距离
青鱼	24	1.8800± 0.3317	1.6243± 0.3139	0.3561± 0.1559	0.5202± 0.2155	0.7943±	0.2057±
草鱼	24	1.6957± 0.4705	1.4995± 0.3988	0.1213± 0.1068	0.1803± 0.1922	0.9084±	0.0916±
鲢	10	1.4286± 0.5040	1.2609± 0.3618	0.1524± 0.0988	0.2275± 0.1866	0.8671	0.1329
鳙	10	1.4783± 0.5108	1.3823± 0.4298	0.2091± 0.1283	0.2999± 0.2244	0.8396	0.1707

青鱼扩增出的 58 个位点的等位基因由 1 到 2 不等，平均等位基因数为 1.8800；有效等位基因平均值为 1.6243，Nei's 基因多样性 H_e 平均值为 0.3561，Shannon 信息指数 H_0 平均值为 0.5202，24 个个体间的遗传相似度为 0.5600～0.9012，平均值为 0.7843，个体间遗传距离平均值为 0.2157。

草鱼 75 个位点的等位基因平均值为 1.6957；有效等位基因为 1.4995，Nei's 基因多样性 H_e 平均值为 0.1213，Shannon 信息指数 H_0 平均值为 0.1803，24 个个体间的遗传相似度为 0.6957～0.9565，平均值为 0.9084，个体间遗传距离平均值为 0.0916。

鲢 49 个位点的等位基因平均值为 1.4286；有效等位基因为 1.2609，Nei's 基因多样性 H_e 平均值为 0.1524，Shannon 信息指数 H_0 平均值为 0.2275，24 个个体间的遗传相似度为 0.6786～0.8929，平均值为 0.8671，个体间遗传距离平均值为 0.1329。

鳙 37 个位点的等位基因平均值为 1.4783；有效等位基因为 1.3823，Nei's 基因多样性 H_e 平均值为 0.2091，Shannon 信息指数 H_0 平均值为 0.2999，24 个个体间的遗传相似度为 0.6957～0.9565，平均值为 0.8396，个体间遗传距离平均值为 0.1707。

4.5.3 讨论

生物群体的遗传多样性是评价生物资源状况的一个重要依据，是物种适应多变的环境条件、维持长期生存和进化的遗传基础。对种群内和种群间遗传多样性的认识在进行种质鉴定和亲本选择时有重要的现实意义[15]。通过计算群体内个体间的遗传相似度 I 值，可以定量分析这个群体的遗传相似性。对实验数据进行统计分析，得出青鱼群体遗传相似度平均值为 0.7843；草鱼群体遗传相似度为 0.9084；鲢群体遗传相似度为 0.8671；鳙群体遗传相似度为 0.8396。李欧等[23]分析草鱼种群 SSR 发现其 H、I 值为 0.68 和 0.73，均高于本实验所测结果；张德春[7]用 RAPD 分子标记分析长江中游草鱼自然种群和人工种群得出种群内遗传相似度平均值为 0.9636～0.9842，而本实验测得数据为 0.9084，说明修河草鱼群体遗传变异能力高于长江中游；但在修河四大家鱼中的遗传多样性水平最低。修河青鱼群体遗传相似度水平低于长江金口、瑞昌、湘江 3 个群体。赵金良[24]对长江中下游四大家鱼种群分化同功酶分析得出四种鱼群体内遗传相似度平均值均高于 0.999，而本实验平均值为 0.7843、0.9084、0.8671、0.8396，说明修河下游四大家鱼遗传多样性相对于长江四大家鱼群体较高，都存在较大的遗传变异。

本研究通过四种鱼 Nei's 基因多样性 H_e、Shannon 信息指数 H_0、遗传相似度 I 结果分析，青鱼 Nei's 基因多样性 H_e 平均值为 0.3561；草鱼 Nei's 基因多样性 H_e 平均值为 0.1213；鲢 Nei's 基因多样性 H_e 平均值为 0.1524；鳙 Nei's 基因多样性 H_e 平均值为 0.2091，Nei's 指数大小顺序为：青鱼＞鳙＞鲢＞草鱼。

青鱼 Shannon 信息指数 H_0 平均值为 0.5202；草鱼 Shannon 信息指数 H_0 平均值为 0.1803；鲢 Shannon 信息指数 H_0 平均值为 0.2275；鳙 Shannon 信息指数 H_0 平均值为 0.2999，Shannon 信息指数 H_0 大小顺序为：青鱼＞鳙＞鲢＞草鱼。

青鱼个体间遗传相似度平均值为 0.7843；草鱼个体间遗传相似度平均值为 0.9084；鲢个体间遗传相似度平均值为 0.8671；鳙个体间遗传相似度平均值为 0.8396。鲢和鳙的相似度较为接近，遗传相似度大小顺序为：草鱼＞鲢＞鳙＞青鱼。

修河四大家鱼群体内遗传多样性指数呈以下顺序：青鱼＞鳙＞鲢＞草鱼。由此可知，遗传多样性青鱼最高、鲢和鳙次之、草鱼最低。

本研究得到的四大家鱼遗传多样性数据作为一种相对指标，对今后我国主要水域中四大家鱼遗传变异水平的检测及其种质资源的数据库建立和评价具有一定的参考价值。

4.6 湖口水域四大家鱼遗传多样性的 ISSR 分析

4.6.1 材料与方法

样品采自湖口县，实验材料的处理、基因组 DNA 提取、DNA 模板浓度与纯度分析、PCR 反应体系与反应条件、随机引物的筛选以及数据分析方法同 4.2.1。

4.6.2 结果与分析

4.6.2.1 基因组 DNA 提取结果与分析

本次实验使用草鱼样本 108 尾、鲢样本 48 尾、鳙样本 96 尾、青鱼样本 72 尾提取基因组 DNA，经琼脂糖凝胶电泳检测，挑选出条带明亮，拖带和降解不明显的个体 DNA，添加 $2\mu l$ RNA 酶进行处理后，利用紫外分光光度计对其 OD 值进行测定。选取浓度为 3.0×10^4 ng/μl 左右，OD_{260}/OD_{280} 为 1.8 左右，无蛋白质和 RNA 污染的较为理想的 DNA 作为模板进行扩增实验。

然而实验中 DNA 得率较低。72 个青鱼尾鳍样本中，仅 20 个较为理想，可为 PCR 扩增实验所用。基因组 DNA 得率最高的鳙，48 个样本中也仅有一半可用于 PCR 扩增。导致这种结果的原因可能是所用样本储存不当，基因组 DNA 很多被降解。图 4.37 为提取效果比较好的凝胶电泳照片。

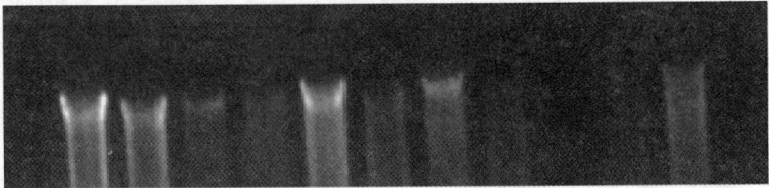

图 4.37 草鱼基因组 DNA 电泳结果

Fig. 4.37 The DNA electrophoresis results of the grass carp

4.6.2.2 PCR 扩增结果

本次实验中，使青鱼群体扩增出清晰、稳定并且具有多态性条带的引物有 5 个，分别为 AW15492、AW15493、AW15497、AW15498 和 AW15500；使草鱼群体扩增出清晰稳定并且具有多态性条带的引物有 6 个，分别为 AW15492、AW15493、AW15494、AW15497、AW15502 和 AW15506；使鲢群体扩增出清晰稳定并且具有多态性条带的引物有 6 个，分别为 AW15492、AW15493、AW15496、AW15498、AW15499 和 AW15506；对鳙群体扩增出清晰稳定并且具有多态性条带的引物有 4 个，分别为 AW15494、AW15497、AW15498 和 AW15499。不同引物对四大家鱼扩增结果的对比见表 4.44。PCR 扩增结果经琼脂糖凝胶电泳检测所得图片见图 4.38～图 4.41（最右侧泳道为 2000bp plus marker）。

表 4. 44 不同引物扩增结果

Tab. 4. 44 Amplification results of different primers

	引物	青鱼	草鱼	鲢	鳙
AW15492	$(AG)_8T$	+	+	+	
AW15493	$(AG)_8C$	+	+	+	
AW15494	$(AG)_8G$		+		+
AW15496	$(TC)_8C$			+	
AW15497	$(AG)_8YT$	+	+		+
AW15498	$(GA)_8YG$	+		+	+
AW15499	$(CT)_8RA$			+	+
AW15500	$(CT)_8RC$	+			
AW15502	$(TC)_8RG$		+		
AW15506	$(AG)_8YC$		+	+	

图 4. 38 引物 $(AG)_8T$ 对青鱼 ISSR-PCR 扩增图谱

Fig. 4. 38 Results of ISSR amplification by primers $(AG)_8T$ in black carp

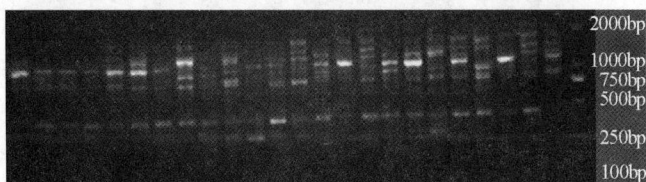

图 4. 39 引物 $(AG)_8T$ 对草鱼 ISSR-PCR 扩增图谱

Fig. 4. 39 Results of ISSR amplification by primers $(AG)_8T$ in grass carp

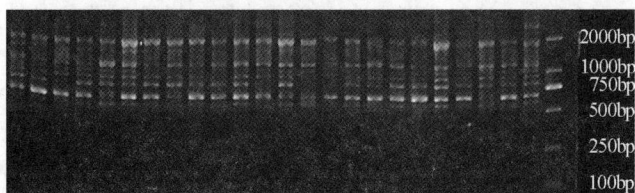

图 4. 40 引物 $(AG)_8YC$ 对鲢 ISSR-PCR 扩增图谱

Fig. 4. 40 Results of ISSR amplification by primers $(AG)_8YC$ in silver carp

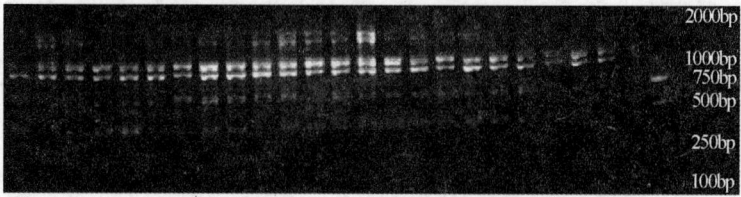

图 4.41 引物 (AG)$_8$YT 对鳙 ISSR-PCR 扩增图谱

Fig. 4.41 Results of ISSR amplification by primers (AG)$_8$YT in bighead carp

4.6.2.3 湖口青鱼 PCR 扩增结果与分析

青鱼群体的基因组 DNA 以 ISSR 引物经 PCR 扩增的结果显示，各引物所扩增出来的谱带数均表现出差异。扩增出总带数最多的引物是 AW15492，11 个位点，多态位点有 10 个，多态位点比例为 90.90%。扩增出总带数最少的引物是 AW15493 和 AW15497，均为 6 个位点。多态位点比例最高为 100%，最低为 71.43%。5 个引物在青鱼基因组 DNA 中共扩增出 38 个不同分子量的 ISSR 标记位点，其中多态位点 33 个，多态性带的比例为 86.84%（表 4.45）。

表 4.45 引物对青鱼基因组 DNA 的扩增带数

Tab. 4.45 The number of total and polymorphic DNA bands amplied by primer in black carp

位点	总位点/个	多态位点/个	多态性位点比例/%
AW15492	11	10	90.90
AW15493	6	6	100.00
AW15497	6	5	83.33
AW15498	8	7	87.50
AW15500	7	5	71.43
总数	38	33	
平均	7.60	6.60	86.63

青鱼基因组 DNA 扩增出的 38 个不同分子量的 ISSR 标记位点的等位基因数由 1.0000 到 2.0000 不等，平均等位基因数为 1.8684±0.3426。平均有效等位基因数为 1.479±0.1979。Nei's 基因多样性 H_e 平均值为 0.2831±0.1979；Shannon 信息指数 H_0 的平均值为 0.4210±0.2674，湖口四大家鱼遗传多样性指数的对比见表 4.46。

表 4.46 四大家鱼的遗传多样度

Tab. 4.46 Statistics analysis of genetic variation in four Chinese carps

种类	尾数/尾	观测等位基因数 n_a	有效等位基因数 n_e	Nei's 基因多样性 H_e	Shannon 信息指数 H_0
青鱼	20	1.8684±0.342	1.479±0.1979	0.2831±0.1979	0.4210±0.2674
草鱼	24	1.9574±0.2040	1.7308±0.2885	0.4016±0.1295	0.5792±0.1687
鲢	24	1.5789±0.5004	1.4166±0.4041	0.2350±0.2151	0.3426±0.3067
鳙	24	1.6383±0.4857	1.4051±0.3896	0.2335±0.2047	0.3467±0.2899

4.6.2.4　湖口草鱼 PCR 扩增结果与分析

草鱼群体的基因组 DNA 以 ISSR 引物经 PCR 扩增的结果显示，各引物所扩增出来的谱带数均表现出差异。扩增出总带数最多的引物是 AW15492，10 个位点，多态位点有 9 个，多态位点比例为 90.00%。扩增出总带数最少的引物是 AW15494，仅为 5 个位点。多态位点比例最高为 100%，最低为 90.00%。6 个引物在草鱼基因组 DNA 中共扩增出 47 个不同分子量的 ISSR 标记位点，其中多态位点 46 个，表现出极高的多态性带比例，多态位点比例为 98.33%（表 4.47）。

表 4.47　引物对草鱼基因组 DNA 的扩增带数

Tab. 4.47 The number of total and polymorphic DNA bands amplied by primer in grass carp

位点	总位点/个	多态位点/个	多态性位点比例/%
AW15492	10	9	90.00
AW15493	9	9	100.00
AW15494	5	5	100.00
AW15497	7	7	100.00
AW15502	8	8	100.00
AW15506	8	8	100.00
总数	47	46	
平均	7.83	7.67	98.33

草鱼基因组 DNA 扩增出的 47 个不同分子量的 ISSR 标记位点的等位基因数由 1.0000 到 2.0000 不等，平均等位基因数为 1.9574 ± 0.2040。平均有效等位基因数为 1.7308 ± 0.2885。Nei's 基因多样性 H_e 的平均值为 0.4016 ± 0.1295；Shannon 信息指数 H_o 的平均值为 0.5792 ± 0.1687。湖口四大家鱼各遗传多样性指数的对比见表 4.46。

4.6.2.5　湖口鲢 PCR 扩增结果与分析

鲢群体的基因组 DNA 以 ISSR 引物经 PCR 扩增的结果显示，各引物所扩增出来的谱带数均表现出差异。扩增出总带数最多的引物是 AW15506，10 个位点，多态位点为 6 个，多态位点比例为 60.00%。扩增出总带数最少的引物是 AW15499，6 个位点。多态位点比例最高为 66.67%，最低为 50.00%。5 个引物在鲢基因组 DNA 中共扩增出 38 个不同分子质量的 ISSR 标记位点，其中多态位点 22 个，多态性带的比例为 58.19%（表 4.48）。

表 4.48 引物对鲢基因组 DNA 的扩增带数

Tab. 4.48 The number of total and polymorphic DNA bands amplied by primer in silver carp

位点	总位点/个	多态位点/个	多态性位点比例/%
AW15493	7	4	57.14
AW15496	7	4	57.14
AW15498	8	4	50.00
AW15499	6	4	66.67
AW15506	10	6	60.00
总数	38	22	
平均	7.60	4.40	58.19

鲢基因组 DNA 扩增出的 38 个不同分子量的 ISSR 标记位点的等位基因数由 1.0000 到 2.0000 不等,平均等位基因数为 1.5789±0.5004。平均有效等位基因数为 1.4166±0.4041。Nei's 基因多样性 H_e 的平均值为 0.2350±0.2151;Shannon 信息指数 H_o 的平均值为 0.3426±0.3067。

4.6.2.6 湖口鳙 PCR 扩增结果与分析

鳙群体的基因组 DNA 以 ISSR 引物经 PCR 扩增的结果显示,各引物所扩增出来的谱带数均表现出差异。扩增出总带数最多的引物是 AW15492 和 AW15494,均有 11 个位点,多态位点分别为 8 个和 7 个,多态位点比例分别为 72.73% 和 63.64%。扩增出总带数最少的引物是 AW15499,仅为 6 个位点。多态位点比例最高为 87.50%,最低为 60.00%。5 个引物在鳙基因组 DNA 中共扩增出 47 个不同分子质量的 ISSR 标记位点,其中多态位点 30 个,多态性带的比例为 63.83%(表 4.49)。

表 4.49 引物对鳙基因组 DNA 的扩增带数

Tab. 4.49 The number of total and polymorphic DNA bands amplied by primer in bighead carp

位点	总位点/个	多态位点/个	多态性位点比例/%
AW15492	11	8	72.73
AW15494	11	7	63.64
AW15497	10	6	60.00
AW15498	9	6	87.50
AW15499	6	3	71.43
总数	47	30	
平均	9.40	6.00	63.83

鳙基因组 DNA 扩增出的 47 个不同分子量的 ISSR 标记位点的等位基因数由 1.0000 到 2.0000 不等,平均等位基因数为 1.6383±0.4857。平均有效等位基因数

为 1.4051 ± 0.3896。Nei's 基因多样性 H_e 的平均值为 0.2335 ± 0.2047；Shannon 信息指数 H_o 的平均值为 0.3467 ± 0.2899。鄱阳湖水系四大家鱼遗传多样性指数的对比见表 4.50。

表 4.50 鄱阳湖水系 6 个水域草鱼群体遗传多样性指数对比

Tab. 4.50 Comparison of genetic variation statistics between different grass carp groups from six area of Poyang Lake

遗传多样性指数	湖口	抚河	修河	峡江	赣江上游	信江
多态性引物数	6	4	8	8	5	5
多态位点比例/%	98.33	75.00	42.64	67.57	80.65	65.79
Nei's 基因多样性（H_e）	0.4016	0.2201	0.1213	0.2391	0.2578	0.2581
Shannon 信息指数（H_o）	0.5792	0.3369	0.1803	0.3560	0.3857	0.3781
有效等位基因数	1.7308	1.3649	1.4995	1.4135	1.4573	1.4513

4.6.3　讨论

以上对湖口四大家鱼的 ISSR-PCR 分子标记的结果显示，四大家鱼的微卫星序列以二碱基重复序列为主，其中（AG）$_8$ 含量最高。ISSR 引物中（AG）$_8$T、（AG）$_8$C 和（AG）$_8$YT 均对三种鱼扩增出清晰并具有多态性的条带。

在湖口水域中四大家鱼遗传多样性由高到低依次为草鱼、青鱼、鳙、鲢。其各自的多态位点比例、Nei's 基因多样性 H_e 和 Shannon 信息指数 H_o 分析均相一致。其中草鱼群体表现出极高的多态性，扩增出的 47 个位点中有 46 个表现出多态性，Nei's 基因多样性 H_e 和 Shannon 信息指数 H_o 分别达 0.4016 ± 0.129 和 0.5792 ± 0.1687。这比其他研究者对不同地域草鱼群体所做的 ISSR 遗传多样性分析要低很多。吴兴兵[14] 的研究中，可对草鱼扩增出多态性带的引物有 9 个，但多态位点比例仅为 51.02%。张志伟等[25] 对草鱼野生群体和人工繁殖群体遗传结构的比较研究中，多态位点比例为 76.67%。在张德春等[7,8] 的研究中，长江中游自然繁殖草鱼群体的 Shannon 指数为 0.0466，人工繁殖群体为 0.0165。

表 4.50 列出了一些研究者对鄱阳湖水系不同地域的草鱼群体进行 ISSR 遗传多样性分析的结果，显示其遗传多态性均低于湖口水域。

导致这种结果的原因：湖口本就是鄱阳湖与长江的交汇口，其中鱼群的来源复杂，可能有很多来自不同水系不同产卵场的草鱼进入这块水域。另外本次实验采样的持续时间较长，总采样量高，而基因组 DNA 的提取率低，所以本次用于实验研究的草鱼可能分属于不同来源的草鱼群体，所以才表现出如此高的遗传多样性。

4.7 鄱阳湖水系不同水域草鱼、鲢、鳙遗传多样性的 ISSR 分析

4.7.1 材料与方法

4.7.1.1 材料

实验所用草鱼、鲢、鳙均于 2009 年 4～8 月分别采自鄱阳湖湖口县、赣江峡江江段、赣江赣州江段、抚河抚州江段、修河永修县和信江鹰潭段。样本鱼的体长数据：草鱼体长为 37～261mm；鲢体长为 51～298mm；鳙体长为 72～277mm。取活鱼尾鳍分装于装有无水乙醇的离心管中，−20℃条件保存。其体长详细数据见表 4.51～表 4.53。最终用于 ISSR 分子标记数据分析的有：草鱼 24 尾、鲢 20 尾、鳙 24 尾。

表 4.51 鄱阳湖水系不同水域草鱼的体长数据　　　　（单位：mm）

Tab. 4.51 Body length of grass carp from different area of Poyang Lake

样本	赣江上游	信江	湖口	抚河	修河	峡江
1	100.95	104.62	124.77	37.96	143.49	117.41
2	95.65	106.8	130.92	159.99	166.95	79.02
3	81.58	105.03	137.66	180.64	163.91	98.39
4	108.41	101.13	97.59	187.89	167.79	70.51
5	96.75	119.08	80.47	170.3	116.19	97.48
6	89.1	119.72	71.16	170.58	157.92	122.26
7	90.42	112.58	68.9	261.6	166.69	94.47
8	98.9	108.62	84.35	149.41	214.98	92.38
9	85.89	105.95	65.67	146.85	174.85	91.66
10	87.19	86.89	69.76	143.92	165.35	92.67
平均值	93.48±8.10	107.04±9.38	93.13±27.97	160.91±54.95	163.81±24.70	95.63±15.41

表 4.52 鄱阳湖水系不同水域鲢的体长数据　　　　（单位：mm）

Tab. 4.52 Length of silver carp from different area of Poyang Lake

样本	赣江上游	信江	湖口	抚河	峡江
1	267.83	66.52	92.63	210.02	194.86
2	261.43	73.66	140.41	203.24	245.54
3	277.25	87.46	117.31	208.48	123.48
4	202.65	51.33	111.03	207.41	125.43
5	288.11	99.25	129.8	202.55	106.57
6	293.54	88.63	119.74	201.52	195.51
7	298.38	83.8	127.51	210.49	

续表

样本	赣江上游	信江	湖口	抚河	峡江
8	289.28	77.28	164.19	216.49	
9	243.68	84.75	145.09	221.14	
10	253.46	67.36	147.32	204.89	
平均值	267.56±29.12	78.00±13.78	129.50±20.63	208.60±6.28	165.23±54.80

表 4.53 鄱阳湖水系不同水域鳙的体长数据　（单位：mm）

Tab. 4.53 Length of big head carp from different area of Poyang Lake

样本	赣江上游	信江	峡江	抚河	修河	湖口
1	236.96	84.04	91.64	186.12	142.13	93.42
2	196.09	90.06	96.3	230.17	178.28	104.67
3	215.96	118.48	88.48	203.86	181.54	91.22
4	226.79	88.81	81.52	191.93	176.39	96.88
5	220.07	86.2	85.32	196.83	174.9	85.2
6	131.59	86.57	72.42	277.98	158.7	87.79
7	127.4			173.99	181.42	79.3
8	131.62			197.58	179.72	73.15
9	124.32			213.61		81.54
10	123.18			205.83		99.86
平均值	173.40±49.37	92.36±12.97	85.95±8.35	207.79±29.00	171.64±14.01	89.30±9.81

4.7.1.2　实验方法

实验材料的处理、基因组 DNA 提取、DNA 模板浓度与纯度分析、PCR 反应体系与反应程序、随机引物的筛选以及数据分析方法同 4.2.1。

4.7.2　结果与分析

4.7.2.1　基因组 DNA 提取结果与分析

本次实验使用 6 个水域的草鱼、鳙样本及 5 个水域的鲢样本提取基因组 DNA，经琼脂糖凝胶电泳检测，挑选出条带明亮、拖带和降解不明显的个体 DNA，添加 $2\mu l$RNA 酶进行处理后，利用紫外分光光度计对其进行 OD 值的测定。选取浓度为 3.0×10^4ng/μl 左右，OD_{260}/OD_{280} 为 1.8 左右，无蛋白质和 RNA 的污染的较为理想的 DNA 作为模板进行扩增实验。提取结果的凝胶电泳照片见图 4.42～图 4.44。

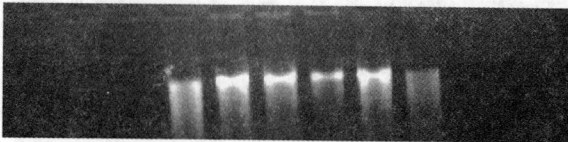

图 4.42 草鱼基因组 DNA 电泳结果

Fig. 4.42 The DNA electrophoresis results of the grass carp

图 4.43 鳙基因组 DNA 电泳结果

Fig. 4.43 The DNA electrophoresis results of the bighead carp

左 6 个为抚河，右 5 个为湖口

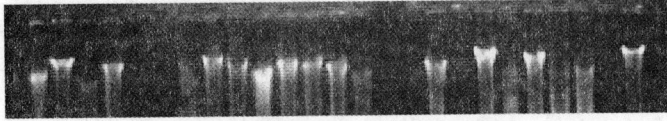

图 4.44 鲢基因组 DNA 电泳结果

Fig. 4.44 The DNA electrophoresis results of the silver carp

左 4 个为修河，中 8 个为峡江，右 7 个为信江

4.7.2.2 PCR 扩增结果

本次实验中，对草鱼群体扩增出清晰稳定并且具有多态性条带的引物有 5 个，分别为 AW15492、AW15494、AW15496、AW15501 和 AW15502；对鲢群体扩增出清晰稳定并且具有多态性条带的引物有 7 个，分别为 AW15496、AW15497、AW15498、AW15499、AW15501、AW15502 和 AW15505；对鳙群体扩增出清晰稳定并且具有多态性条带的引物有 4 个，分别为 AW15497、AW15498、AW15499 和 AW15503。不同引物扩增结果的对比见表 4.54。PCR 扩增结果经琼脂糖凝胶电泳检测所得结果见图 4.45～图 4.47（最右侧泳道为 2000bp plus marker）。

表 4.54 不同引物扩增结果

Tab. 4.54 Amplification results of different primers

	引物	草鱼	鲢	鳙
AW15492	$(AG)_8T$	+		
AW15494	$(AG)_8G$	+		
AW15496	$(TC)_8C$	+	+	
AW15497	$(AG)_8YT$		+	+
AW15498	$(GA)_8YG$		+	+
AW15499	$(CT)_8RA$		+	+
AW15501	$(CT)_8RG$	+	+	
AW15502	$(TC)_8RG$	+	+	
AW15503	$(CT)_8T$			+
AW15505	$(GA)_8YT$		+	

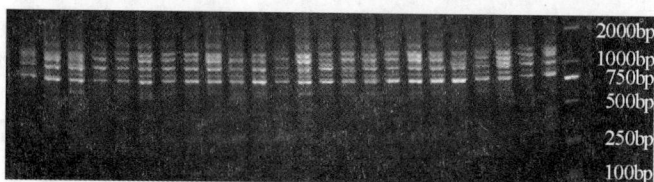

图4.45 引物（AG)₈T对草鱼ISSR-PCR扩增图谱

Fig. 4.45 Results of ISSR amplification by primers（AG)₈T in grass carp

从右至左依次为信江、湖口、抚河、修河、峡江、赣江上游，各4个

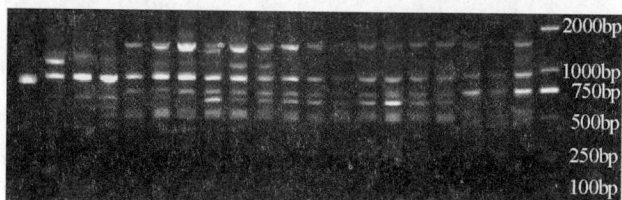

图4.46 引物（GA)₈YG对鲢ISSR-PCR扩增图谱

Fig. 4.46 Results of ISSR amplification by primers（GA)₈YG in silver carp

从右至左依次为信江、湖口、抚河、峡江、赣江上游，各4个

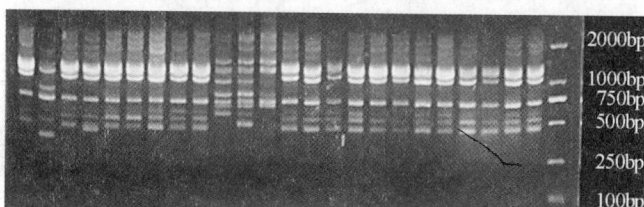

图4.47 引物（AG)₈YT对鳙ISSR-PCR扩增图谱

Fig. 4.47 Results of ISSR amplification by primers（AG)₈YT in bighead carp

从右至左依次为信江、湖口、抚河、修河、峡江、赣江上游，各4个

（1）6水域草鱼PCR扩增结果与分析

草鱼群体的基因组DNA以ISSR引物经PCR扩增的结果显示，各引物所扩增出来的谱带数均表现出差异。扩增出总带数最多的引物是AW15492，12个位点，多态位点有6个，多态位点比例为50.00%。扩增出总带数最少的引物是AW15502，仅为5个位点。多态位点比例最高为100%，最低为50.00%。5个引物在草鱼基因组DNA中共扩增出44个不同分子量的ISSR标记位点，其中多态位点35个，多态位点比例为79.55%（表4.55）。

表 4.55 引物对 6 水域草鱼基因组 DNA 的扩增带数

Tab. 4.55 The number of total and polymorphic DNA bands amplied by primer in grass carp from six areas of Poyang Lake

引物	总位点/个	多态位点/个	多态性位点比例/%
AW15492	12	6	50.00
AW15494	11	11	100.00
AW15496	9	8	88.89
AW15491	7	7	100.00
AW15502	5	3	60.00
总数	44	35	
平均	8.80	7.00	79.55

鄱阳湖 6 个水域草鱼基因组 DNA 扩增出的 44 个不同分子量的 ISSR 标记位点的等位基因数由 1.0000 到 2.0000 不等，平均等位基因数为 1.7955 ± 0.4080。平均有效等位基因数为 1.5457 ± 0.3542。Nei's 基因多样性 H_e 的平均值为 0.3134 ± 0.1808；Shannon 信息指数 H_o 的平均值为 0.4604 ± 0.2541。6 水域草鱼总的遗传多样性指数见表 4.56。

表 4.56 鄱阳湖水系 6 水域草鱼、鲢、鳙的遗传多样度

Tab. 4.56 Statistics analysis of genetic variation in grass carp, silver carp and bighead carp from six areas of Poyang Lake

种类	尾数/尾	观测等位基因数	有效等位基因数	Nei's 基因多样性	Shannon 信息指数
草鱼	24	1.7955 ± 0.4080	1.5457 ± 0.3542	0.3134 ± 0.1808	0.4604 ± 0.2541
鲢	20	1.8889 ± 0.3168	1.6613 ± 0.3142	0.3691 ± 0.1545	0.5355 ± 0.2107
鳙	24	1.7551 ± 0.4345	1.5479 ± 0.3863	0.3058 ± 0.1993	0.4446 ± 0.2783

6 水域草鱼各群体间遗传相似度和遗传距离比较 5 个有效引物对 6 水域不同群体草鱼基因组 DNA 扩增出的多态位点比例分别是，信江 47.62%，湖口 38.64%，抚河 37.21%，修河 48.78%，峡江 31.71%，赣江上游 45.00%。

由表 4.57 可知，草鱼群体间遗传相似度为 0.7853~0.9176，峡江群体和湖口群体具有最高的遗传相似性，两群体间遗传距离仅为 0.0860；修河群体和信江群体遗传相似性较低，两群体间遗传距离也达到 0.2417。

表 4.57 鄱阳湖水系 6 水域草鱼遗传相似度及遗传距离

Tab. 4.57 Genetic identity and distance of grass carp from six areas of Poyang Lake

pop ID	信江	湖口	抚河	修河	峡江	赣江上游
信江	* * * *	0.8839	0.8180	0.7853	0.9175	0.8858
湖口	0.1234	* * * *	0.9144	0.7945	0.9176	0.8832
抚河	0.2009	0.0895	* * * *	0.8449	0.8711	0.8538

pop ID	信江	湖口	抚河	修河	峡江	赣江上游
修河	0.2417	0.2301	0.1685	＊＊＊＊	0.8113	0.8274
峡江	0.0861	0.0860	0.1379	0.2092	＊＊＊＊	0.8967
赣江上游	0.1213	0.1242	0.1580	0.1894	0.1090	＊＊＊＊

注：上三角是遗传相似度，下三角是遗传距离。

根据群体间遗传距离，采用 UPGMA 软件对 6 个水域不同群体进行聚类绘图。大体分为 3 个类群，如图 4.48，湖口群体先与峡江群体相聚，再与信江群体及赣江上游群体相聚，可认为是一个类群；抚河群体与其聚为第二类群；最后与修河群体聚为第三类群。Mantel 检验结果显示，地理距离与遗传距离没有显著相关性。

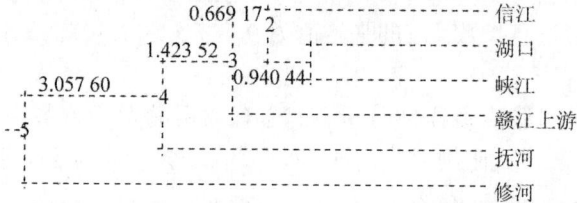

图 4.48 鄱阳湖水系 6 个草鱼群体的遗传聚类图

Fig. 4.48 Dendrogram of different populations of grass carp from six areas

(2) 5 水域鲢的 PCR 扩增结果与分析

鲢群体的基因组 DNA 以 ISSR 引物经 PCR 扩增的结果显示，各引物所扩增出来的谱带数均表现出差异。扩增出总带数最多的引物是 AW15498 和 AW15501，均有 11 个位点，多态位点分别为 7 个和 11 个，多态位点比例分别为 63.63% 和 100%。扩增出总带数最少的引物是 AW15499 和 AW15502，均只有 7 个位点。多态位点比例最高为 100%，最低为 63.63%。7 个引物在鲢基因组 DNA 中共扩增出 63 个不同分子量的 ISSR 标记位点，其中多态位点 56 个，多态性带的比例为 88.89%（表 4.58）。

表 4.58 引物对鄱阳湖 5 水域鲢基因组 DNA 的扩增带数

Tab. 4.58 The number of total and polymorphic DNA bands amplied by primer in silver carp from five areas of Poyang Lake

位点	总位点/个	多态位点/个	多态性位点比例/%
AW15496	9	8	88.89
AW15497	9	6	66.67
AW15498	11	7	63.63
AW15499	7	5	71.43

位点	总位点/个	多态位点/个	多态性位点比例/%
AW15501	11	11	100.00
AW15502	7	6	85.71
AW15505	9	8	88.89
总数	63	56	
平均	9.00	8.00	88.89

鄱阳湖 5 个水域鲢的基因组 DNA 扩增出的 63 个不同分子量的 ISSR 标记位点的等位基因数由 1.0000 到 2.0000 不等，平均等位基因数为 1.8889 ± 0.3168。平均有效等位基因数为 1.6613 ± 0.3142。Nei's 基因多样性 H_e 的平均值为 0.3691 ± 0.1545；Shannon 信息指数 H_o 的平均值为 0.5355 ± 0.2107。5 水域鲢总的遗传多样性指数见表 4.59。

5 水域鲢群体间遗传多样性分析：7 个有效引物对 5 水域不同群体鲢基因组 DNA 扩增出的多态位点比例为：信江 57.63%，湖口 36.54%，抚河 35.19%，峡江 27.78%，赣江上游 59.26%。

由表 4.59 可知，群体间遗传相似度为 0.5902~0.9144，抚河群体和湖口群体具有最高的遗传相似性，两群体间遗传距离仅为 0.0895；信江群体和赣江上游群体遗传相似性较低，两群体间遗传距离也达到 0.5272。

表 4.59 鄱阳湖水系 5 水域鲢间遗传相似度及遗传距离

Tab. 4.59 Genetic identity and distance of silver carp from five areas of Poyang Lake

pop ID	信江	湖口	抚河	峡江	赣江上游
信江	* * * *	0.7211	0.7254	0.7065	0.5902
湖口	0.3270	* * * *	0.9144	0.8860	0.6810
抚河	0.3211	0.0895	* * * *	0.9092	0.6278
峡江	0.3474	0.1210	0.0952	* * * *	0.5957
赣江上游	0.5272	0.3842	0.4656	0.5180	* * * *

注：上三角是遗传相似度，下三角是遗传距离。

根据群体间遗传距离，采用 UPGMA 软件对 5 个水域不同群体的鲢进行聚类绘图。这些群体大体分为 3 个类群，如图 4.49 所示湖口群体先与抚河群体相聚，再与峡江群体相聚，可认为是一个类群；信江群体与其聚为第二类群；最后与赣江上游群体聚为第三类群。Mantel 检验结果显示，地理距离与遗传距离没有显著相关性。

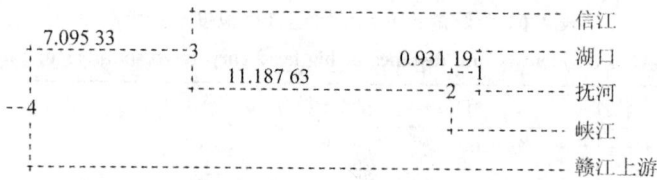

图 4.49 鄱阳湖水系 5 个鲢群体的遗传聚类图

Fig. 4. 49 Dendrogram of different populations of silver carp from five areas of Poyang Lake

（3）六水域鳙 PCR 扩增结果与分析

　　鳙群体的基因组 DNA 以 ISSR 引物经 PCR 扩增的结果显示，各引物所扩增出来的谱带数均表现出差异。扩增出总带数最多的引物是 AW15492 和 AW15494，均有 11 个位点，多态位点分别为 8 个和 7 个，多态位点比例分别为 72.73% 和 63.64%。扩增出总带数最少的引物是 AW15499，仅为 6 个位点。多态位点比例最高为 87.50%，最低为 60.00%。5 个引物在鳙基因组 DNA 中共扩增出 47 个不同分子量的 ISSR 标记位点，其中多态位点 30 个，多态性带的比例为 63.83%（表 4.60）。

表 4.60 引物对 6 水域鳙基因组 DNA 的扩增带数

Tab. 4. 60 The number of total and polymorphic DNA bands amplied by primer in bighead carp from six areas of Poyang Lake

位点	总位点/个	多态位点/个	多态性位点比例/%
AW15497	13	11	84.62
AW15498	14	9	64.29
AW15499	12	9	75.00
AW15503	10	8	80.00
总数	49	37	
平均	12.25	9.25	75.51

　　鄱阳湖 6 个水域鳙基因组 DNA 扩增出的 49 个不同分子量的 ISSR 标记位点的等位基因数由 1.0000 到 2.0000 不等，平均等位基因数为 1.7551 ± 0.4345。平均有效等位基因数为 1.5479 ± 0.3863。Nei's 基因多样性 H_e 的平均值为 0.3058 ± 0.1993；Shannon 信息指数 H_0 的平均值为 0.4446 ± 0.2783。6 水域鳙总的遗传多样性指数见表 4.61。6 水域鳙各群体间遗传相似度和遗传距离比较：4 个有效引物对 6 水域不同群体鳙基因组 DNA 扩增出的多态位点比例各有不同，分别是信江 32.56%，湖口 17.78%，抚河 31.82%，修河 61.22%，峡江 27.27%，赣江上游 52.08%。由表 4.61 可知，群体间遗传相似度为 0.7766～0.9559，赣江上游群体和信江群体具有最高的遗传相似性，两群体间遗传距离仅为 0.0451；湖口群体和修河群体遗传相似性较低，两群体间遗传距离也达到 0.2528。

表 4.61 鄱阳湖系 6 水域鳙遗传相似度及遗传距离

Tab. 4.61 Genetic identity and distance of big head carp from six areas of Poyang Lake

pop ID	信江	湖口	赣江上游	修河	峡江	抚河
信江	* * * *	0.9100	0.9559	0.8109	0.8865	0.7782
湖口	0.0943	* * * *	0.9195	0.7766	0.8853	0.8484
赣江上游	0.0451	0.0839	* * * *	0.8051	0.9272	0.7931
修河	0.2096	0.2528	0.2167	* * * *	0.7849	0.8212
峡江	0.1205	0.1218	0.0756	0.2422	* * * *	0.8658
抚河	0.2508	0.1644	0.2318	0.1970	0.1441	* * * *

注：上三角是遗传相似度，下三角是遗传距离。

根据群体间遗传距离，采用 UPGMA 软件对 5 个水域不同群体的鲢进行聚类绘图。大体分为 3 个类群，如图 4.50，信江群体先与赣江上游群体相聚，可认为是一个类群；再与湖口群体相聚，随后峡江群体与其聚为第二类群；抚河群体先与修河群体相聚，最后与其他四个群体聚为第三类群。Mantel 检验结果显示，地理距离与遗传距离没有显著相关性。

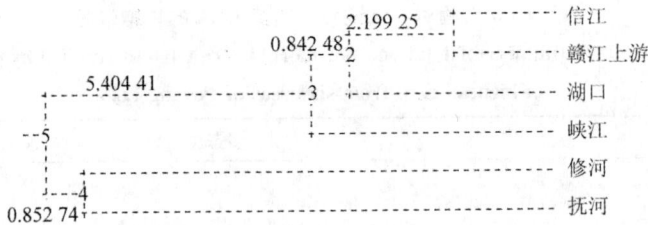

图 4.50 鄱阳湖水系 6 个鳙群体的遗传聚类图

Fig. 4.50 Dendrogram of different populations of big head carp from six areas of Poyang Lake

4.7.3 讨论

4.7.3.1 鄱阳湖水系草鱼、鲢、鳙遗传多样性水平的评述

从对鄱阳湖水系 6 个水域的草鱼群体、鳙群体和 5 个水域的鲢群体进行的 ISSR 分子标记结果可以发现，草鱼、鲢、鳙微卫星序列仍以二碱基重复序列为主，其中包括 $(AG)_n$、$(TC)_n$、$(GA)_n$ 和 $(CT)_n$。本次实验中，鲢多态性最高，多态位点比例达 88.89%，Nei's 基因多样性 H_e 和 Shannon 信息指数 H_o 的分析结果也与之相一致，分别为 0.3691 ± 0.1545 和 0.5355 ± 0.2107。其次是草鱼和鳙，多态位点比例也分别达 79.55% 和 75.51%，与 Nei's 基因多样性 H_e 和 Shannon 信息指数 H_o 的分析结果相一致。

而在吴兴兵等[14] 的研究中，鲢的多态位点比例仅为 55.31%，草鱼为

51.02%，鳙仅为 31.58%。张志伟等[25]的研究中，草鱼多态位点比例为 76.67%，但其中既有自然繁殖群体，也包括了人工养殖群体。朱晓东[26]对长江水系湖北、湖南、江苏、浙江野生鲢、鳙群体的遗传多样性微卫星标记研究中，5 个鲢群体的平均多态位点比例为 79.33%，6 个鳙群体的平均多态位点比例为 72.92%。说明在鄱阳湖水系中，青鱼、鳙、鲢群体的遗传多样性较为丰富，物种的分化程度较大，从某种程度上可以推论整个鄱阳湖水系中这些鱼类群体间的基因交流较少，天然性状的保存较好，从而使其不同群体得以保留变异所导致的不同的微卫星位点。

4.7.3.2 鄱阳湖水系草鱼、鲢、鳙群体间遗传多样性的评述

从遗传聚类图可以看到，在鄱阳湖水系的 6 个草鱼群体中，湖口群体先与峡江群体相聚，再与信江群体及赣江上游群体相聚为一个类群；抚河群体与其聚为第二类群；最后与修河群体聚为第三类群。修河群体与其他群体的遗传距离较远，可见其相较其他群体已经有了一定的遗传分化。这与繁育系统、分布范围、地理条件、基因流和基因漂变等因素都有关系。

由鲢群体间的遗传聚类图可以看出，湖口群体、抚河群体和峡江群体聚为一个类群，随后与信江群体相聚为第二类群，再与赣江上游群体聚类为第三类群。三个类群间遗传距离较大，这可能与样本数偏少所导致的结果误差有一定的关系。在这 6 个群体中，赣江上游群体与峡江群体均属于同一河流不同河段的群体，然而遗传距离较大。分析认为由于万安水利枢纽自 1993 年建成以来对赣江的隔断作用，严重阻碍了上下流域许多水生生物的基因交流，再加上两地地理条件和生态环境的差异、基因漂变的影响，使得两个水域的鲢存在一定程度的遗传分化。

从对鄱阳湖水系 6 个不同水域鳙的群体间遗传关系来看，信江群体先与赣江上游群体相聚为一个类群；再与湖口群体和峡江群体聚为第二类群；抚河群体先与修河群体相聚，最后与其他四个群体聚为第三类群。其中修河和抚河群体与其他几个水域群体的遗传距离较远。而 Mantel 检验结果显示，地理距离与遗传距离无显著相关性。

从草鱼和鳙的群体间遗传关系来看，修河群体的遗传分化大，与其他水域群体的遗传距离较远，说明修河水域的草鱼和鳙的天然种群与其他水域群体的基因交流比较少。这与当地独特的地理条件和生态环境息息相关[27~33]。

参 考 文 献

[1] 萨姆布鲁克 J，拉塞尔 DW. 分子克隆实验指南. 3 版. 黄培堂等译. 北京：科学出版社，2003
[2] 韩加军，林英任，刘艳兵，等. 散斑壳属 ISSR—PCR 反应条件的优化. 微生物学杂志，2008，28 (1)：20—23
[3] 陈大霞，李隆云，鲁成，等. 黄连 ISSR 反应条件优化的研究. 植物研究，2007，27 (1)：77—81
[4] 杨浩，陈宏喜，陈欣，等. 黄鳝 ISSR—PCR 反应体系的建立及条件优化. 生物技术通报，2009，7：

113—116.

[5] 卢盛栋. 现代分子生物学. 2 版. 北京：北京协和医科大学出版社，1999

[6] 方耀林，余来宁，许映芳，等. 长江水系青鱼遗传多样性的研究. 湖北农学院学报，2004，24（1）：26—29

[7] 张德春，余来宁，方耀林. 草鱼自然群体和人工繁殖群体遗传多样性的研究. 淡水渔业，2004，34（4）：5—7

[8] 张德春，张锡元，杨代淑，等. 长江鳙遗传多样性的研究. 武汉大学学报 . 1999，45（6）：857—890

[9] 张锡元，张德春，杨代淑，等. 长江鲢遗传多样性的随机扩增多态 DNA 分析. 水产学报，1999，23：7—14

[10] 房新英，张全启，齐洁，等. 野生和养殖牙鲆（Paralichthys olivaceus）遗传差异的 RAPD 和 ISSR 研究. 海洋与湖沼，2006，37（2）：138—142

[11] 张道远，张元明，曹同. 耐旱苔藓植物 DNA 提取及优化 RAPD、ISSR 反应体系的建立. 中国沙漠，2006，26（5）：826—830

[12] 杨太有，关建义，陈宏喜，等. 丹江口水库赤眼鳟（Squaliobarbus curriculus）遗传多样性的 RAPD 和 ISSR 分析. 海洋与湖沼，2008，39（2）：157—161

[13] 张建铭，吴志强，胡茂林. 赣江峡江段四大家鱼资源现状的研究，水生态学杂志，2010，3（1）：34—37

[14] 吴兴兵，许璞，杨家新. 四大家鱼的 ISSR 标记研究. 武汉生物工程学院学报，2008，4（1）：5—7

[15] 陈灵芝. 中国的生物多样性现状及其保护对策. 北京：科学出版社，1993：99—113

[16] 张媛，胡则辉，周志刚，等. 利用 RAPD—PCR 与 ISSR—PCR 标记技术分析长江口刀鲚的群体遗传结构. 上海水产大学学报，2006，15（4）：390—397

[17] 王世锋，杜佳莹，苏永全，等. 斜带髭鲷野生与养殖群体遗传结构的 ISSR 分析. 海洋学报，2007，29（4）：105—110

[18] 许广平，李旭光，仲霞铭，等. 江苏近海银鲳群体遗传多样性的同工酶与 ISSR 分析. 江苏农业科学，2008，4：80—82

[19] 许广平，仲霞铭，丁亚平，等. 黄海南部小黄鱼群体遗传多样性研究 . 海洋科学，2005，29（11）：34—38

[20] 杨太有，陈宏喜，刘向奇，等. 丹江口水库翘嘴红鲌遗传多样性的 RAPD 和 ISSR 分析. 海洋与湖沼，2008，39（3）：240—244

[21] 杨太有，关建义，陈宏喜. 三个地理群体赤眼鳟遗传多样性的 ISSR 分析 . 水生生物学报，2008，32（4）：529—533

[22] 钟建兴，钟然，杨盛昌. 菊黄东方鲀和双斑东方鲀及其种间杂交子代的 ISSR 分析. 台湾海峡，2008，27（2）：152—155

[23] 李欧，赵莹莹，郭娜，等. 草鱼种群 SSR 分析中样本量及标记数量对遗传多度的影响. 动物学研究，2009，30（2）：121—130

[24] 赵金良，李思发. 长江干流中下游鲢、鳙、草鱼、青鱼原种群分化的同工酶分析. 水产学报，1996，20（2）：104—110

[25] 张志伟，曹哲明，杨弘，等. 草鱼野生和养殖群体间遗传变异的微卫星分析. 动物学研究. 2006，27（2）：189—196

[26] 朱晓东. 应用微卫星标记分析长江水系野生鲢、鳙群体的遗传多样性（上海水产大学硕士学位论文），2007

[27] 张建铭，吴志强，胡茂林，等. 青鱼 ISSR－PCR 反应体系的建立及优化研究. 福建水产，2010，4：12—15

[28] 陈彦良. 信江鹰潭段四大家鱼资源现状及其遗传多样性分析（南昌大学硕士学位论文），2010

[29] 朱日财. 赣江赣州江段四大家鱼生物学特性及其遗传多样性研究（南昌大学硕士学位论文），2010

[30] 花麒. 抚河抚州河段四大家鱼资源现状及其遗传多样性分析（南昌大学硕士学位论文），2010

[31] 张建铭. 赣江峡江段四大家鱼资源及其遗传多样性研究（南昌大学硕士学位论文），2010

[32] 刘彬彬. 修河下游四大家鱼资源与遗传多样性的 ISSR 分析（南昌大学硕士学位论文），2010

[33] 邓梦颖. 鄱阳湖水系四大家鱼 ISSR 研究（南昌大学硕士学位论文），2011

第5章 四大家鱼仔幼鱼耳石特征与生长特性研究

5.1 长江九江段四大家鱼仔幼鱼耳石特征与生长特性研究

5.1.1 四大家鱼仔幼鱼耳石形态和微结构

硬骨鱼类的耳石形态是指在显微镜下观察到的耳石外部轮廓形状和结构特征，耳石微结构是指透明处理过的仔鱼耳石（通常 10 日龄以上也需简单打磨）和打磨过的幼鱼或成鱼耳石在显微镜下观察到的耳石的生长轮数目、标记轮、明暗情况、清晰度以及中心核和耳石原基等。耳石形态和微结构的观察是全面研究鱼类耳石的基础，耳石形态可以作为种群鉴别的依据之一，而耳石微结构的分析和检测已经广泛应用于鱼类生态学研究的各个方面，因此，了解鱼类的耳石形态和微结构具有重要的意义。

本章根据实验的观察简要介绍了长江四大家鱼仔鱼和幼鱼的耳石形态特征，描述了其微结构特征，以期为更直观地了解长江四大家鱼耳石做一个参考，同时对仔鱼的生长轮清晰度作了分析。

5.1.1.1 材料和方法

(1) 材料来源

鱼苗于 2010 年 6 月 6 日、16 日和 24 日采自长江瑞昌江段（老鼠尾），鱼苗捕捞采用琼网进行。琼网长 5.5m，网口宽 3m，高 1.5m，末端连接一网箱，琼网和网箱的网目均为 0.83～0.91mm。琼网固定在距江岸 5m 左右的水中，网箱漂浮于水上，采集时用容器到网箱内打捞即可；幼鱼于 2009 年 7～8 月连续采于长江的湖口水域，由网目为 5mm 的定置网采集。

(2) 四大家鱼的鉴定和保存

每次采集的仔鱼连同足够量的江水用氧气袋带到住地后倒入深色的塑料大盆中，将盆放置在室外，然后每次用培养皿舀取少量仔鱼，用乌拉糖麻醉后在解剖镜下挑选出四大家鱼。四大家鱼仔鱼的鉴定参照曹文宣等编写的《长江鱼类早期资源》[1]和易伯鲁等编写的《葛洲坝水利枢纽与长江四大家鱼》[2]，主要通过鱼体形态、身体各部色素和肌节等显著特征进行鉴别，鉴定后的仔鱼保存于 75％的乙醇中，并且标注好日期。幼鱼按照成鱼的特征鉴定，每日由渔民捕捞后记上日期分开装好，及时放入冰箱内冷冻，之后带回实验室。

(3) 耳石样品的摘取和制备

将鱼苗样本带回实验室后，将鱼体从乙醇中取出放在载玻片上，然后在解剖镜下用目镜测微尺测量全长（精确至 0.1mm），同时记录其发育期。用解剖针剖开鱼苗的内耳，取出左右矢耳石和微耳石，经无水乙醇洗净后自然风干，然后直接用无色指甲油封存于载玻片上（通过发育期的观察，我们可以确定本实验采集的鱼苗均处于 10 日龄以下）。

幼鱼样本带回实验室解冻后测量其体长（精确至 1mm）、体重（精确至 1g），然后取出微耳石，部分样本同时也取出了矢耳石，用无水乙醇洗净后自然风干，分别保存于 1.5ml 的离心管中。磨制耳石磨片时，取出左微耳石后，将指甲油涂于载玻片上，将微耳石的凹面朝上粘于无色指甲油上，并且尽量放平。自然风干一段时间（一般至少 10h），指甲油完全凝固后，用 2000 号砂纸打磨，打磨之前加少许水。打磨过程中在解剖镜和显微镜下观察，至耳石中心核平面时停止，用少许水洗净后用抛光纸打磨至轮纹清晰，再用丙酮将耳石取出洗净，风干后翻面用相同方法固定于载玻片上，指甲油凝固后再用相同方法打磨另一面至中心核处轮纹清晰，用少许水洗净后风干即可直接用无色指甲油封片。

(4) 耳石观察、检测及拍照

用 Olympus C506－ADU 照相机在 Olympus CX41 显微镜下对耳石外部形态进行拍照；在计算机显示器上用耳石图像分析软件（Ratoc System Engineering，Tokyo）[3]对耳石微结构进行观察、检测及拍照。

5.1.1.2 结果

(1) 耳石形态

本实验在解剖镜下所观察到的四大家鱼仔鱼的耳石外形整体非常相似，幼鱼之间也无法看出明显的种间差别。仔鱼仅形成了矢耳石和微耳石，且两者的外部轮廓也大致一样，大多数个体是正圆形，少数个体呈椭圆形，表面较平整，但外圈偶尔会有少量不规则凹凸（图 5.1）；幼鱼则三对耳石均已生成，其中矢耳石成箭矢形，其中部两侧有多个薄片状物突出的长棱，摘取时易碎，不易取出和磨制；微耳石为腹部内陷背部凸起的豆形，前端较尖，后端圆钝，多有沟纹；星耳石是最晚形成的耳石，较其他两种耳石而言，透明度最高，形态较扁且上下两面较平整，边缘也多有沟纹（图 5.2）。

(a) 矢耳石　　　　　　　　　(b) 微耳石

图 5.1 青鱼仔鱼耳石形态

Fig. 5. 1 Otolith morphology of larval of black carp

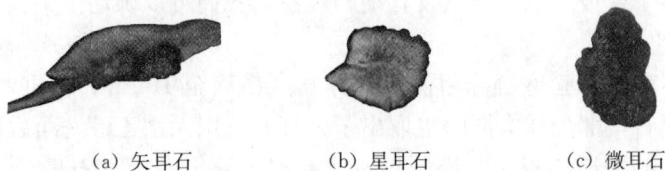

(a) 矢耳石　　　　　　　(b) 星耳石　　　　　　　(c) 微耳石

图 5.2 鲢幼鱼耳石形态

Fig. 5. 2 Otolith morphology of juvenile of silver carp

(2) 耳石微结构

① 仔鱼：在实验观察中发现，大多数四大家鱼仔鱼耳石的中心核和其内包含的耳石原基都清晰可见，一般为一个，也观察到了有两个中心核的异形个体，耳石整体没有明显的明暗区域。同时，在超过 50% 的耳石上可以看到一条或数条标记轮，靠近中心核和生长原基的一般位于第二或第三条轮纹，而另一条通常处于最后几轮（图 5.3），根据宋昭彬等[4]的研究结果推测，靠近中心核那条轮纹是营养转换标记，而外侧那条轮纹则很可能是由于我们采样时运输鱼苗活体而造成的转移标记。

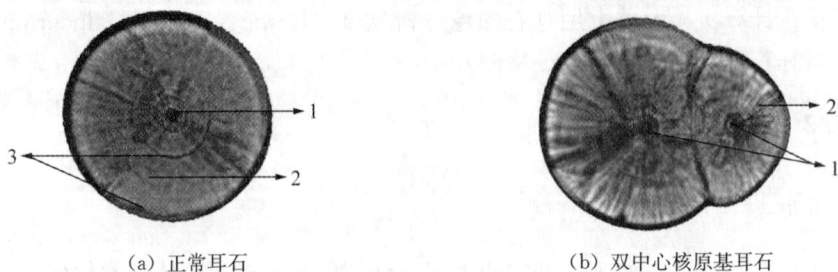

(a) 正常耳石　　　　　　　　　　　　(b) 双中心核原基耳石

图 5.3 草鱼仔鱼耳石微结构

1—耳石原基；2—生长轮；3—标记轮

Fig. 5. 3 Otolith microstructure of larval of grass carp

1— primordium，2—increment，3—check

在耳石的生长轮清晰度方面，2010 年 6 月 6 日、16 日、24 日采集的青鱼鱼苗微耳石轮纹较清晰可读的个体分别只占各批次青鱼鱼苗总数的 22.12%、37.93%、34.48%，合并后的微耳石较清晰可读个体占全部青鱼鱼苗总数的 26.9%；草鱼鱼苗微耳石轮纹较清晰可读的个体分别只占各批次草鱼鱼苗总数的 29.13%、27.06%、32%，合并后的微耳石较清晰可读的个体占全部草鱼鱼苗总数的 28.62%；

鲢鱼苗微耳石轮纹较清晰可读的个体分别只占各批次鲢鱼苗总数的 23.14%、20.98%、25.38%，合并后的微耳石较清晰可读的个体占全部鲢鱼苗总数的 22.73%（表 5.1）；根据鉴定结果我们发现各批次仔鱼中鳙的数量很少或几乎为零，因此对鳙仔鱼没有做此分析。四大家鱼仔鱼矢耳石轮纹基本都不清晰，可读个体数所占比例均在 5% 以下。

表 5.1 长江青鱼、草鱼、鲢和鳙仔鱼微耳石生长轮清晰度频率分布

Tab. 5.1 Frequency distribution of the clearity of Lapillus rings in larval black carp, grass carp, silver carp and bighead carp from the Yangtze River

鱼苗种类	采样时间	轮纹清晰个体数/尾	频率/%	样本总数/尾
青鱼	6 月 6 日	25	22.12	113
	6 月 16 日	11	37.93	29
	6 月 24 日	10	34.48	29
	合计	46	26.9	171
草鱼	6 月 6 日	194	29.13	666
	6 月 16 日	105	27.06	388
	6 月 24 日	16	32	50
	合计	315	28.62	1104
鲢	6 月 6 日	122	23.14	527
	6 月 16 日	68	20.98	324
	6 月 24 日	33	25.38	130
	合计	223	22.73	981

② 幼鱼：四大家鱼幼鱼的微耳石在镜下观察能清晰看到生长中心和其内包含的耳石原基，且本实验中只观察到只有一个耳石原基的正常耳石。在显微镜下，大多数耳石分为明显的明暗区，且明区均处于外侧，暗区处于中心。超过 80% 的耳石上能看到一条或多条标记轮，这些标记轮对研究它们的早期生活史具有重要意义。另外，在很多耳石中还可以看到明显的亚日轮，它们细小密集，在镜下通常呈红色，这些亚日轮常常对耳石轮纹数的读取产生干扰。在耳石的生长轮清晰度方面，幼鱼的微耳石全部都是清晰可读的（图 5.4）。

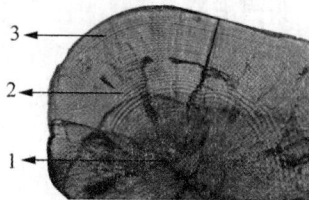

图 5.4 鳙幼鱼微耳石微结构

1—耳石原基，2—生长轮，3—标记轮

Fig. 5.4 Lapillus microstructure of juvenile of bighead carp

1— primordium，2—increment，3—check

5.1.1.3 讨论

(1) 关于四大家鱼耳石形态研究

随着研究的不断深入，耳石形态的研究已经应用到了许多鱼类的种类鉴别中，方法大体有两种，一是传统的形态测量法，二是傅立叶形态分析法。这两种方法最大的区别就是前者以耳石体轴作为研究对象，而后者主要研究耳石的轮廓。张国华等[5]的研究表明，傅立叶形态分析法对耳石形态的种类鉴别效果优于传统的形态测量法。

四大家鱼耳石形态的研究目前还比较少，已有的研究仅对人工饲养条件下个体的耳石做了较为详尽的描述[6]，并且采用傅立叶分析法将其应用到种群鉴别中，而自然条件下四大家鱼的耳石形态及其在种群鉴别中的应用还没有人进行过系统深入的研究。本实验的观察发现，长江四大家鱼仔幼鱼的耳石形态与曾祥波[6]描述的人工饲养条件下的耳石形态是基本一致的，即仔鱼期矢耳石和微耳石均为正圆或椭圆，而星耳石的出现要比它们晚 10d 以上。幼鱼的矢耳石为箭矢形，微耳石为豆形，而星耳石呈扁平透明状。因此，人工饲养条件下的四大家鱼耳石的形态研究对于野生状态下的耳石形态的研究和判定具有十分重要的参考价值。

(2) 关于四大家鱼耳石的轮纹清晰度

很多研究表明，鱼类耳石轮纹的清晰度和鱼类生长过程中昼夜水温的周期性变化有密切关系，一般是昼夜水温变化幅度越小，耳石轮纹的清晰度越低。如 Campana[7] 对星斑川蝶（*Platichthys stellatus*）耳石轮纹的研究表明，绝大多数实验室饲养的个体的耳石生长轮对比度低，清晰度差，而绝大多数野生个体的轮纹清晰、规则。这种差别很可能是昼夜温差不同导致的，即实验室水族箱饲养时昼夜温度变化很小或几乎无变化，而河口的水温的变化幅度比较大。管兴华[8]对四大家鱼仔鱼耳石的研究也表明，昼夜温差大的人工饲养的个体耳石的清晰度远高于水温昼夜温差较小的长江中的野生个体。张国华等[5]还认为仔鱼时期微耳石轮纹不清晰的个体不能存活到幼鱼阶段。

在本实验中，采自长江瑞昌江段的四大家鱼仔鱼的耳石清晰度均处于 30% 左右的低水平，同时各种鱼各批次间并没有显著差异，各种鱼合并后整体的清晰度更是仅在 25% 左右，而采于长江湖口水域的四大家鱼幼鱼的微耳石则全部清晰可读。这表明，虽然各批次仔鱼采集时间不同，成长过程中外界的气候环境可能存在差异，但由于都是在长江中生活，江水的水温相对稳定，尤其是昼夜变化幅度维持在很小的范围内，因此耳石轮纹的清晰度均处于一个较低的水平，这与宋昭彬[4]的研究结果也是吻合的。另外，本实验中全部幼鱼的耳石轮纹均清晰可读，这与张国华等[5]观察到的仔幼鱼耳石轮纹清晰度的差别是一致的。

5.1.2　四大家鱼仔幼鱼的日龄研究

过去，鉴定鱼类的年龄主要以鳞片、骨骼等为材料，其缺点是无法精确地鉴定
1 龄以下的仔幼鱼的年龄（日龄）。随着耳石日轮的发现，越来越多的研究应用耳
石日轮来鉴定仔幼鱼的日龄，并且根据日龄推算孵化期和产卵期。具体就是通过读
取耳石上的轮纹数加上第一个轮纹出现时间（单位：d）得到其日龄，然后用采样
日期减去日龄则为其孵化日期，再减去胚胎发育所经历的时间（单位：d）就可以
推算出亲鱼的产卵日期。而对于鱼卵是漂流性的鱼类，研究者还可以通过水的流速
大致推算出亲鱼产卵场，这对于亲鱼繁殖期的保护具有重要的意义。本研究通过对
长江四大家鱼仔幼鱼耳石的研究，鉴定了其日龄，同时对四大家鱼的产卵期、孵化
期和产卵场进行了推导，以期为长江四大家鱼资源保护与恢复提供理论参考。

5.1.2.1　材料和方法

（1）材料来源

　　同 5.1.1.1。

（2）四大家鱼的鉴定和保存

　　同 5.1.1.1。

（3）耳石样品的摘取和制备

　　同 5.1.1.1。

（4）耳石观察、检测及拍照

　　同 5.1.1.1。

（5）四大家鱼仔幼鱼的日龄、孵化期和产卵期的推算方法

根据前人研究证实，草鱼和鳙耳石上的生长轮具有日沉积规律，且第一个生长
轮通常是在孵化后第二天形成的[9,10]。宋昭彬采用荧光标记的方法初步证实了鲢仔
鱼耳石上也具有日沉积性[11]。在统计日龄时，假定青鱼的耳石生长轮具有日沉积
规律，同时还假定鲢和青鱼的第一个生长轮也是在孵化后第二天出现的，故将耳石
生长轮数目加上 1 便得到仔幼鱼的日龄。青鱼、草鱼、鲢和鳙的胚胎发育时间大致
为两天（标准时间：青鱼为 43h；草鱼为 37h；鲢为 38h；鳙为 39h）[2]，因此采样
日期减去日龄即得到孵化期，再减去 2 则为产卵期。

（6）数据分析

用 Excel 2003 对数据进行处理分析和制图。

5.1.2.2　结果

（1）仔鱼

2010 年 6 月 6 日、16 日和 24 日采样时的江水温度分别为 19.8℃、20.3℃ 和 20.7℃，其中 6 月 6 日的样品带回驻地后是分 3 批鉴定保存的，为了便于分析，将 6 月 6 日的样品分为 3 批。采集到的四大家鱼仔鱼的具体情况见表 5.2。

表 5.2 2010 年 6 月采于长江瑞昌江段的青鱼、草鱼、鲢和鳙仔鱼的发育情况

Tab. 5.2 Developmental stages of larval black carp, grass carp, silver carp and bighead carp from Ruichang section of the Yangtze River in June, 2010

种类	采样日期	发育期	全长/mm	用于检测的样本数/尾	采集样本总数/尾
青鱼	6 月 6 日	卵黄吸尽期	7.8～9.2	6	12
	6 月 7 日	卵黄吸尽期—尾椎上翘期	7.4～9.9	14	69
	6 月 8 日	卵黄吸尽期—尾椎上翘期	8.2～10.1	5	32
	6 月 16 日	卵黄吸尽期—尾椎上翘期	7.1～11.1	11	29
	6 月 24 日	卵黄吸尽期	8.4～9.8	10	29
草鱼	6 月 6 日	卵黄吸尽期	5.2～9.0	13	50
	6 月 7 日	卵黄吸尽期—尾椎上翘期	6.7～9.5	143	497
	6 月 8 日	卵黄吸尽期—尾椎上翘期	7.5～10.3	37	119
	6 月 16 日	卵黄吸尽期—尾椎上翘期	7.0～10.0	105	388
	6 月 24 日	卵黄吸尽期—尾椎上翘期	8.0～9.8	16	50
鲢	6 月 6 日	卵黄吸尽期—尾椎上翘期	6.2～9.0	57	271
	6 月 7 日	卵黄吸尽期—尾椎上翘期	7.0～9.0	40	185
	6 月 8 日	卵黄吸尽期—鳔二室期	7.1～9.2	25	71
	6 月 16 日	卵黄吸尽期—尾椎上翘期	6.7～8.4	68	324
	6 月 24 日	卵黄吸尽期—尾椎上翘期	7.0～8.4	33	130
鳙	6 月 16 日	卵黄吸尽期	7.2～7.9	1	7

1）日龄分布

① 青鱼：根据检测、计数和分析，6 月 6 日的仔鱼日龄平均值为 9.2d，标准差为 0.41d。6 月 7 日的仔鱼日龄平均值为 9.9d，标准差为 1.59d。6 月 8 日的仔鱼日龄平均值为 10.6d，标准差为 0.89d。6 月 16 日的仔鱼日龄平均值为 9.3d，标准差为 1.42d。6 月 24 日的仔鱼日龄平均值为 9.7d，标准差为 1.22d。各批次青鱼仔鱼的日龄分布如图 5.5。将 6 月 7 日和 8 日处理的样本日龄反推至采集日期

6月6日，并将各批次样本合并分析可知，不同时间在长江瑞昌江段捕捞的 46 尾野生青鱼仔鱼的平均日龄为 9.20±1.36d，主要分布为 8～9d（图 5.5）。

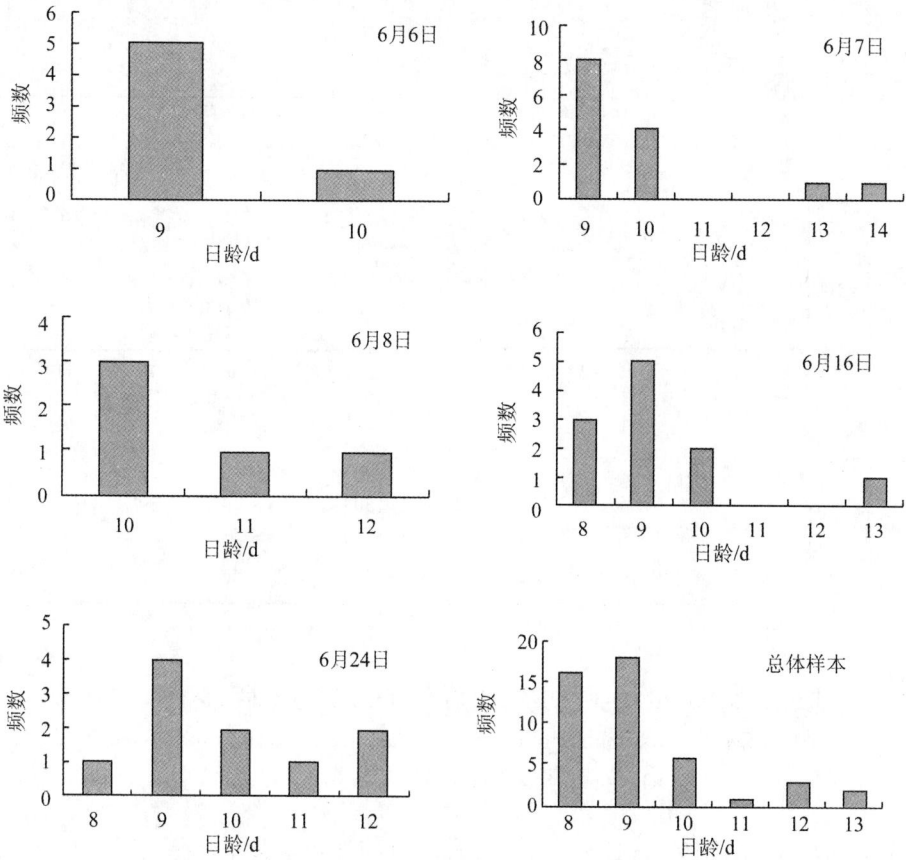

图 5.5 2010 年 6 月采于长江瑞昌江段的青鱼仔鱼的日龄分布

Fig. 5.5 The distribution of daily age of larval black carp from Ruichang
section of the Yangtze River in June，2010

② 草鱼：根据检测、计数和分析，6 月 6 日的仔鱼日龄平均值为 9.2d，标准差为 0.93d。6 月 7 日的仔鱼日龄平均值为 9.9d，标准差为 0.66d。6 月 8 日的仔鱼日龄平均值为 11.2d，标准差为 0.95d。6 月 16 日的仔鱼日龄平均值为 9.0d，标准差为 0.65d。6 月 24 日的仔鱼日龄平均值为 9.1d，标准差为 0.89d。各批次草鱼仔鱼的日龄分布如图 5.6。将 6 月 7 日和 8 日处理的样本日龄反推至采集日期 6 月 6 日，并将各批次样本合并分析可知，不同时间在长江瑞昌江段捕捞的 315 尾野生草鱼仔鱼的平均日龄为 8.97±0.73d，主要分布为 9d（图 5.6）。

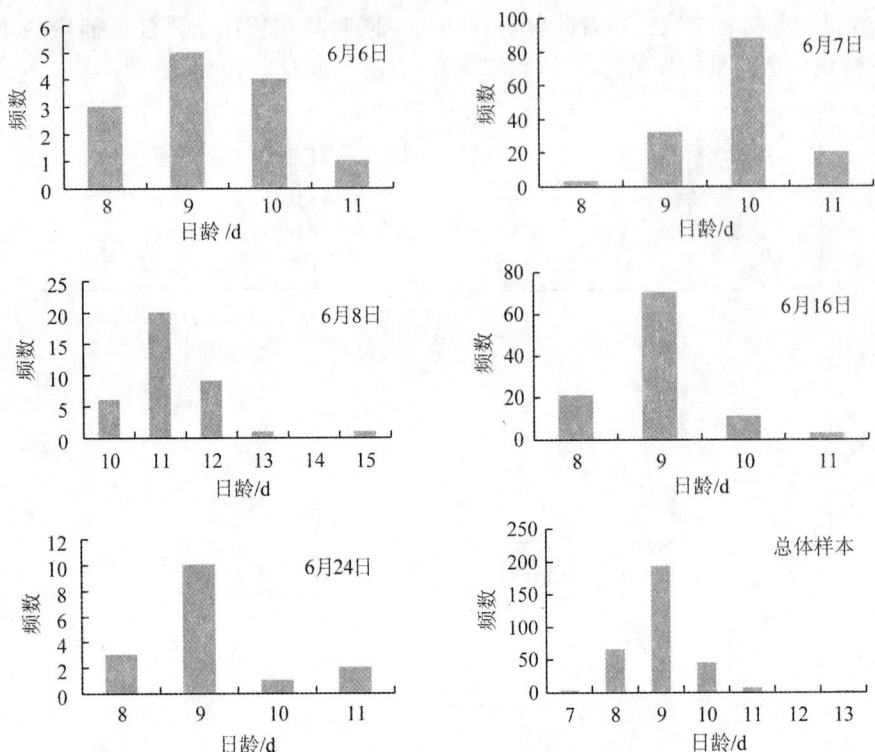

图 5.6 2010 年 6 月采于长江瑞昌江段的草鱼仔鱼的日龄分布

Fig. 5. 6 The distribution of daily age of larval grass carp from Ruichang

section of the Yangtze River in June, 2010

③鲢：根据检测、计数和分析，6 月 6 日的仔鱼日龄平均值为 8.9d，标准差为 1.05d。6 月 7 日的仔鱼日龄平均值为 10.1d，标准差为 0.68d。6 月 8 日的仔鱼日龄平均值为 11.5d，标准差为 1.08d。6 月 16 日的仔鱼日龄平均值为 9.2d，标准差为 0.87d。6 月 24 日的仔鱼日龄平均值为 9.5d，标准差为 1.15d。各批次鲢仔鱼的日龄分布如图 5.7。将 6 月 7 日和 8 日处理的样本日龄反推至采集日期 6 月 6 日，并将各批次样本合并分析可知，不同时间在长江瑞昌江段捕捞的 223 尾野生鲢仔鱼的平均日龄为 9.19±0.99d，并以 9d 为主（图 5.7）。

④鳙：根据检测、计数，2010 年 6 月 16 日采集的 1 尾鳙仔鱼的日龄为 10d，发育期为卵黄吸尽期。

2）孵化期和产卵期

①青鱼：根据青鱼仔鱼日龄推断的各批次青鱼仔鱼的孵化期如图 5.8，最早为 5 月 25 日，最晚为 6 月 17 日。其中 6 月 6～8 日处理的样本孵化期高峰为 5 月 29～30 日，6 月 16 日采集的样本孵化期高峰为 6 月 8 日，6 月 24 日采集的样本孵化期

高峰为 6 月 16 日。故各批次青鱼仔鱼亲鱼的产卵期范围为 5 月 23 日～6 月 15 日，产卵高峰分别为 5 月 27～28 日、6 月 6 日和 14 日。

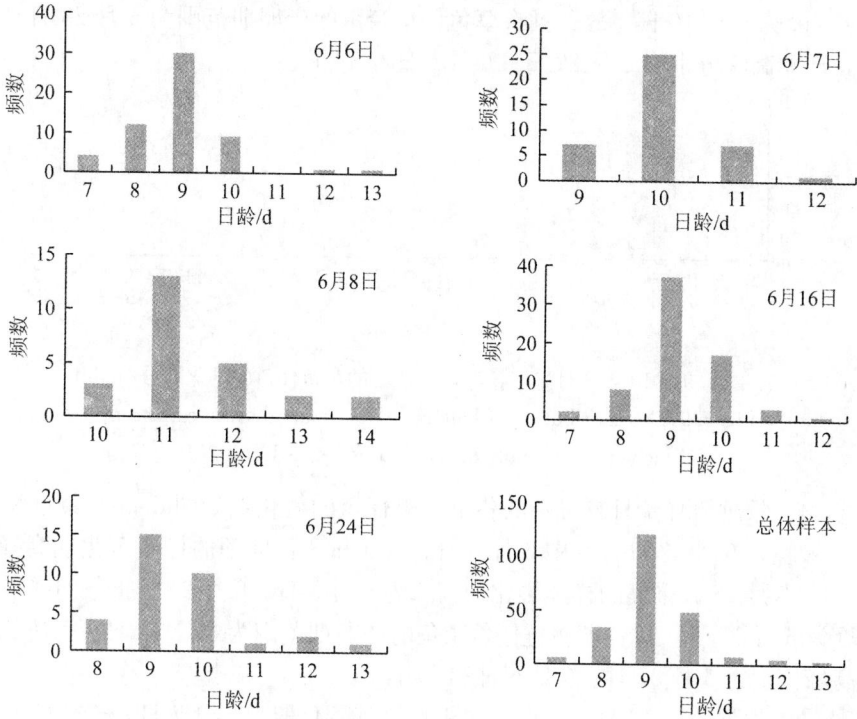

图 5.7 2010 年 6 月采于长江瑞昌江段的鲢仔鱼的日龄分布

Fig. 5.7 The distribution of daily age of larval silver carp from Ruichang section of the Yangtze River in June，2010

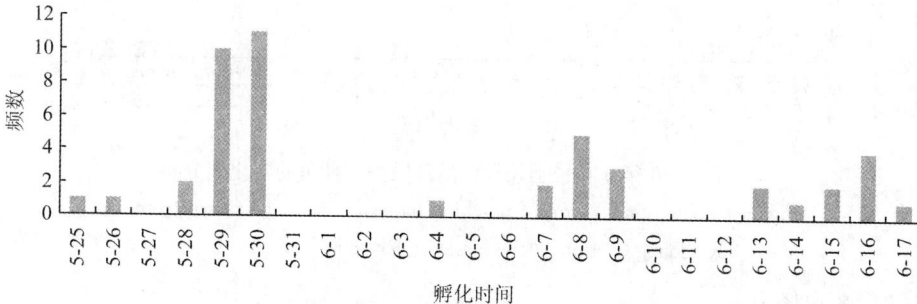

图 5.8 2010 年 6 月采于长江瑞昌江段的青鱼仔鱼的孵化期分布

Fig. 5.8 The distribution of hatching date of larval black carp from Ruichang section of the Yangtze River in June，2010

② 草鱼：根据草鱼仔鱼日龄推断的各批次草鱼仔鱼的孵化期如图 5.9，最早为

5月25日，最晚为6月17日。其中6月6日、7日和8日处理的样本孵化期高峰为5月29日，6月16日采集的样本孵化期高峰为6月8日，6月24日采集的样本孵化期高峰为6月16日。故各批次草鱼仔鱼亲鱼的产卵期范围为5月23日～6月15日，产卵高峰分别为5月27日、6月6日和14日。

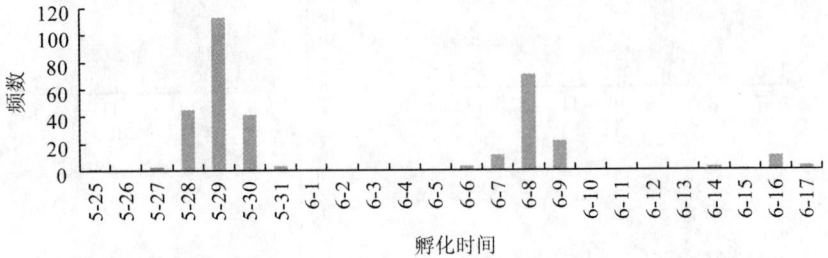

图5.9 2010年6月采于长江瑞昌江段的草鱼仔鱼的孵化期分布

Fig. 5.9 The distribution of hatching date of larval grass carp from Ruichang section of the Yangtze River in June, 2010

③ 鲢：根据鲢仔鱼日龄推断的各批次鲢仔鱼的孵化期如图5.10，最早为5月25日，最晚为6月17日。其中6月6日、7日和8日处理的样本孵化期高峰为5月29日，6月16日采集的样本孵化期高峰为6月8日，6月24日采集的样本孵化期高峰为6月16日。故各批次鲢仔鱼亲鱼的产卵期范围为5月23日～6月15日，产卵高峰分别为5月27日、6月6日和14日。

④ 鳙：根据6月16日采集的1尾鳙推算其孵化期为6月7日，亲鱼的产卵期为6月5日。

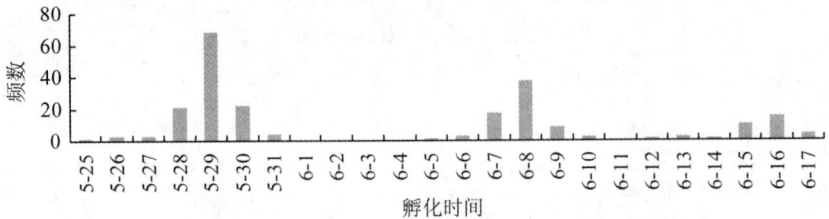

图5.10 2010年6月采于长江瑞昌江段的鲢仔鱼的孵化期分布

Fig. 5.10 The distribution of hatching date of larval silver carp from Ruichang section of the Yangtze River in June, 2010

3）产卵场

四大家鱼产出的鱼卵在漂流过程中孵化成鱼苗，直至发育成具有游泳能力的幼鱼才能抵抗水流的冲击[2]，因此可以通过仔鱼的日龄结合江水的流速来推断亲鱼的产卵场。

根据采集的各批次四大家鱼仔鱼的日龄（其中6月7日和8日处理的样本根据采集

和处理的时间反推至 6 月 6 日)、胚胎发育时间和江边缓水区水流速度约 0.8m/s，参照易伯鲁等[2] 调查结果，得出采自长江瑞昌江段四大家鱼仔鱼漂流的大致距离及可能的产卵场（表 5.3)。由表可知，推算出来的四大家鱼的产卵场均处于长江中游上段，最远的可能来自上游的宜昌江段，而根据四大家鱼仔鱼的日龄主要集中在 9d 左右可以推断其主要产卵场大致位于石首—郝穴江段。

表 5.3 2010 年 6 月采于长江瑞昌江段青鱼、草鱼、鲢和鳙仔鱼的漂流距离及其亲鱼可能的产卵场

Tab. 5.3 The drifting distance and spawning grounds of matured females of larval black carp, grass carp, silver carp and bighead carp from Ruichang section of the Yangtze River in June, 2010

种类	采样日期	日龄/d	漂流时间/d	漂流距离/km	产卵场	主要产卵场
青鱼	6 月 6 日	8～13	10～15	691.2～1036.8	新码头—宜昌	石首—郝穴
	6 月 16 日	8～13	10～15	691.2～1036.8	新码头—宜昌	石首—郝穴
	6 月 24 日	8～12	10～14	691.2～967.7	新码头—虎牙滩	石首—郝穴
草鱼	6 月 6 日	7～13	9～15	622.1～1036.8	陈家码头—宜昌	石首—郝穴
	6 月 16 日	8～11	10～13	691.2～898.6	新码头—江口	石首—郝穴
	6 月 24 日	8～11	10～13	691.2～898.6	新码头—江口	石首—郝穴
鲢	6 月 6 日	7～13	9～15	622.1～1036.8	陈家码头—宜昌	石首—郝穴
	6 月 16 日	7～12	9～14	622.1～967.7	陈家码头—虎牙滩	石首—郝穴
	6 月 24 日	8～13	10～15	691.2～1036.8	新码头—宜昌	石首—郝穴
鳙	6 月 16 日	10	12	829.4	郝穴	郝穴

（2）幼鱼

① 日龄：根据检测、计数和分析，共鉴定了长江湖口水域 23 尾青鱼幼鱼、111 尾草鱼幼鱼、73 尾鲢幼鱼和 70 尾鳙幼鱼的日龄，其分布情况如图 5.11 所示。其中，青鱼幼鱼日龄平均值为 52.4±5.6d，分布在 45～55d 的共 17 尾，占样本总数的 73.9%；草鱼幼鱼日龄平均值为 57.1±10.6d，分布在 45～65d 的共 81 尾，占样本总数的 73.0%；鲢幼鱼日龄平均值为 49.8±4.7d，日龄分布较为集中；鳙幼鱼日龄平均值为 57.5±7.1d，分布在 50～60d 的共 49 尾，占样本总数的 70.0%。

② 孵化期和产卵期：根据四大家鱼幼鱼的采样时间和日龄推断的孵化期如图 5.12。青鱼最早的孵化时间为 5 月 28 日，最晚至 6 月 19 日；草鱼最早的孵化时间为 5 月 22 日，最晚至 7 月 7 日；鲢最早的孵化时间为 5 月 30 日，最晚至 7 月 11 日；鳙最早的孵化时间为 5 月 24 日，最晚至 7 月 2 日。因此，青鱼、草鱼、鲢和鳙的亲鱼产卵时间范围分别为 5 月 26 日至 6 月 17 日、5 月 20 日至 7 月 5 日、5 月 28 日至 7 月 9 日、5 月 22 日至 6 月 30 日。

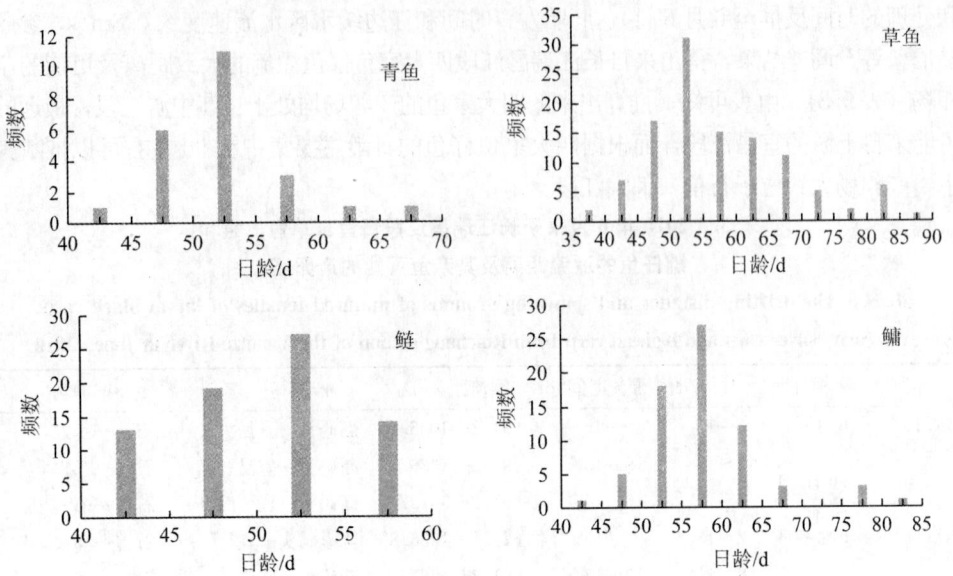

图 5.11 2009 年 7~8 月采于湖口的青鱼、草鱼、鲢和鳙幼鱼日龄的分布

Fig. 5.11 The distribution of daily age of juvenile black carp, grass carp, silver carp and bighead carp from Hukou section of the Yangtze River in July and August, 2009

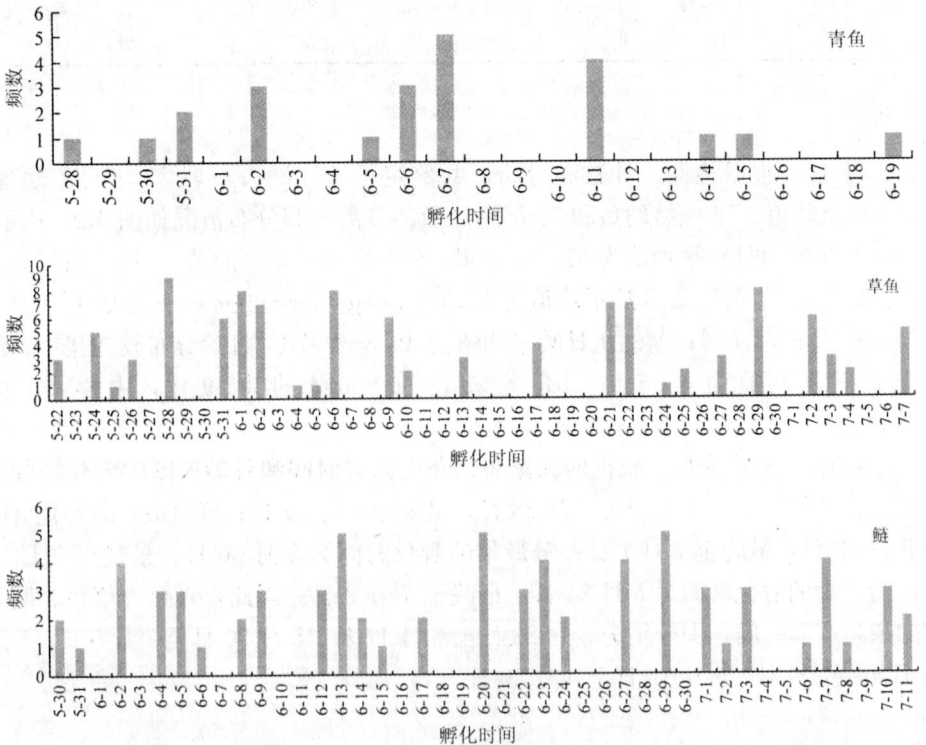

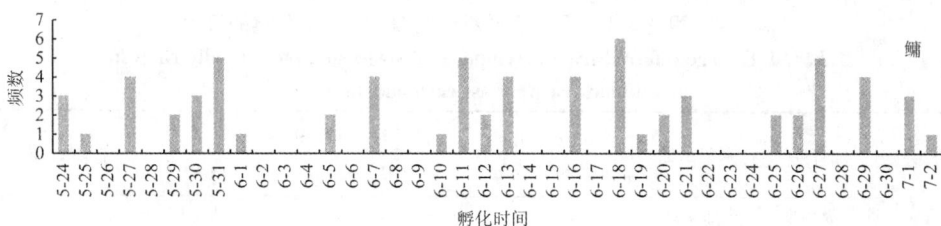

图 5.12 2009 年 7～8 月采于湖口的青鱼、草鱼、鲢和鳙幼鱼的孵化期分布

Fig. 5.12 The distribution of hatching date of juvenile black carp, grass carp, silver carp and bighead carp from Hukou section of the Yangtze River in July and August, 2009

5.1.2.3 讨论

(1) 关于仔鱼日龄的推断

过去，仔鱼的日龄主要依据发育期来推断，一来需要研究者具备非常扎实的鱼类发育生物学功底，二来要求样品当场处理或者完好地保存，这给野外工作带来了许多实际操作上的困难。同时，依据发育期推算的仔鱼日龄的准确性还受许多不确定因素的影响，耳石日轮检测技术的应用则为仔鱼日龄的鉴定提供了全新的思路。宋昭彬[11]认为，利用耳石推断日龄的准确性要高于依据发育期推断的准确性，因为耳石的沉积基本不受外界环境如水温、食物等影响，而各个阶段的发育时间则非常依赖于这些外界环境。比如，同一个发育期在较高水温中所持续的发育时间要明显少于在较低的水温中的发育时间，而水体中饵料分布、仔鱼漂流路线以及被动获得食物机会的随机性会导致某些个体营养充足而其他个体营养缺乏，营养充足的个体可以正常发育，而营养缺乏的个体则会因为生长缓慢而停滞在某个发育期，在2009 年的预实验中就发现由于营养缺乏，实验室饲养的仔鱼在一个月以后仍然处于鳔二室期。因此，同一发育期的仔鱼由于其生长过程中的外界环境的不同所对应的发育时间就可能存在很大的差别，而依据发育期推断的仔鱼日龄很可能会出现较大的偏差。根据本实验得出的仔鱼日龄和发育期的情况，参照《葛洲坝水利枢纽与长江四大家鱼》[2]对四大家鱼仔鱼发育过程的研究结果，通过耳石鉴定的四大家鱼仔鱼的日龄均高于依据发育期推算的日龄，而差别幅度依据不同种类、不同批次和不同发育期略有差别，大多高 1～3d。另外，某些处于同一发育期的仔鱼通过耳石推断的日龄也存在一定的差异，如表 5.4，草鱼 6 月 6 日和 6 月 8 日的卵黄吸尽期日龄相差近 2d。因此，在鉴定鱼类野生仔鱼的日龄时，应该充分考虑仔鱼成长过程中环境变化等客观因素可能带来的误差，采取以耳石鉴定的日龄为主、同时参照发育期推断结果的方式会更科学。

表 5.4　用发育期和耳石日轮推断的青鱼、草鱼和鲢的日龄

Tab. 5.4 The age inferred from developmental stages and otolith daily rings in larval black carp, grass carp and silver carp

种类	发育期	采集日期	由发育期推断的日龄/d	由耳石推断的日龄/d		样本数/尾
				均值±std	范围	
青鱼	卵黄吸尽期	6月6日	7.3~8.2	9.2±0.41	9~10	6
		6月7日	7.3~8.2	9.3±0.49	9~10	12
		6月8日	7.3~8.2	10.3±0.58	10~11	3
	背鳍分化期	6月16日	7.3~8.2	8.9±0.74	8~10	10
		6月24日	7.3~8.2	9.7±1.22	8~12	10
		6月8日	8.2~9.4	10±0	10	1
	尾椎上翘期	6月7日	8.2~9.4	12.5±0.71	13~14	2
		6月8日	8.2~9.4	12±0	12	1
		6月16日	8.2~9.4	13±0	13	1
草鱼	卵黄吸尽期	6月6日	7.0~7.9	9.2±0.93	8~11	13
		6月7日	7.0~7.9	9.9±0.66	8~11	143
		6月8日	7.0~7.9	11.1±0.96	10~15	30
	背鳍分化期	6月16日	7.0~7.9	8.9±0.58	8~11	102
		6月24日	7.0~7.9	8.9±0.53	8~10	14
		6月8日	7.9~9.0	11.3±0.58	11~12	3
	尾椎上翘期	6月7日	9.0~10.5	11±0	11	1
		6月8日	9.0~10.5	12.2±50.5	12~13	4
		6月16日	9.0~10.5	10.7±0.58	10~11	3
		6月24日	9.0~10.5	11±0	11	1
鲢	卵黄吸尽期	6月6日	7.0~8.8	8.8±0.79	7~10	54
		6月7日	7.0~8.8	10.0±0.59	9~11	38
		6月8日	7.0~8.8	11.1±0.62	10~12	19
		6月16日	7.0~8.8	9.1±0.75	7~11	65
		6月24日	7.0~8.8	9.3±0.74	8~11	30
	背鳍分化期	6月6日	8.8~10.0	10±0	10	1
		6月7日	8.8~10.0	11±0	11	1
		6月8日	8.8~10.0	11.5±0.71	11~12	2
		6月16日	8.8~10.0	11±0	11	1
		6月24日	8.8~10.0	12±0	12	1
	尾椎上翘期	6月6日	10.0~11.6	12.3±0.71	12~13	2
		6月7日	10.0~11.6	12±0	12	1
		6月8日	10.0~11.6	13.3±0.58	13~14	3
		6月16日	10.0~11.6	11.5±0.71	11~12	2
		6月24日	10.0~11.6	12.5±0.71	12~13	2
	鳔二室期	6月8日	11.6~13	14±0	14	1

（2）关于长江四大家鱼的繁殖时间

四大家鱼是典型的产漂流性卵子的鱼类，其亲鱼产卵不但需要流水刺激，同时也要求水温在 18℃以上[12]。历史上，在长江干流四大家鱼的繁殖时间是在 4 月下旬至 7 月，但是大型水利设施尤其是三峡大坝的建成对四大家鱼的繁殖造成了不利影响。中国科学院水生生物研究所在三峡大坝建成前后进行的检测结果显示，较历史数据，四大家鱼的繁殖时间有所延迟，最早的繁殖时间已推迟到了 5 月上旬，但三峡大坝蓄水一年后，长江中游江段仍然有家鱼产卵。管兴华对 2004 年长江中游草鱼的研究也表明草鱼的繁殖时间有所推迟，其最早的孵化时间为 5 月 14 日[13]，而段辛斌等[14]的检测也表明四大家鱼的繁殖时间推迟到了 5 月中旬以后，繁殖高峰则集中在 6 月下旬至 7 月上旬。

本实验的研究表明，2010 年在长江瑞昌江段采集的四大家鱼仔鱼的孵化期最早均在 5 月下旬，2009 年在长江湖口水域采集的四大家鱼幼鱼的孵化期最早也在 5 月下旬，得到的繁殖时间对比历史数据明显偏晚。笔者认为，造成这一结果的原因是仔鱼的采样时间可能稍晚，但综合看来，很可能是四大家鱼自身的繁殖时间偏晚，究其原因就是三峡大坝下泄水温偏低对坝下长江中游四大家鱼的繁殖可能产生了一定的不利影响，虽然从目前的研究看来影响不是非常显著，但确使四大家鱼繁殖时间出现了一定程度的滞后。这种滞后对仔鱼的孵化可能影响不大，但是对于仔鱼的生长存活则有较大的影响。因为从每年 5 月下旬开始，雨水偏多导致江水上涨、水体变大从而降低了食物密度，使更多的仔鱼可能长期处于饥饿状态。宋昭彬[11]的研究表明，饥饿是导致四大家鱼早期鱼苗大量死亡的主要原因之一，而鱼苗的大量死亡则大大减弱了其对资源当年的补充作用，因此四大家鱼繁殖时间的推迟可能会对野生资源的恢复造成较大影响。

（3）关于长江四大家鱼产卵场

据易伯鲁等[2]的调查，长江从重庆至彭泽长 1695km 的江段共有 36 处四大家鱼产卵场，其中中游的产卵场多达 25 处，并且之后一直到 20 世纪 80 年代的调查也表明这样的分布情况没有明显改变[15]。但是近年来由于环境污染、河道改造、大型水利设施的兴建和航运等影响，长江四大家鱼资源已严重衰竭，四大家鱼在长江天然渔获物中所占的比例大幅下降[16]，尤其是三峡大坝建成后下泄不饱和水流等原因对长江中下游四大家鱼产卵环境产生了很大影响[17]。本实验表明，采于长江瑞昌江段的四大家鱼仔鱼的亲鱼产卵场大致位于新码头—宜昌，主要是在石首—郝穴江段。与易伯鲁等的调查比较，实验结果中并没有来自长江中游中下段的产卵场（湖北监利以下至瑞昌以上江段），监利至洞庭湖江段所产仔鱼有可能主要进入了洞庭湖中，加之采集时的随机因素以至于没有采集到，但总体来看则表明这一区域的产卵场规模可能已非常小甚至消失了，黎明政等[18]的研究也得到了类似结果。从产卵场的大面积消失可以看出，近十几年来各种人为活动确实对长江中下游四大家鱼的产卵场造成了比较严重的破坏，尤其是三峡工程的运行导致长江中游的涨水过程出现了明显变化，大大地改变了某些原来适合四大家鱼繁殖的水域的水文环境，从而使四大家鱼的产卵场迅速地消失。繁殖季节产卵场的保护是长江野生家鱼资源保护与恢复工作的关键所在，鉴于长江四大家鱼资源的保护与恢复面临的严峻形势，建议对目前长江四大家鱼产卵场进行一次系统全面的勘定，在此基础上制定重要产卵场的相关保护条例，详细评估各种人为活动可能对其产生的不利影响，从而有的放矢地加以保护。另外，加强对四大家鱼繁殖季节主要产卵场区域的管理，对渔业活动、航运等会给家鱼繁殖带来不利影响的因素进行必要的干预，以保证家鱼资源的恢复和延续。

5.1.3 四大家鱼仔幼鱼的生长研究

了解鱼类的生长是鱼类生态学的一个重要内容，同时也是渔业资源管理的关键。过去，受年龄鉴定的限制，鱼体生长的研究多是针对成鱼，并多以年或者季节为单位，对1龄以下的仔幼鱼生长情况却无法进行较精确的研究。根据耳石日轮可以精确地鉴定鱼类的日龄，知道了日龄，对仔、稚鱼及1龄以下幼鱼生长情况精细的描述便成为可能。

本章通过耳石鉴定的长江瑞昌江段四大家鱼仔鱼和湖口水域幼鱼的日龄，以线性模型和指数模型对其生长进行了分析、比较，以期为更精确地了解长江中游四大家鱼仔幼鱼的生长提供参考。

5.1.3.1 材料和方法

（1）材料来源

同 5.1.1.1。

（2）四大家鱼的鉴定和保存

同 5.1.1.1。

（3）耳石样品的摘取和制备

同 5.1.1.1。

（4）耳石观察、检测及拍照

同 5.1.1.1。

（5）四大家鱼仔幼鱼的日龄的推算

同 5.1.2.1。

（6）数据分析

同 5.1.2.1。

5.1.3.2　结果

（1）仔鱼

采集到的四大家鱼仔鱼的全长分布情况见表 5.5。

表 5.5 2010 年 6 月采于长江瑞昌江段的青鱼、草鱼、鲢和鳙仔鱼的全长分布

Tab. 5.5 The distribution of total length of larval black carp, grass carp, silver carp and bighead carp from Ruichang section of the Yangtze River in June, 2010

种类	采集时间	全长/0.1mm		样本总数/尾	用于检测的样本数/尾
		平均值	范围		
青鱼	6 月 6 日	93	74～101	113	25
	6 月 16 日	87	71～111	29	11
	6 月 24 日	90	84～103	29	10
草鱼	6 月 6 日	84	52～103	666	194
	6 月 16 日	92	70～100	388	105
	6 月 24 日	88	80～120	50	16
鲢	6 月 6 日	82	62～99	527	122
	6 月 16 日	83	71～97	324	68
	6 月 24 日	80	70～97	130	33
鳙	6 月 6 日	78	72～86	7	0
	6 月 16 日	76	69～85	9	1
	6 月 24 日	80	79～84	5	0

①青鱼：回归分析表明，各批次仔鱼全长与日龄的相关性很差，仅 6 月 6 日的青鱼仔鱼全长与日龄呈显著的线性关系（$P<0.001$），其中 TL 表示仔鱼全长，A 表示日龄，平均生长率为 0.2176mm/d。将所有样本合并后的分析也表明，青鱼仔鱼全长与日龄呈显著的线性关系（$P<0.001$），整体样本的全长平均生长率为 0.2362mm/d，如图 5.13，其相关方程为

$$TL=0.2362A+6.5088, \quad n=46, \quad r^2=0.1696, \quad P<0.001$$

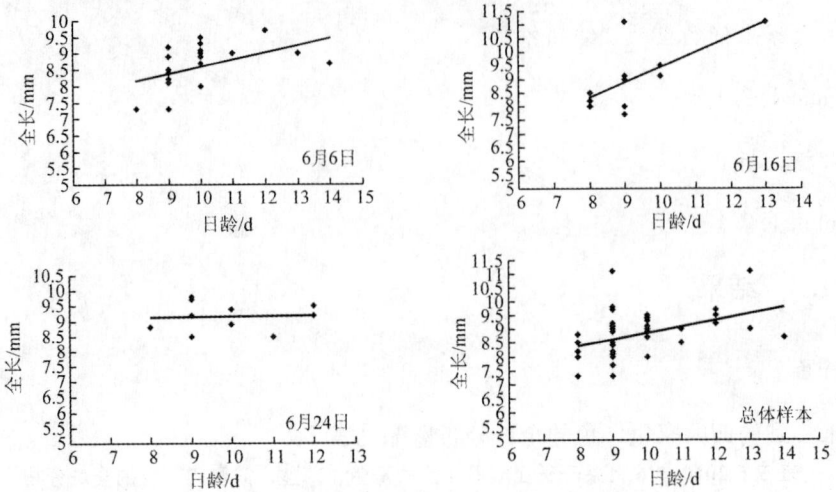

图 5.13 青鱼仔鱼全长与日龄的关系

Fig. 5.13 Relationship between total length and daily age of larval black carp

② 草鱼:回归分析表明,各批次仔鱼全长与日龄的相关性很差,仅 6 月 6 日的草鱼仔鱼全长与日龄呈显著的线性关系(P<0.001),其中 TL 表示仔鱼全长,A 表示日龄,平均生长率分别为 0.2771mm/d。将所有样本合并后的分析也表明,草鱼仔鱼全长与日龄呈显著的线性关系(P<0.001),整体样本的全长平均生长率为 0.0527mm/d,如图 5.14,其相关方程为

$$TL=0.0527A+8.1595,\quad n=315,\quad r^2=0.0069,\quad P<0.001$$

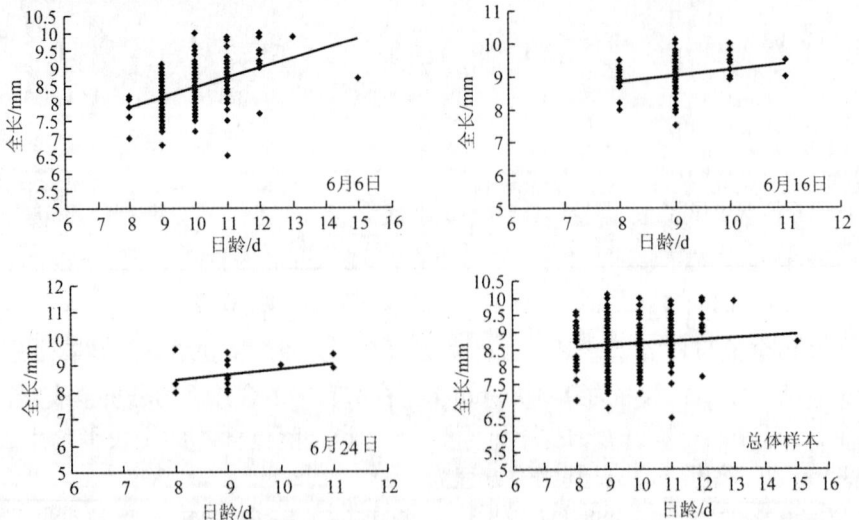

图 5.14 草鱼仔鱼全长与日龄的关系

Fig. 5.14 Relationship between total length and daily age of larval grass carp

③ 鲢：回归分析表明，6 月 6 日、16 日和 24 日的鲢仔鱼全长与日龄均呈显著的线性关系（$P < 0.001$），但是 6 月 16 日和 24 日其相关系数很小，其中 TL 表示仔鱼全长，A 表示日龄。6 月 6 日、16 日和 24 日的鲢仔鱼全长的平均生长率分别为 0.2825mm/d、0.094mm/d、0.0535mm/d。将所有样本合并后的分析也表明，鲢仔鱼全长与日龄呈显著的线性关系（$P < 0.001$），整体样本的全长平均生长率为 0.235mm/d，如图 5.15，其相关方程为

$$TL = 0.235A + 5.6185, \quad n = 223, \quad r^2 = 0.2712, \quad P < 0.001$$

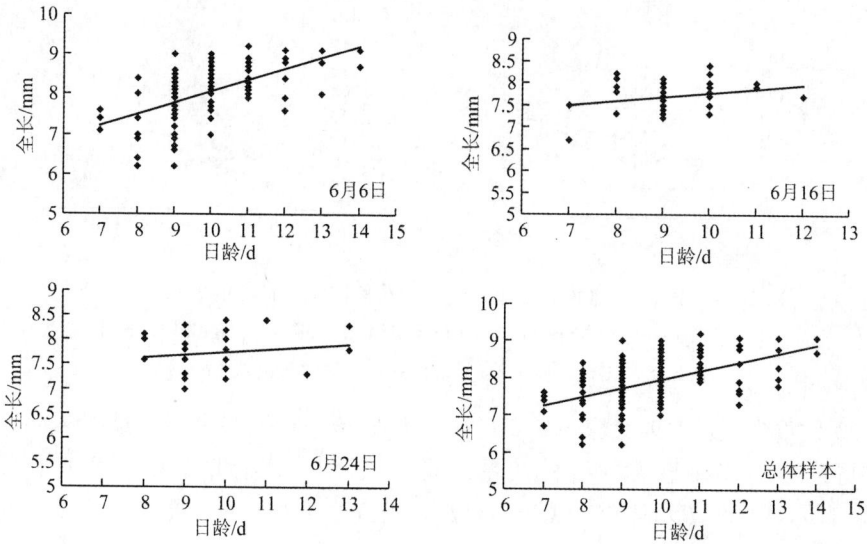

图 5.15 鲢仔鱼全长与日龄的关系

Fig. 5.15 Relationship between total length and daily age of larval silver carp

（2）幼鱼

采集到的四大家鱼幼鱼的体长、体重分布情况见表 5.6。

表 5.6 2009 年 7～8 月采于长江湖口水域的青鱼、草鱼、鲢和鳙幼鱼体长、体重分布

Tab. 5.6 The distribution of body length, body weight of juvenile black carp, grass carp, silver carp and bighead carp from Hukou section of the Yangtze River in July and August, 2009

种类	体长/cm		体重/g		样本数/尾
	平均值	范围	平均值	范围	
青鱼	8.20	5.73～12.04	12.87	3.36～37.43	23
草鱼	9.94	5.13～15.11	23.72	2.86～78.23	111
鲢	10.46	7.73～13.31	20.71	7.26～38.44	73
鳙	7.54	6.64～16.02	17.69	4.95～72.97	70

① 体长生长：对四大家鱼幼鱼的体长与日龄进行回归分析，结果表明它们的体长与日龄均存在显著的线性或指数关系，并且线性关系优于指数关系

（图5.16），以 L 表示体长，A 表示日龄，由方程可知青鱼、草鱼、鲢及鳙幼鱼体长的平均生长率分别为0.1651cm/d、0.1426cm/d、0.0928cm/d、0.0997cm/d。

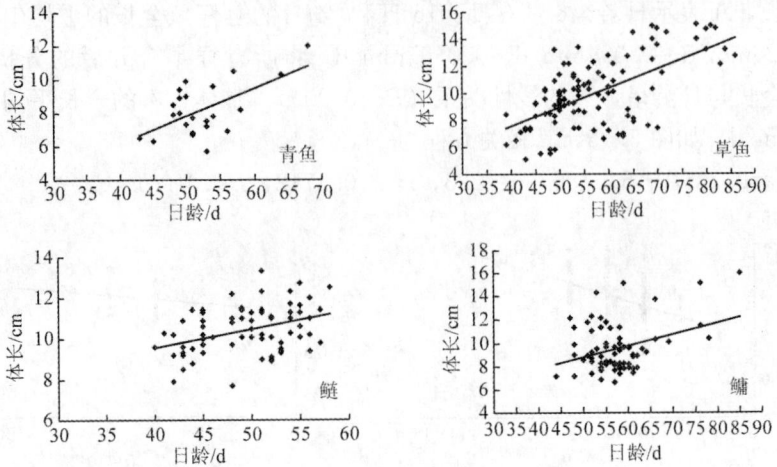

图5.16 青鱼、草鱼、鲢和鳙幼鱼体长与日龄的关系
Fig. 5.16 Relationship between body length and daily age of juvenile
black carp, grass carp, silver carp and bighead carp

② 体重生长：对四大家鱼幼鱼的体重与日龄进行回归分析，结果表明它们的体重与日龄均存在显著的线性关系或指数关系，并且线性关系优于指数关系（图5.17），以 W 表示体重，A 表示日龄，由方程可知青鱼、草鱼、鲢及鳙幼鱼体重的平均生长率分别为0.9412g/d、1.0211g/d、0.4978g/d、0.7292g/d。

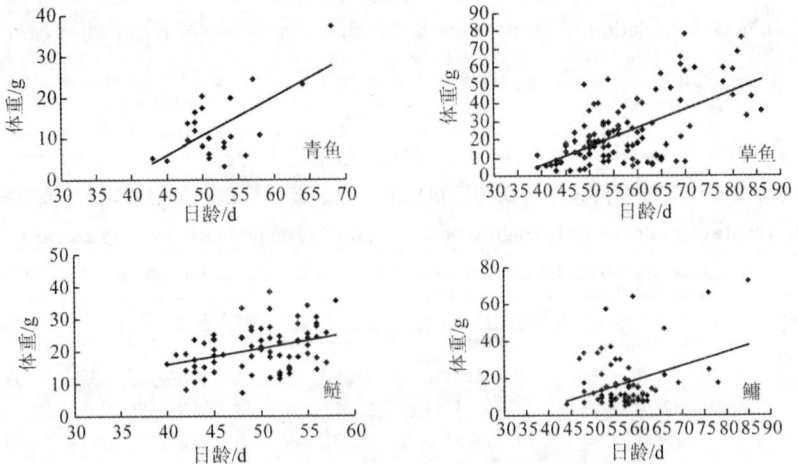

图5.17 青鱼、草鱼、鲢和鳙幼鱼体重与日龄的关系
Fig. 5.17 Relationship between body weight and daily age of juvenile
black carp, grass carp, silver carp and bighead carp

③ 体长与体重关系：回归分析表明，湖口水域采集的四大家鱼幼鱼的体长体重均呈显著的幂指数相关性，用 L 代表体长，W 代表体重。鱼类体长体重生长方程 $W=aL^b$ 描述鱼体体重随体长变化，是使用最普遍的关系式，b 值反映不同阶段和生长环境中生长发育的特征参数。由相关方程可以看出，采自湖口的幼鱼关系式中 b 值都接近或大于 3，说明鱼体生长状况良好，体内营养物质能够正常积累（图 5.18）。

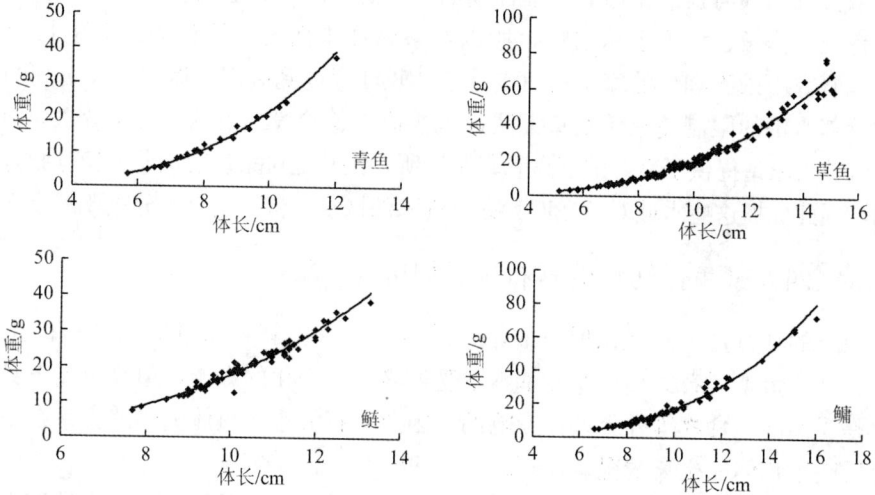

图 5.18 青鱼、草鱼、鲢和鳙幼鱼体长与体重的关系

Fig. 5.18 Relationship between body length and body weight of juvenile black carp, grass carp, silver carp and bighead carp

5.1.3.3　讨论

（1）四大家鱼仔鱼的日生长

本研究的结果表明，各批次四大家鱼仔鱼的全长与其日龄的相关性很差，其中青鱼、草鱼、仔鱼仅 6 月 6 日的样本呈显著的线性关系，而鲢仔鱼虽然三批样均呈显著的线性关系，但是 6 月 16 日和 24 日样本的相关系数很小，即 6 月 16 日与 24 日样本的全长与日龄虽然总体上呈显著的线性关系，但是其生长还是比较离散的，同时仔鱼的生长率均比较低。这和宋昭彬[11]的研究结果基本一致，说明长江中的浮游动物密度确实较低，并且不同日期的密度存在较大差异，加上长江野生仔鱼由于没有主动摄食能力，食物竞争激烈以及取食的随机性大，其获取的食物量存在较大差别，因此生长差异性大，体长和日龄的相关性就变得不明显。

（2）四大家鱼幼鱼的日生长

宋昭彬[11]指出，草鱼和鲢幼鱼的日龄与体长、体重均呈显著的指数或线性关系，并且指数关系优于线性关系；管兴华[8]对草鱼的研究也有类似结果。本研究表明长江湖口水域四大家鱼幼鱼的日龄与体长、体重亦均成显著指数或线性关系，但线性关系优于指数关系，即采于湖口水域的四大家鱼幼鱼后期生长速度与仔稚鱼期相比并没有如宋昭彬[11]的研究结果一样显著加快，而是仍然保持着稳定的相对较低的生长速度。造成这一差异的原因推测是宋昭彬[11]和管兴华[8]的研究中有许多样品采自五湖（与长江相通的季节性湖泊）或洞庭湖，家鱼幼鱼已经开始在那里栖息、育肥，体长、体重迅速增加，所以对整体样本而言，幼鱼的后期生长明显加快。本研究中采于湖口的家鱼幼鱼则处于从长江迁徙到鄱阳湖途中，长时间的迁徙加上营养水平的限制使家鱼幼鱼无法进入快速生长阶段。可见，长江沿途的湖泊和静水区域为家鱼提供了良好的栖息和育肥场所，尤其是对家鱼幼鱼期生长育肥有显著影响，因此保护这些水域对长江四大家鱼资源的恢复与保护具有十分重要的意义。

5.1.4 四大家鱼仔幼鱼的耳石生长研究

鱼类的耳石是不断沉积形成的，知道鱼类的日龄就可以推算出耳石的生长情况。另外，鱼类耳石的日沉积性基本不受外界环境变化的影响，但是鱼类自身生长速率是受温度、食物等外界条件影响的，因此耳石大小与鱼体大小的关系在一定程度上反映了鱼体的生长情况。

本章分析了长江瑞昌江段不同批次的四大家鱼仔鱼以及长江湖口水域四大家鱼幼鱼的耳石大小与日龄、耳石大小与鱼体大小的相关关系，从而探讨了长江四大家鱼仔幼鱼的耳石生长情况。

5.1.4.1 材料和方法

（1）材料来源

同5.1.1.1。

（2）四大家鱼的鉴定和保存

同5.1.1.1。

（3）耳石样品的摘取和制备

同5.1.1.1。

（4）耳石观察、检测及拍照

同5.1.1.1。

（5）耳石半径、直径的测量方法

本实验中所有仔鱼耳石的大小均以其长直径为标准，所有幼鱼耳石的大小均以其短半径为标准。耳石的直径和半径的测量均有长直径、短直径以及长半径和短半径之分。如图5.19（a），C为微耳石或者矢耳石中心原基，在通过耳石中心原基的直径中，最长的D_2则为长直径，最短的D_1即为短直径。如图5.19（b），C为微耳石中心原基，在耳石的生长方向上，中心到边缘的最远距离L即是微耳石的长半径；中心到边缘的最远距离R_1或R_2为微耳石的短半径。

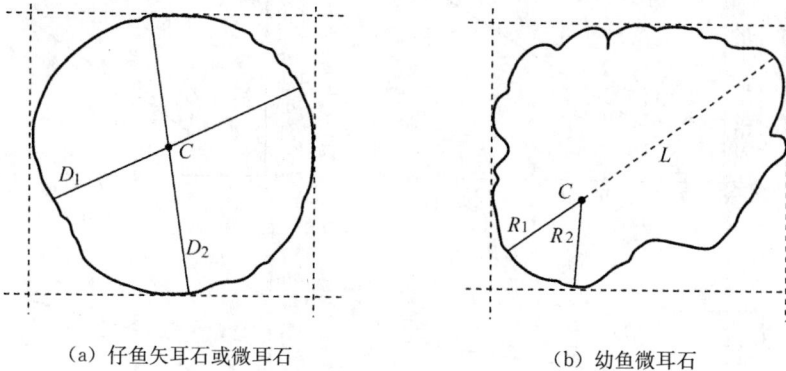

（a）仔鱼矢耳石或微耳石 　　（b）幼鱼微耳石

图5.19 耳石测量示意图

Fig. 5.19 Illustration of measurements of otolith.

D_1为短直径；D_2为长直径；L长半径；R_1、R_2为短半径

（6）数据分析

用Excel 2003对数据进行处理分析和制图，用SPSS 17.0对数据进行相关性检验。

5.1.4.2 结果

（1）仔鱼

① 青鱼：用耳石检测软件Jiseki 5测定了2010年6月6日、16日和24日采集的青鱼仔鱼的矢耳石以及微耳石长直径。回归分析表明，各批次青鱼仔鱼的矢耳石和微耳石长直径均与日龄呈显著线性关系（$P<0.001$），其中，6月6日样品矢耳石的平均沉积速率为$6.6482\mu m/d$，微耳石为$6.0431\mu m/d$；6月16日样品矢耳石的平均沉积速率为$15.987\mu m/d$，微耳石为$15.024\mu m/d$；6月24日样品矢耳石的平均沉积速率为$4.3352\mu m/d$，微耳石为$4.9563\mu m/d$（图5.20）。

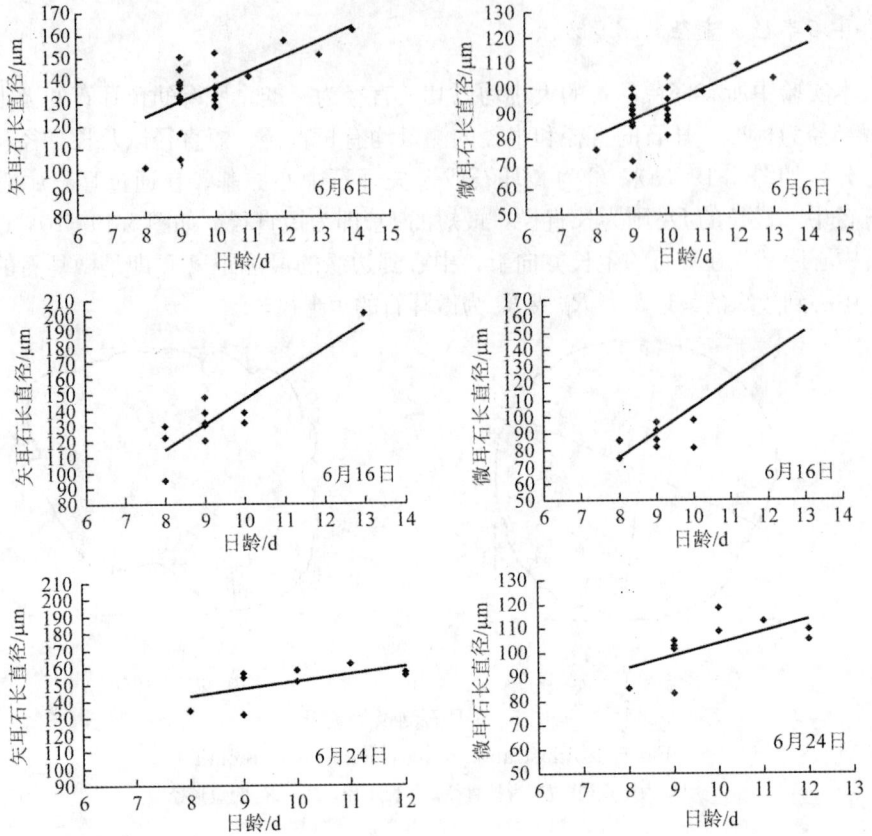

图 5.20 青鱼仔鱼的耳石长直径与日龄的关系

Fig. 5.20 Relationship between daily age and long otolith diameter of lapillus of larval black carp

青鱼仔鱼的矢耳石和微耳石长直径与仔鱼全长也呈显著的线性关系（$P<0.001$），比较各批次的相关方程可以看出，6 月 6 日与 6 月 16 日青鱼仔鱼的全长与耳石长直径的相关系数要明显大于 6 月 24 日的样品相关系数，即相对而言，6 月 24 日样品的耳石大小与鱼体大小关系较为离散（图 5.21）。

② 草鱼：用耳石检测软件 Jiseki 5 测定了 2010 年 6 月 6 日、16 日和 24 日采集的草鱼仔鱼的矢耳石以及微耳石长直径。回归分析表明，草鱼仔鱼的矢耳石和微耳石长直径均与日龄呈显著线性关系（$P<0.001$），其中，6 月 6 日样品矢耳石的平均沉积速率为 5.0524μm/d，微耳石为 5.3625μm/d；6 月 16 日样品矢耳石的平均沉积速率为 2.9794μm/d，微耳石为 3.1537μm/d；6 月 24 日样品矢耳石的平均沉积速率为 2.6138μm/d，微耳石为 3.7155μm/d。（图 5.22）

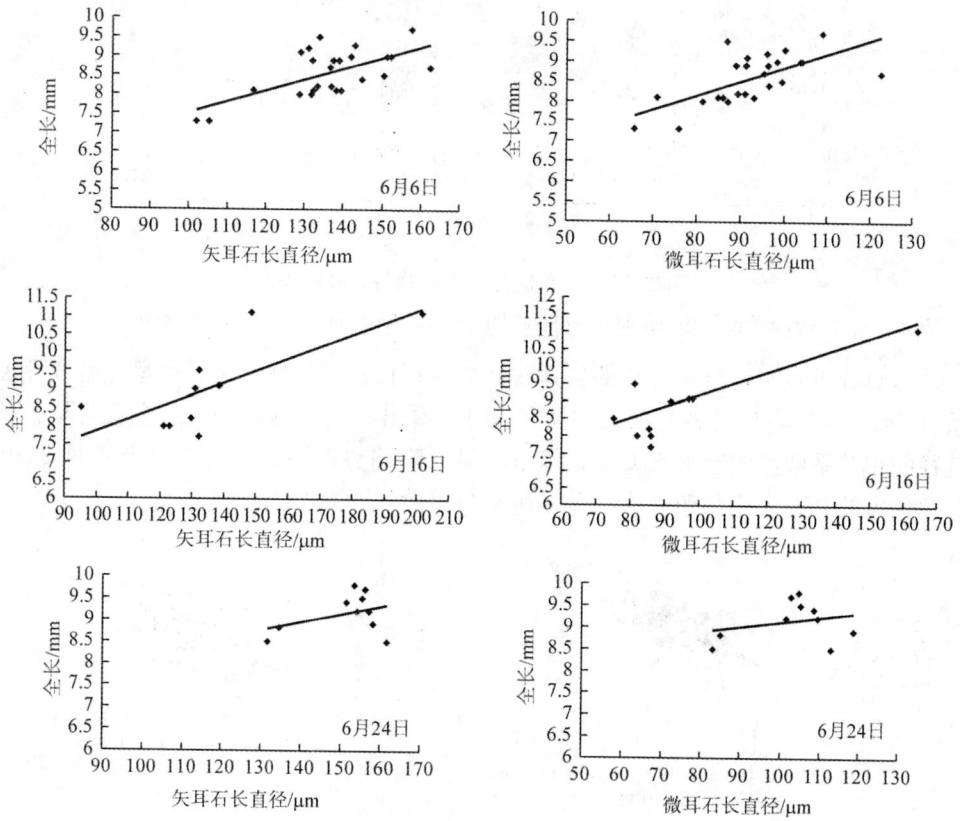

图 5.21 青鱼仔鱼的耳石长直径与全长的关系

Fig. 5.21 Relationship between total length and long otolith
diameter of lapillus of larval black carp

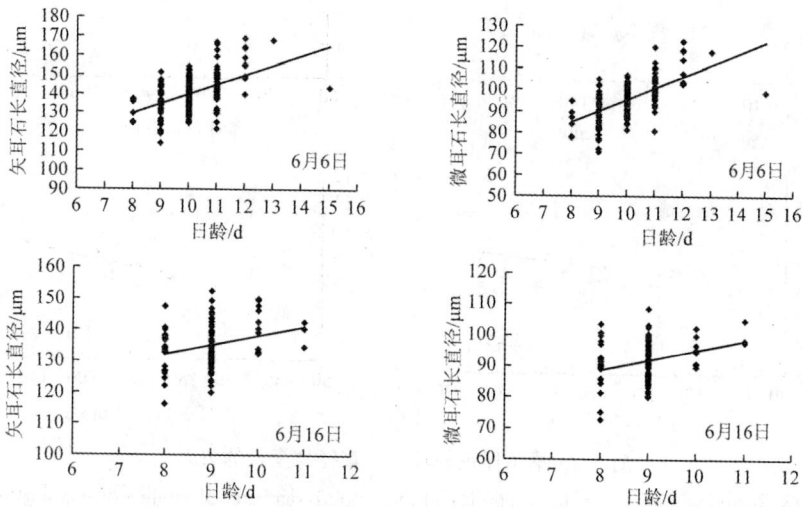

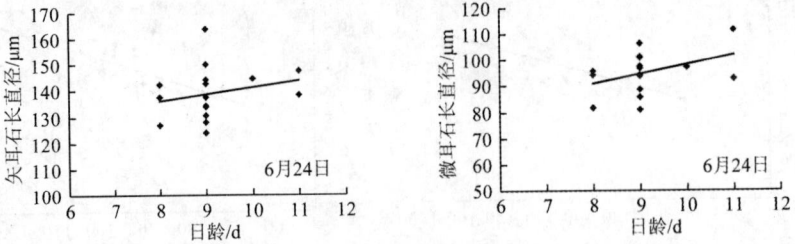

图 5.22 草鱼仔鱼的耳石长直径与日龄的关系

Fig. 5.22 Relationship between daily age and long otolith diameter of lapillus of larval grass carp

回归分析表明，草鱼仔鱼的矢耳石和微耳石长直径与仔鱼全长也呈显著线性关系（$P<0.001$），比较各批次的相关方程可以看出，三批草鱼仔鱼的全长与耳石长直径的相关系数虽没有显著差别，但呈明显下降趋势，即从 6 月 6 日至 6 月 24 日草鱼仔鱼的耳石大小与鱼体大小关系越来越离散（图 5.23）。

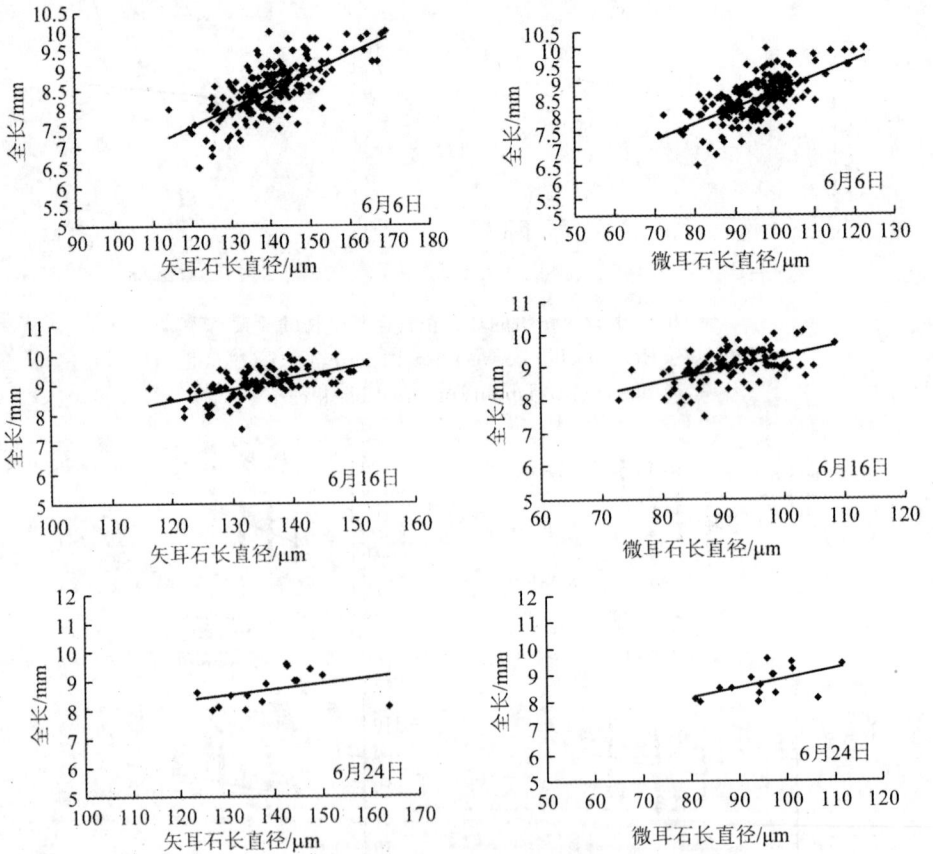

图 5.23 草鱼仔鱼的耳石长直径与全长的关系

Fig. 5.23 Relationship between total length and long otolith diameter of lapillus of larval grass carp

③ 鲢：用耳石检测软件 Jiseki 5 测定了 2010 年 6 月 6 日、16 日和 24 日采集的鲢仔鱼的矢耳石以及微耳石长直径。回归分析表明，草鱼仔鱼的矢耳石和微耳石长直径均与日龄呈显著线性关系（$P<0.001$），其中，6 月 6 日样品矢耳石的平均沉积速率为 9.5113μm/d，微耳石为 7.807μm/d；6 月 16 日样品矢耳石的平均沉积速率为 3.9529μm/d，微耳石为 3.4412μm/d；6 月 24 日样品矢耳石的平均沉积速率为 9.2606μm/d，微耳石为 6.0303μm/d（图 5.24）。

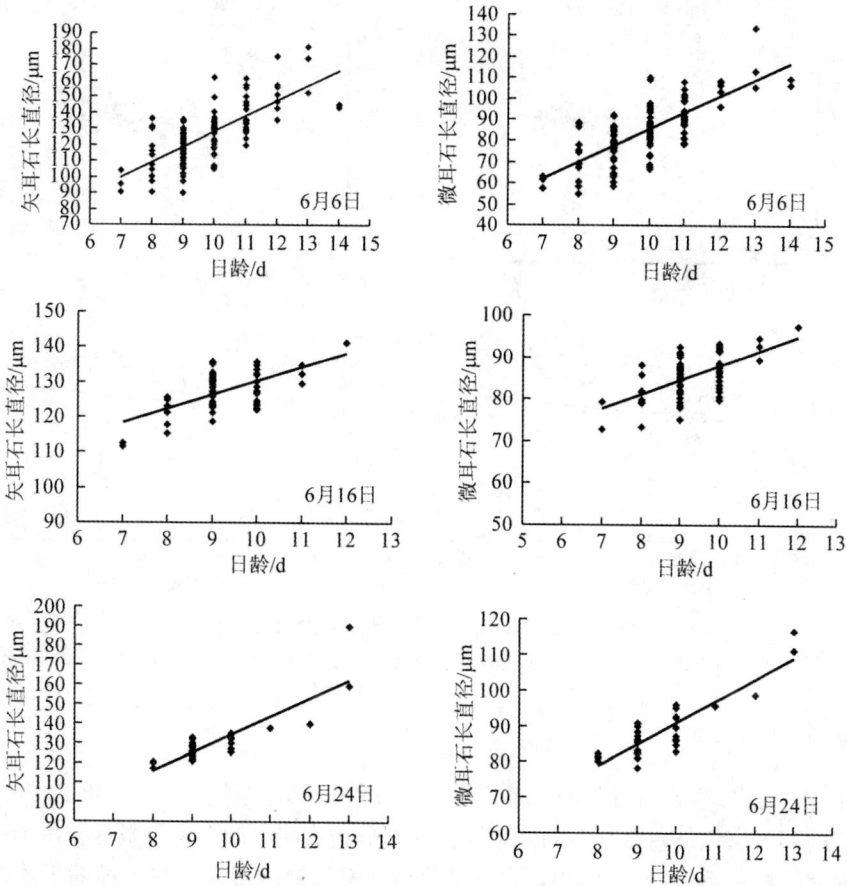

图 5.24 鲢仔鱼的耳石长直径与日龄的关系

Fig. 5.24 Relationship between daily age and long otolith diameter of lapillus of larval silver carp

回归分析表明，鲢仔鱼的矢耳石和微耳石长直径与仔鱼全长也呈显著线性关系（$P<0.001$），比较各批次的相关方程可以看出，6 月 6 日青鱼仔鱼的全长与耳石长直径的相关系数要明显大于 6 月 16 日和 6 月 24 日的样品相关系数，且 6 月 16 日大于 6 月 24 日样品，即总体而言 6 月 16 日和 6 月 24 日样品的耳石大小与鱼体大小关系较为离散，并且 6 月 24 日样品的离散程度高于 6 月 16 日的样品离散程度（图 5.25）。

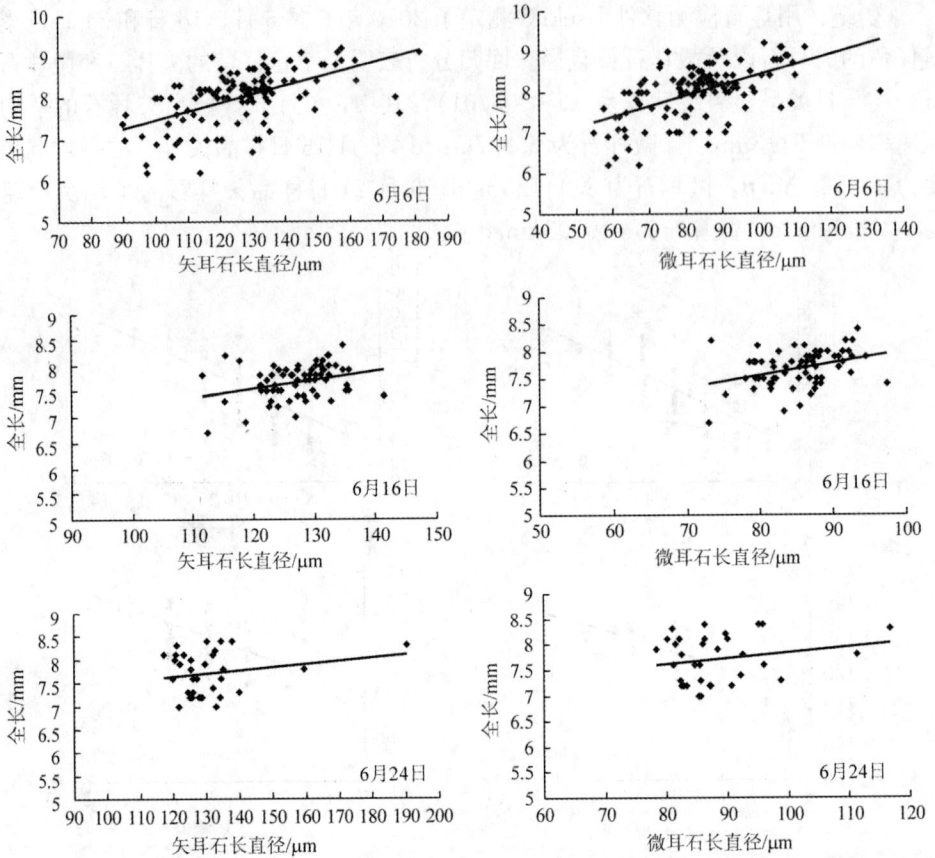

图 5.25 鲢仔鱼的耳石长直径与全长的关系

Fig. 5.25 Relationship between total length and long otolith diameter of lapillus of larval silver carp

（2）幼鱼

① 微耳石短半径与日龄的关系：用耳石软件 Jiseki 5 测定了 2009 年 7～8 月在湖口采集的四大家鱼幼鱼微耳石的短半径。回归分析表明，四大家鱼微耳石短半径与日龄呈显著线性关系（$P<0.001$），青鱼、草鱼、鲢和鳙的微耳石短半径的平均沉积速率分别为 7.9439μm/d、1.5208μm/d、2.7313μm/d、5.0237μm/d（图 5.26）。

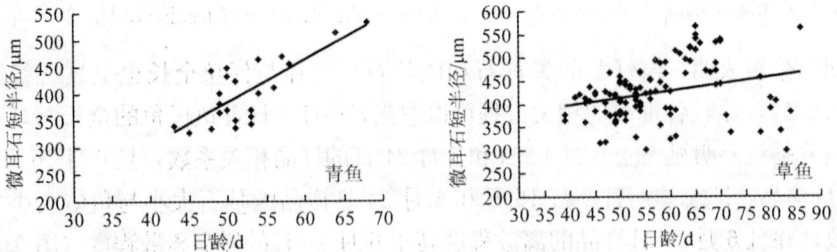

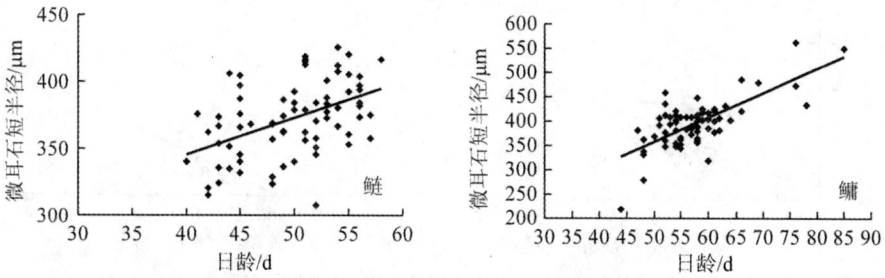

图 5.26 青鱼、草鱼、鲢和鳙幼鱼微耳石短半径与日龄的关系

Fig. 5.26 Relationship between daily age and short radius of lapillus of juvenile black carp, grass carp, silver carp and bighead carp

② 微耳石短半径与体长、体重的关系：回归分析表明，四大家鱼微耳石短半径与体长、体重也均呈显著线性关系（$P < 0.001$），且相关性都较好（图 5.27）。

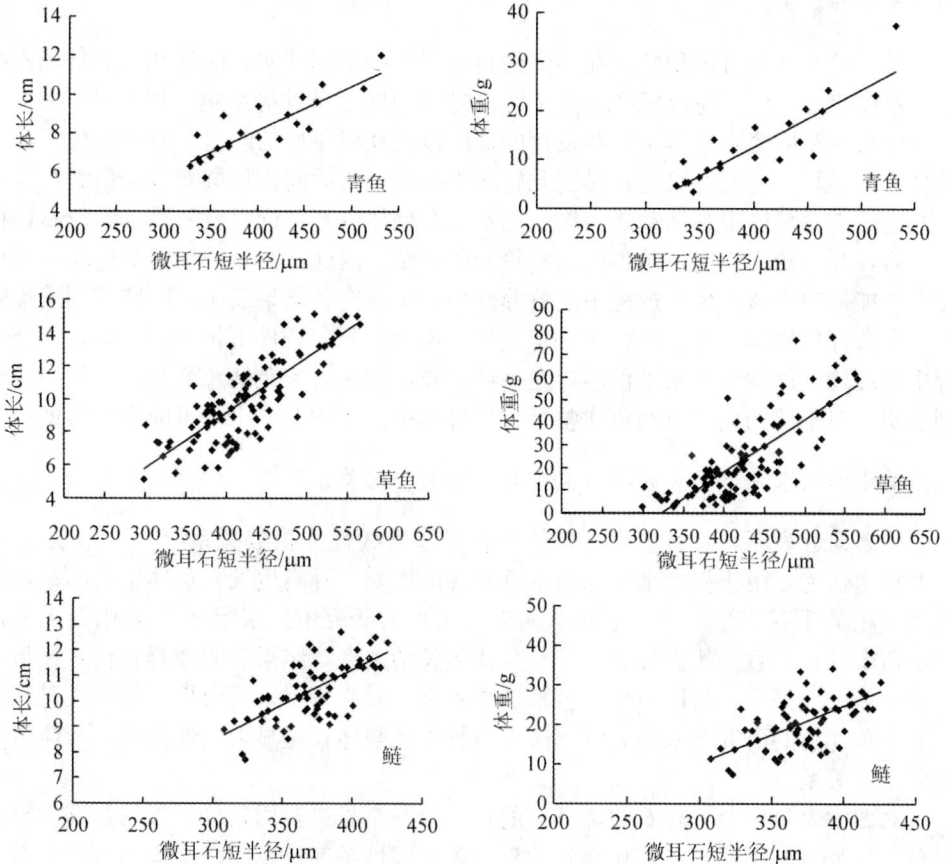

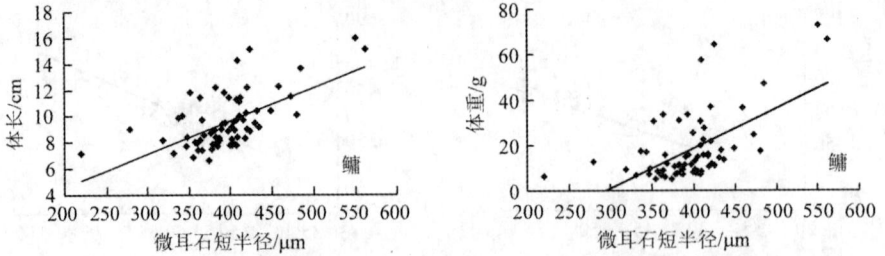

图 5.27 青鱼、草鱼、鲢和鳙幼鱼微耳石短半径与体长、体重的关系

Fig. 5.27 Relationship between body length, weight and short radius of lapillus of juvenile black carp, grass carp, silver carp and bighead carp

5.1.4.3 讨论

(1) 关于耳石生长

耳石轮纹具有日沉积性已在很多的鱼类研究中得到证实，而且耳石的日沉积性是相对稳定的，但其轮纹宽度会受水温、光照和摄食条件等影响。解玉浩[10]认为，耳石轮纹的宽度会随鱼体生长和发育的情况以及环境条件的改变而发生变化。自然条件下鱼类耳石上的轮纹通常是前几轮间距较宽，之后间距稍微变窄，鱼类生长一个月之后随着鱼体摄食活动能力增强轮距又会慢慢变宽。同时夏秋季水温较高，食饵丰盛，耳石轮距变宽，越冬期则日轮间距变窄。因此，耳石的生长情况在一定程度上就能反映出鱼类生长过程中的营养水平。本研究的结果表明，不同日期采集的四大家鱼仔鱼的耳石生长率存在一定差异，说明在野生条件下长江四大家鱼生长过程中的环境条件和营养水平可能存在一些差异，而四大家鱼幼鱼的耳石生长率较低则表明湖口水域四大家鱼幼鱼在整个生长过程中的平均营养水平可能相对偏低。

(2) 关于四大家鱼仔幼鱼的耳石大小与鱼体大小的关系

许多研究表明，耳石生长与鱼体生长呈显著线性或指数关系[19-21]。但是也有一些报道认为，由于摄食水平差或不良条件的影响，耳石生长与鱼体生长不一定成比例或相关性不显著[22-23]。在前人对四大家鱼的研究中，宋昭彬[11]采用四大家鱼仔幼鱼微耳石长直径研究耳石生长与鱼体生长的关系，结果表明微耳石长直径与体长呈显著线性关系，与体重呈显著幂函数关系。管兴华[8]采用微耳石长半径对长江中游草鱼幼鱼的研究结果则表明，微耳石长半径与体长呈显著线性关系，与体重呈显著指数关系。

对四大家鱼仔鱼矢耳石和微耳石的长直径与全长进行回归分析表明，四大家鱼仔鱼的矢耳石和微耳石与仔鱼全长均呈显著的线性关系。不同批次样品间的耳石大小和鱼体大小相关性存在差异，且均为6月6日的样品相关性较好，而6月16日和24日的样品相关性较差。耳石沉积是相对稳定的，因此相关性差表明仔鱼在生长过程中个体间的生长差异很大（见 5.1.3.2），从而造成耳石大小和鱼体大小相关性较差，而 6 月 6 日的样品相关性较好是由于 2010 年 5 月至 6 月初长江中上游地区降雨较多，江水宽阔，食物相对丰富，且此时并不是繁殖高峰期，故这段时间仔鱼的食物都相对充足，生长差异相对较小，所以这应该是一种特殊情况。

此外，对长江湖口水域四大家鱼幼鱼微耳石短半径与鱼体生长的回归分析发现，微耳石短半径与体长、体重均呈极显著的线性关系。笔者认为上述三项研究中的四大家鱼幼鱼耳石大小与体重关系存在差异的部分原因是三项研究中的家鱼样本不同，而更主要的原因是宋昭彬[11]、管兴华[8] 和本研究分别采用耳石长直径、耳石长半径和耳石短半径与鱼体大小进行分析，但三项研究都表明长江四大家鱼幼鱼的耳石大小与鱼体大小密切相关。

5.2　鄱阳湖通江水道四大家鱼幼鱼的耳石特征与生长特性研究

研究耳石大小与鱼体大小的关系，一方面可以用于鱼体的生长推算，另一方面还可以用来定性描述鱼类的生长状况以及摄食水平。本研究以在星子县水域采集的四大家鱼幼鱼为材料，统计分析其耳石大小与鱼体大小间的关系，目的在于更深入地了解鄱阳湖四大家鱼幼鱼的年龄和早期生长情况，从而为日益枯竭的四大家鱼野生资源的保护与恢复提供参考。

5.2.1　材料与方法

5.2.1.1　材料来源

四大家鱼幼鱼样本于 2010 年 6～9 月采集于鄱阳湖通江水道的中部——星子县水域，网具规格为：网簖长 70m，网围长 88m，网目 4.4cm，网笼网目为 1.5cm。逐尾进行生物学测量，测量指标为体长、体重。其中体长测量精确到 1mm；体重测量精确到 0.1g（表 5.7）。新鲜样本带回住处进行下一步处理。

表 5.7　四大家鱼幼鱼的体长体重范围

Tab. 5.7 Body length and body weight of the juvenile of four major Chinese carps

种类	体长/mm			体重/g			样本数/尾
	范围	平均值	标准差	范围	平均值	标准差	
草鱼	78～176	113.74	18.37	9.9～109.8	29.63	16.89	87
青鱼	76～193	129.03	25.65	7.9～139	42.23	28.58	33
鲢	79～233	107.82	24.24	7.4～205.6	23.11	24.00	159
鳙	77～215	151.83	41.00	9.3～200.1	79.57	55.49	48

5.2.1.2 耳石样本的制备

剪开鱼顶骨，在脑下方取出 1 对微耳石，经无水乙醇洗净、自然风干后，置于 96 孔培养板中保存。用无色指甲油，将微耳石的凹面朝上水平粘于载玻片上，自然风干（至少 8h），待指甲油完全凝固后，用 2000 号砂纸加水打磨。一边打磨一边于显微镜下观察，直至打磨到能清楚看到耳石生长中心轮纹，用水洗净，再用抛光纸抛光至轮纹完全清晰可见；之后用丙酮将指甲油溶解，翻面，风干后用相同方法打磨耳石另一面，洗净风干即可直接用无色指甲油封片。

5.2.1.3 耳石日轮的计数与短半径的测量

将耳石样品制备好后，使用耳石图像分析软件（Ratoc System Engineering, Tokyo）进行数据采集。观察四大家鱼幼鱼微耳石时，发现其短半径上的轮纹沉积均匀且清晰，故读取耳石生长轮数并测量短半径及轮间距（精确至 $0.01\mu m$）。

5.2.1.4 数据分析

用 Microsoft Office 2007 及 SPSS 17.0 软件对四大家鱼幼鱼微耳石短半径和日龄与体长体重进行相关性分析并绘制图形。

5.2.2 结果与分析

5.2.2.1 四大家鱼日龄分布

本次实验共鉴定了 87 尾草鱼、33 尾青鱼、159 尾鲢和 48 尾鳙的日龄，统计结果（图 5.28）表明青鱼幼鱼的日龄范围为 53～95d，日龄平均值为 78.1±10.8d；草鱼幼鱼的日龄范围为 45～79d，日龄平均值为 65.9±7.1d；鲢幼鱼的日龄范围为 43～102d，日龄平均值为 62.4±8.1d；鳙幼鱼的日龄范围为 51～93d，平均值为 70.9±10.5d。

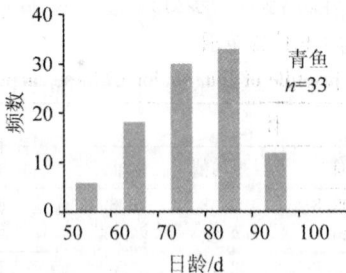

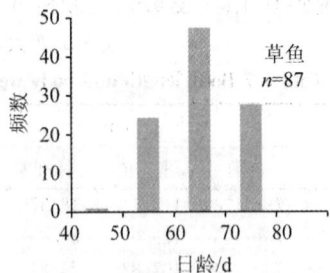

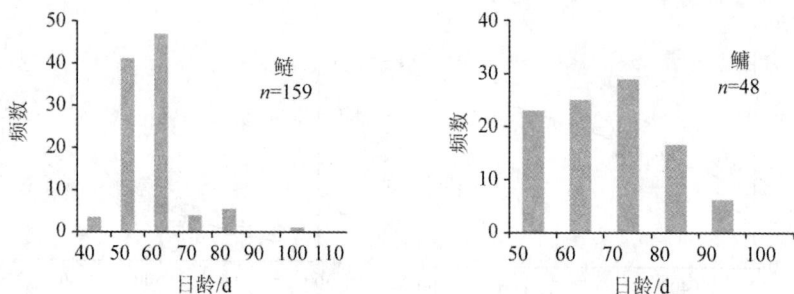

图 5.28　鄱阳湖星子水域四大家鱼幼鱼的日龄分布

Fig. 5.28 Daily age distribution of juvenile of four major Chinese carps in Poyang Lake Xingzi section

5.2.2.2　家鱼微耳石短半径与幼鱼体长体重的关系

根据测量的微耳石短半径的数据，对样品体长和体重与耳石短半径的关系进行分析，以 R 代表微耳石短半径，L 代表四大家鱼体长，W 代表四大家鱼体重。

（1）青鱼

青鱼幼鱼体长与微耳石短半径呈显著的线性关系；体重与微耳石短半径呈显著的幂函数或指数关系（指数相关优于幂函数相关，图 5.29）。

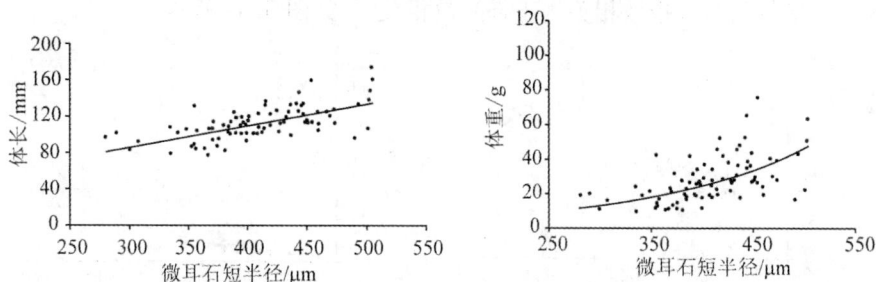

图 5.29　2010 年 6～9 月采于星子县的青鱼幼鱼微耳石短半径与体长、体重的关系

Fig. 5.29 Relationship between body length, weight and short radius of lapillus of juvenile black carp from Xinzi section of the Poyang Lake channel, 2010

青鱼幼鱼体长、体重与短半径相关方程为

$L=0.283R-4.158$，$r^2=0.326$，$n=33$，$P<0.001$

$W=1.302e^{0.007R}$，$r^2=0.382$，$n=33$，$P<0.001$

（2）草鱼

草鱼幼鱼体长与微耳石短半径呈显著的线性关系；体重与微耳石短半径呈显著的幂函数或指数关系（指数相关优于幂函数相关），如图 5.30 所示。

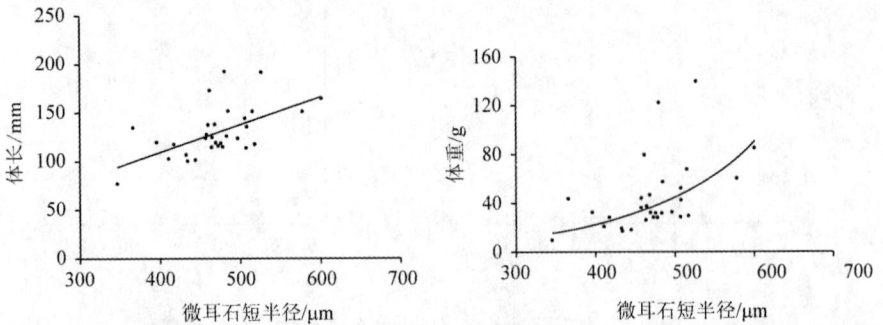

图 5.30 2010 年 6～9 月采于星子县的 草鱼幼鱼微耳石短半径与体长、体重的关系

Fig. 5.30 Relationship between body length, weight and short radius of lapillus of juvenile grass carp from Xingzi section of the Poyang Lake channel, from June to September, 2010

草鱼幼鱼体长、体重与短半径相关方程为

$L=0.239R+15.50$, $r^2=0.413$, $n=87$, $P<0.001$

$W=1.921e^{0.006R}$, $r^2=0.392$, $n=87$, $P<0.001$

（3）鲢

鲢幼鱼体长与微耳石短半径呈显著的线性关系；体重与微耳石短半径呈显著的幂函数或指数关系（指数相关优于幂函数相关），如图 5.31 所示。

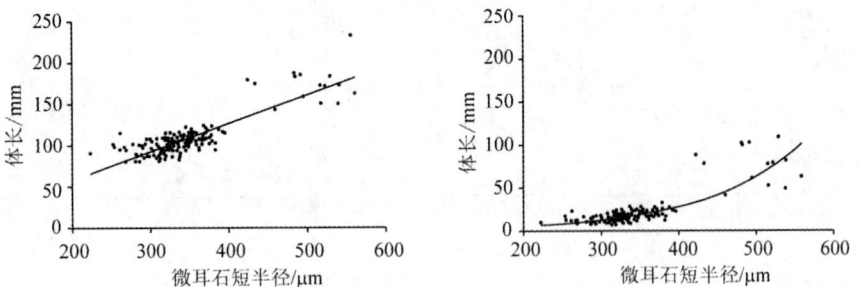

图 5.31 2010 年 6～9 月采于星子县的鲢幼鱼微耳石短半径与体长、体重的关系

Fig. 5.31 Relationship between body length, weight and short radius of lapillus of juvenile silver carp from Xingzi section of the Poyang Lake channel, from June to September, 2010

鲢幼鱼体长、体重与短半径相关方程为

$L=0.341R-10.12$, $r^2=0.728$, $n=159$, $P<0.001$

$W=1.172e^{0.008R}$, $r^2=0.704$, $n=159$, $P<0.001$

（4）鳙

鳙幼鱼体长与微耳石短半径呈显著的线性关系；体重与微耳石短半径呈显著的指数关系，如图 5.32 所示。

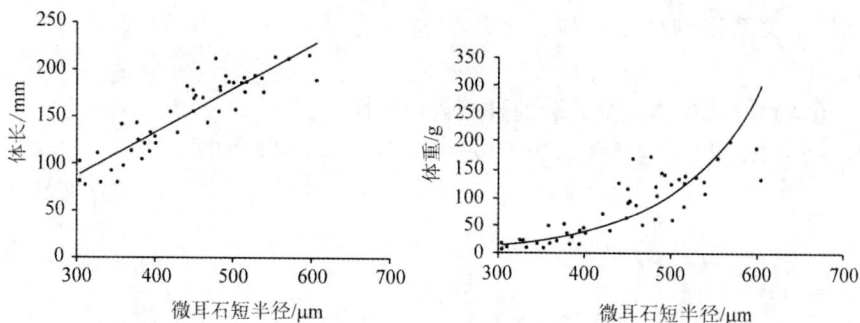

图 5.32 2010 年 6～9 月采于星子县的鳙幼鱼微耳石短半径与体长、体重的关系

Fig. 5.32 Relationship between body length, weight and short radius of lapillus of juvenile bighead carp from Xingzi section of the Poyang Lake channel, from June to September, 2010

鳙幼鱼体长、体重与短半径相关方程为

$L = 0.459R - 51.29$, $r^2 = 0.808$, $n = 48$, $P < 0.001$

$W = 0.663e^{0.010R}$, $r^2 = 0.775$, $n = 48$, $P < 0.001$

5.2.2.3　家鱼幼鱼的生长

对鉴定的日龄与家鱼的体长体重进行相关性分析，并计算出家鱼幼鱼的日增长率。以 D 代表微幼鱼日龄，L 代表家鱼体长，W 代表家鱼体重。

（1）青鱼

青鱼样本的体长与日龄呈显著的线性相关性，体重与日龄呈显著的指数关系（图 5.33）。

幼鱼的体长、体重和日龄的相关方程为

$L = 1.621D + 2.383$, $r^2 = 0.466$, $n = 33$, $P < 0.001$

$W = 1.894e^{0.037D}$, $r^2 = 0.474$, $n = 33$, $P < 0.001$

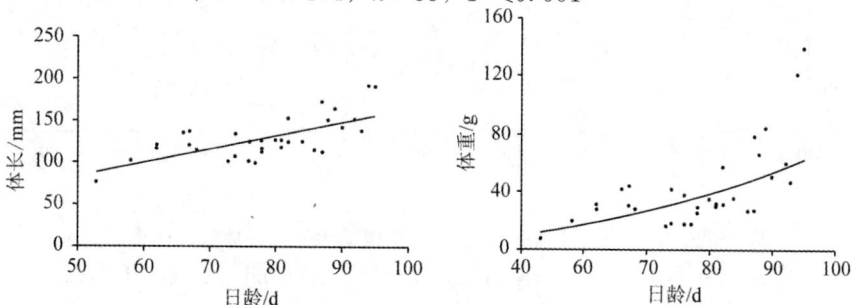

图 5.33 2010 年 6～9 月采于星子县的青鱼幼鱼日龄与体长、体重的关系

g. 5.33 Relationship between body length, weight and daily age of juvenile black carp from Xingzi section of the Poyang Lake channel, from June to September, 2010

由以上关系得到样品的体长平均生长率为 1.621mm/d；体重平均生长率为 0.037g/d。

青鱼幼鱼的体长体重呈显著的幂函数相关性，

$W = 2 \times 10^{-5} L^{3.010}$，$r^2 = 0.988$，$n = 33$，$P < 0.001$，如图 5.34。

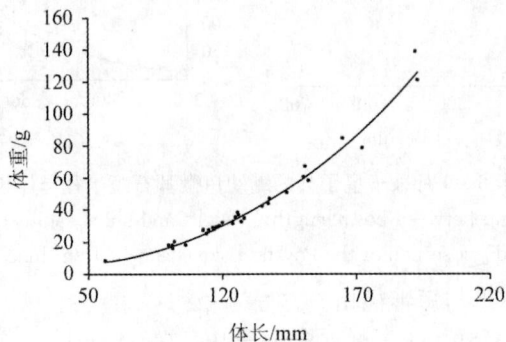

图 5.34 青鱼幼鱼体长和体重的关系

Fig. 5.34 Relationship between body length and body weight of juvenile black carp

（2）草鱼

草鱼样本的体长与日龄呈显著的线性关系，体重与日龄呈显著的指数关系（图 5.35）。

草鱼幼鱼的体长、体重和日龄的相关方程为

$L = 1.697D + 1.792$，$r^2 = 0.433$，$n = 87$，$P < 0.001$

$W = 1.224e^{0.046D}$，$r^2 = 0.434$，$n = 87$，$P < 0.001$

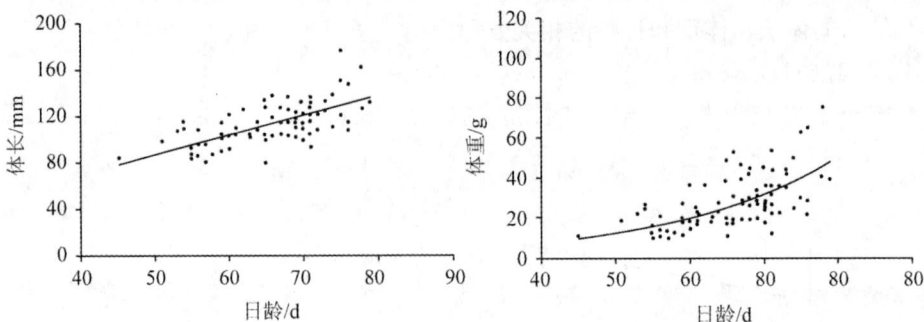

图 5.35 2010 年 6～9 月采于星子县的草鱼幼鱼日龄与体长、体重的关系

Fig. 5.35 Relationship between body length, weight and daily age of juvenile grass carp from Xinzi section of the Poyang Lake channel, from June to September, 2010

由以上关系得到样品的体长平均生长率为 1.697mm/d；体重平均生长率为 0.046g/d。

草鱼幼鱼的体长体重呈显著的幂函数相关性，

$W = 10^{-5} L^{3.122}$，$r^2 = 0.974$，$n = 87$，$P < 0.001$（图5.36）。

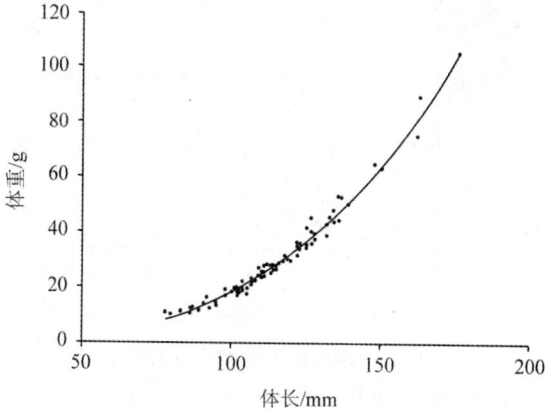

图5.36 草鱼幼鱼体长和体重的关系

Fig. 5.36 Relationship between body length and body weight of juvenile grass carp

（3）鲢

鲢样本的体长与日龄呈显著的线性关系，体重与日龄呈显著的指数关系(图5.37)。

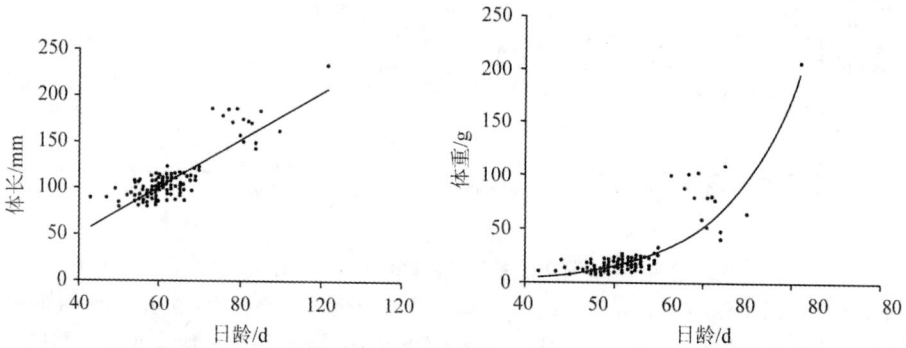

图5.37 2010年6~9月采于星子县的鲢幼鱼日龄与体长、体重的关系

Fig. 5.37 Relationship between body length, weight and daily age of juvenile

ilver carp from Xingzi section of the Poyang Lake channel, from June to September, 2010

幼鱼的体长、体重和日龄的相关方程为

$L = 2.537D - 50.53$，$r^2 = 0.725$，$n = 159$，$P < 0.001$

$W = 1.172e^{0.008D}$，$r^2 = 0.704$，$n = 159$，$P < 0.001$

由以上关系得到样品的体长平均生长率为2.537mm/d；体重平均生长率为0.008g/d。

鲢幼鱼的体长体重呈显著的幂函数相关，

$W=10^{-5}L^{3.015}$，$r^2=0.984$，$n=159$，$P<0.001$（图 5.38）。

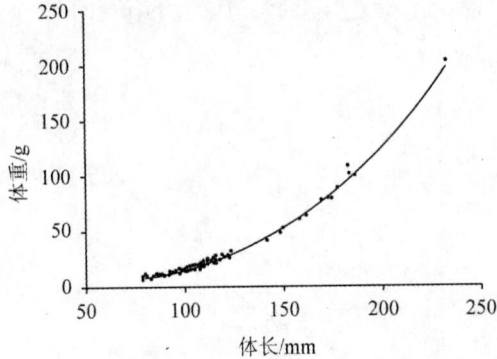

图 5.38 鲢幼鱼体长和体重的关系

Fig. 5.38 Relationship between body length and body weight of juvenile silver carp

（4）鳙

鳙样本的体长与日龄呈显著的线性关系，体重与日龄呈显著的指数关系（图 5.39）。

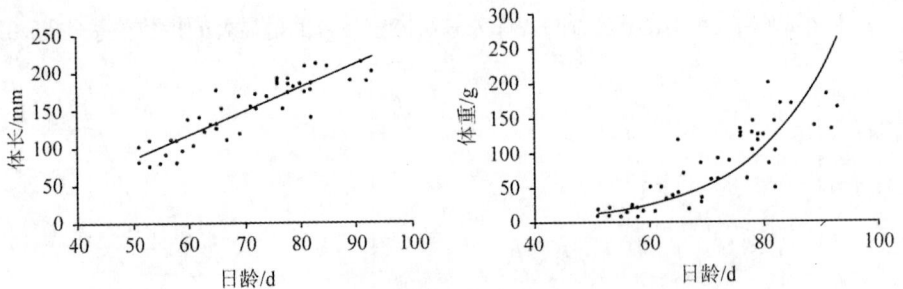

图 5.39 2010 年 6～9 月采于星子县的鳙幼鱼日龄与体长、体重的关系

Fig. 5.39 Relationship between body length、body weight and daily age of juvenile bighead carp from Xingzi section of the Poyang Lake channel，from June to September，2010

幼鱼的体长、体重和日龄的相关方程为

$L=3.162D-72.36$，$r^2=0.786$，$n=48$，$P<0.001$

$W=0.413e^{0.069D}$，$r^2=0.757$，$n=48$，$P<0.001$

由以上关系得到样品的体长平均生长率为 3.162mm/d；体重平均生长率为 0.069g/d。

鳙幼鱼的体长体重呈显著的幂函数相关，

$W=10^{-5}L^{3.061}$，$r^2=0.987$，$n=48$，$P<0.001$（图 5.40）。

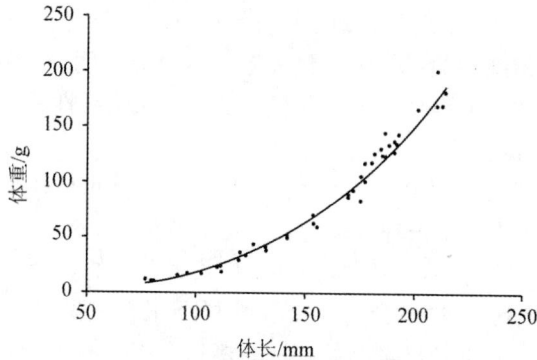

图 5.40 鲩幼鱼体长和体重的关系

Fig. 5.40 Relationship between body length and body weight of juvenile grass carp

5.2.3　讨论

5.2.3.1　关于耳石大小与鱼体大小的关系

许多研究表明，耳石大小与鱼体大小呈显著线性关系或指数关系[19,21,24]，但是也有一些研究认为，在不良的环境条件下，耳石和鱼体的生长速度都会减慢，但是前者要稍快于后者，因此耳石大小与体长并不一定呈线性关系[25—28]。

Aydin 等[23]认为，在鱼体达到最大体长前，耳石大小与鱼体大小呈线性关系，随后耳石长度不再增加，只有厚度增加，因此，即使对于同一种鱼类，耳石大小与鱼体大小的关系也不是一成不变的。鱼类种类、栖息地、环境中食物可得性以及水质的差异可能是造成不同研究者得到的鱼体大小与耳石大小相关性存在差异的原因。

宋昭彬采用四大家鱼幼鱼微耳石长直径研究耳石生长与鱼体生长的关系，结果表明，微耳石长直径与鱼体体长呈显著线性关系，与鱼体体重均呈显著幂函数关系[12]；管兴华采用微耳石长半径对长江中游草鱼幼鱼的研究结果则表明，微耳石长半径与体长呈显著线性关系，与体重呈显著指数关系[13]。李建军[29]采用微耳石短半径对长江湖口水域四大家鱼幼鱼微耳石短半径与鱼体生长的回归分析发现，微耳石短半径与体长、体重均呈极显著的线性关系。

本研究表明四大家鱼幼鱼微耳石短半径与体长呈显著线性关系，幼鱼微耳石短半径与体重呈显著指数关系：与管兴华的研究结论较为一致。

5.2.3.2　关于家鱼幼鱼的日生长

宋昭彬指出，草鱼幼鱼和鲢幼鱼的日龄与体长、体重均呈显著指数或线性关系，并且指数关系优于线性关系[11]；管兴华对草鱼的研究也有类似结果[8]。而李建军[29]的研究表明，长江湖口水域四大家鱼幼鱼的日龄与体长、体重亦均呈显著指数或线性关系，但线性关系优于指数关系。本研究表明家鱼幼鱼的日龄与体长、体重均呈显著指数关系或线性关系，并且指数关系优于线性关系，与前两者的结论一致。

鱼类体长体重生长方程 $W = aL^b$ 是广泛应用于描述鱼体体重随体长变化的关系式，b 值反映不同阶段和生长环境中生长发育的特征参数。本研究中，幼鱼体长－体重关系式中 b 值都大于 3，说明家鱼幼鱼生长状况良好，体内营养物质能够正常积累。宋昭彬[11]和管兴华[8]的研究中有许多样品采自五湖（与长江相通的季节性湖泊）或洞庭湖，家鱼幼鱼已经开始在那里栖息育肥，体长、体重迅速增加，所以对其整体样本而言，幼鱼的后期生长明显加快。李建军[29]采于湖口的家鱼幼鱼则处于从长江迁徙到鄱阳湖途中，长时间的迁徙加上营养水平的限制，使家鱼幼鱼无法进入快速生长阶段。

这说明，长江沿途的湖泊和静水区域为家鱼提供了良好的栖息和育肥场所，尤其是对其幼鱼期生长育肥有显著影响。因此，保护这些水域对长江四大家鱼资源的恢复具有十分重要的意义。

5.2.3.3 关于耳石日轮轮间距的变化

将测得的四大家鱼幼鱼耳石轮间距数据作图分析（图 5.41）。

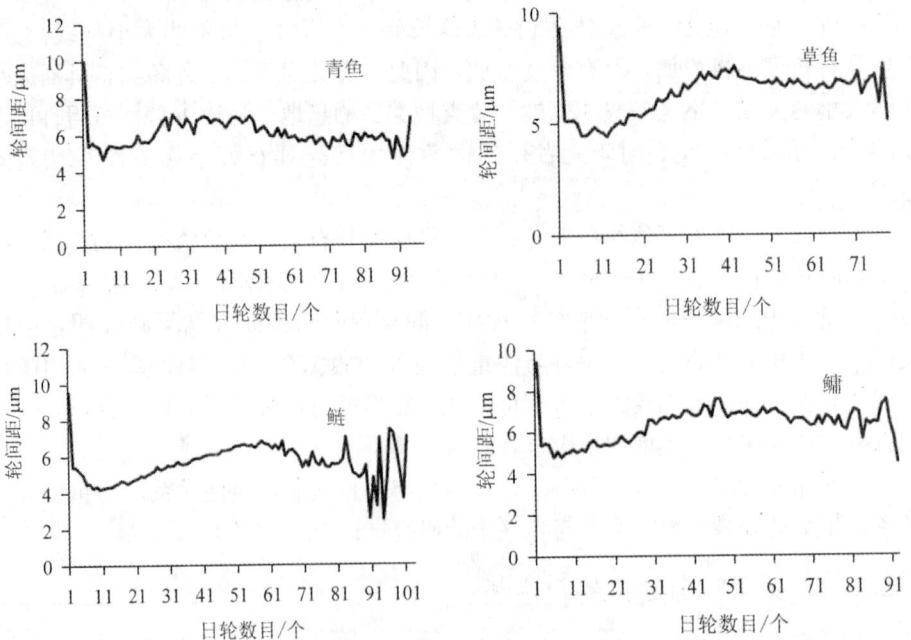

图 5.41 四大家鱼耳石轮间距

Fig. 5.41 The change in the rings mean width of lapillus of four major Chinese carps

从图 5.41 可以看出家鱼在早期生长过程中的一些变化过程，以草鱼为例，耳石轮间距在第 1 轮到第 6 轮间一直下降，第 7 轮后每日呈波动性的增加，到达第 42 轮时，轮间距达到最大，之后稍有下降却保持着较规律的波动。作者推测，在孵化后第 6 天左右，家鱼的鱼苗营养来源方式开始由内源性营养方式向外源性营养方式转变，即开始摄食；而后，在长江中顺水漂流发育，到距离孵化 42d 左右时，进入一个较稳定的水体环境继续生长[30-31]。

参 考 文 献

[1] 曹文宣，常剑波，乔晔，等. 长江鱼类早期资源. 北京：中国水利水电出版社，2007

[2] 易伯鲁，余志堂，梁秩燊，等. 葛洲坝水利枢纽与长江四大家鱼. 武汉：湖北科学技术出版社，1988

[3] He Wenping, Li Zhongjie, Liu Jiashou, et al. Validation of a method of estimating age, modelling growth, and describing the age composition of *Coilia mystus* from the Yangtze Estuary, China. International Council for the Exploration of the Sea, 2008, 1—7

[4] 宋昭彬，常剑波，曹文宣. 草鱼仔鱼耳石的自然标记和耳石的清晰度. 动物学报，2003，49（4）：508—513

[5] 张国华，但胜国，苗志国，等. 六种鲤科鱼类耳石形态以及在种类和群体识别中的应用. 水生生物学报，1999，23（6）：683—688

[6] 曾祥波. 鲢、鳙和草鱼仔幼鱼耳石形态及种类鉴别中的应用（华中农业大学硕士学位论文）2001

[7] Campana S E. Microstructural growth patterns in the otoliths of larval and juvenile starry flounder, Platichthys stellatus. Canadian Journal of Zoology, 1984, 62: 1507

[8] 管兴华. 利用耳石日轮技术研究长江中游草鱼幼鱼的孵化期及生长（中国科学院水生生物研究所硕士学位论文），2005

[9] 常剑波，邓中类，孙建贻，等. 草鱼仔幼鱼耳石日轮及日龄研究. 中国动物学会成立 60 周年：纪念陈祯教授诞辰 100 周年论文集，1994：323—329

[10] 解玉浩，李勃，富丽静，等. 鳙仔—幼鱼耳石日轮与生长的研究. 中国水产科学，1995，2（2）：34—42

[11] 宋昭彬. 四大家鱼仔幼鱼耳石微结构的特征及其应用研究（中国科学院水生生物研究所博士学位论文），2000

[12] 中国科学院水生生物研究所. 关于长江葛洲坝水利枢纽救鱼对象和措施的意见. 中国水利，1981，3：25—29

[13] 管兴华，曹文宣. 利用耳石日轮技术研究长江中游草鱼幼鱼的孵化期及生长. 水生生物学报，2005，31（1）：18—23

[14] 段辛斌，陈大庆，李志华，等. 三峡水库蓄水后长江中游产漂流性卵鱼类产卵场现状. 中国水产科学，2008，1（4）：523—532

[15] 长江四大家鱼产卵场调查队. 葛洲坝水利枢纽工程截流后长江四大家鱼产卵场调查. 水产学报，1982，6（4）：287—305

[16] 刘绍平，段辛斌，陈大庆，等. 长江中游渔业资源现状研究. 2005，29（6）：708—711

[17] 黄悦，范北林. 三峡工程对中下游四大家鱼产卵环境的影响. 人民长江，2008，39（19）：38—41

[18] 黎明政，姜伟，高欣，等. 长江武穴江段鱼类早期资源现状. 水生生物学报，2010，34（6）：1211—1217

[19] 向德超，何竹，朱杰等. 鲫鱼耳石日轮研究. 西南农业大学学报，1997，19（5）：451—454

[20] 赵天，陈国柱，林小涛. 叉尾斗鱼仔鱼耳石形态发育与日轮形成特征. 中国水产科学，2010，17（6）：1364—1370

［21］Dickey C L, Isely J J, Tomasso J R. Slow growth did not decouple the otolith size—fish size relationship in striped bass. Trans. Am. Fish. Soc., 1997, 126: 1027—1029

［22］Bestgen K R, Bundy J M. Environmental factors arrect daily increment deposition and otolith growth in young Colorado squawfish. Trans. Am. Fish. Soc., 1998, 127: 105—117

［23］Aydin R, Calta M, Sen D, etal. Relationships between fish lengths and otolith in the population of Chondrostoma regium (Heckel, 1843) inhabiting Keban Dam Lake. Pakistan Journal of Biological Sciences, 2004, 7 (9): 1550—1551

［24］赵天, 刘建虎. 长江江津江段中华沙鳅耳石及年龄生长的初步研究. 淡水渔业, 2008, 38 (5): 46—50

［25］Mosegaard H, Svedäng H, Taberman K. Uncoupling of somatic and otolith growth rates in Arctic char (Salvelinus aplinus) as an effect of differences in temperature response. Can. J. Fish. Aquat. Sci, 1988, 45: 1514—1524

［26］Secor D H, Dean J M, Somatic growth effects on the Otolith-Fish Size relationship in young pond—reared striped bass, Moronesaxatilis. Can. J. Fish. Aquat. Sci, 1989, 46: 113—121

［27］Reznick D E, Lindbeck H B. Slower growth results in larger otoliths: an experimental test with guppies (Poecilia reticulata). Can. J. Fish. Aquat. Sci. 1989, 46: 108—112

［28］Wright P J, Metcalfe N B, Thorpe J E. Otolith and somatic growth rates in Atlantic salmon parr, *Salmo salar* L.: evidence against uncoupling. J. Fish Biol. 1990, 36: 241—249

［29］李建军, 吴志强, 胡茂林. 长江湖口水域四大家鱼幼鱼的耳石与生长研究. 水生态学杂志, 2010, 13 (6): 56—61

［30］李建军. 长江中游九江段四大家鱼仔幼鱼的耳石特征及生长特性研究 (南昌大学硕士学位论文), 2011

［31］朱其广. 鄱阳湖通江水道鱼类夏秋季群落结构变化及四大家鱼幼鱼耳石与生长的研究 (南昌大学硕士学位论文), 2011

第6章 四大家鱼幼鱼洄游及其与环境的关系研究

6.1 长江湖口段四大家鱼幼鱼资源及其洄游规律

青鱼、草鱼、鲢、鳙是我国淡水渔业中最著名的四大家鱼，以前都是取江河中的天然鱼苗在池塘内养殖，自1958年人工繁殖成功后，现已被引种到国内外许多地方养殖或放流到天然河湖。据文献记载[1]，四大家鱼是典型的我国东部（长）江、（黄）河平原鱼类，它们的天然分布区主要是我国东部平原，介于北纬22°~40°及东经104°~122°。此外，四大家鱼的生活习性具有以下特点：a. 它们是北半球暖温带季候风区较大水体的平原型鱼类，不能长期生活于山区坡度大的河道中，要求四季明显，夏季水温不能长期超过30℃，冬季不能长期低于4℃；b. 它们在河道急流区产卵，产卵场要求水温为26℃上下；c. 产出的卵在河道中漂流时孵化为鱼苗，因此，自然分布区产卵场下游河道长度必须能满足鱼卵漂流孵化的时间要求并能令其孵出的鱼苗有缓静水体供其索饵和生长。

迄今为止，国内外学者已做了大量的关于四大家鱼的研究工作，在理论和实践上都获得很高的成就。以往的研究工作主要集中于以下几个方面：a. 资源调查、资源衰退与保护措施以及种质资源库研究[2-9]；b. 产卵场调查、水利工程对产卵场的影响[10-17]；c. 生理、生化及分子生物学研究[18-34]；d. 发育生物学研究[35-43]；e. 生化组分研究[44-45]；f. 疾病与毒理研究[46-54]；g. 水域环境治理研究[55-63]；h. 鱼苗捕捞、仔幼鱼耳石与生长及营养状况研究[64-75]。然而，有关四大家鱼在江、湖之间的生殖、索饵、洄游的研究报道较缺乏。

青鱼、草鱼、鲢、鳙是我国特有的淡水鱼类，是长江水系鱼类天然资源的主要组成部分，长江干流是它们的主要产卵场所[10]。据文献记载[10]，从重庆的巴南区到江西的彭泽县长达1700余千米的江段，就有36个规模大小不等的产卵场。长江中下游的附属湖泊数以千计，大多数湖泊直接或间接与长江相通，习称为通江湖泊。这些湖泊与长江中下游的干、支流共同构成一个完整的江湖复合生态系统。在江湖复合生态系统中，河道为流水环境繁殖的鱼类（如以青鱼、草鱼、鲢、鳙四大家鱼为典型代表的江湖洄游鱼类）提供了繁殖场所和必要的水文条件，但由于饵料缺乏，不可能单独维持较大生物量的鱼类种群，鱼苗孵出后需要进入通江湖泊肥育[76]。鄱阳湖是我国第一大淡水湖，也是长江中下游仅存的两个通江湖泊之一，它在维持长江中下游鱼类的种群丰满度和肥育四大家鱼幼鱼等方面具有重要的意义[76]。湖口是鄱阳湖唯一的入长江口，是长江四大家鱼幼鱼进入鄱阳湖的必经之路。本研究在湖口水域设点监测，分析四大家鱼幼鱼由长江进入鄱阳湖的时间分布，以及它们的群落结构，探讨湖口水位、水温等环境因素的变化对长江四大家鱼进入鄱阳湖的影响。

6.1.1 材料与方法

2007~2008 年，在鄱阳湖湖口水域安放定置网采集入湖的长江四大家鱼幼鱼。定置网渔具由网墙部（长×高为 12.0m×3.0m）和网身部构成，而网身部由网圈部（长、宽、高都为 3.0m）和两个带漏斗的袋网（直径 1.5m，长约 5.0m）组成（图 6.1）。网墙用于拦截和诱导鱼类，网身起聚集鱼类的作用，它们的网目均为 5.00mm。

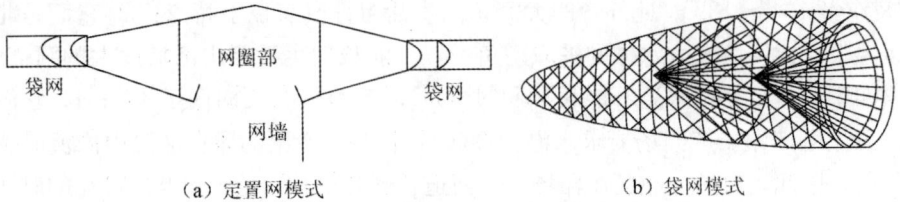

（a）定置网模式　　　　　　　　（b）袋网模式

图 6.1 定置网模式和袋网模式

Fig. 6.1 The mode chart of set net and hoop net

调查期间，每天上午 9 时取一次袋网收集四大家鱼幼鱼。对每天获得的四大家鱼幼鱼进行分装，并做好标记，保存于 10%的福尔马林溶液中。然后将鱼类标本带回实验室，根据中国动物志[79]进行分类和数量统计，并用电子天平称量体重（精确到 0.01g），用游标卡尺测量体长（精确到 0.01cm）。

6.1.2 结果与分析

6.1.2.1 入湖长江四大家鱼幼鱼组成

2007 年，在鄱阳湖湖口水域共采集到由长江进入鄱阳湖的四大家鱼幼鱼 2319 尾。其中以鲢为主，有 1274 尾，占总数量的 54.94%；青鱼次之，有 838 尾，占 36.14%；然后是草鱼，139 尾，占 5.99%；鳙最少，68 尾，仅占 2.93%（图 6.2）。2008 年共采到入湖长江四大家鱼幼鱼 8497 尾，其中也以鲢为主，有 7172 尾，占总数的 84.40%；草鱼次之，885 尾，占 10.42%；鳙 297 尾，占 3.50%；青鱼最少，143 尾，占 1.68%（图 6.3）。

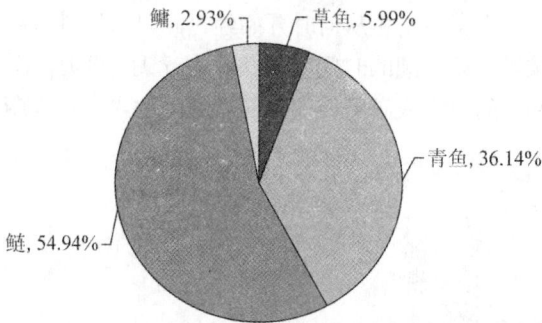

图 6.2 2007 年由长江进入鄱阳湖的四大家鱼幼鱼组成

Fig. 6.2 The species composition of four major Chinese carps
migrating from Yangtze River to Poyang Lake in 2007

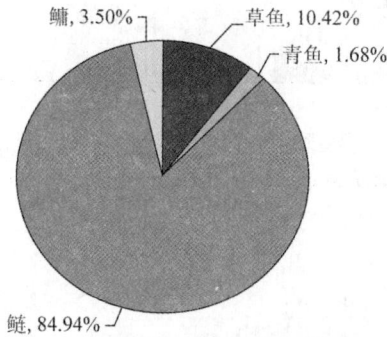

图 6.3 2008 年由长江进入鄱阳湖的四大家鱼幼鱼组成

Fig. 6.3 The species composition of four major Chinese carps
migrating from Yangtze River to Poyang Lake in 2008

相比 2007 年，2008 年进入鄱阳湖的长江四大家鱼幼鱼数量有较大的增长。在入湖的长江四大家鱼幼鱼组成中，两年都以鲢为主，且 2008 年，鲢占绝对优势；鳙的比例波动不大，但都占较小的比例。2008 年入湖的草鱼数量和比例都较 2007 年有所增加，而青鱼的数量及其比例均有较大的下降。

6.1.2.2　长江四大家鱼幼鱼入湖的时间分布

由于每年的 3 月 20 日 12 时至 6 月 20 日 12 时为鄱阳湖的休渔期，全湖禁止捕捞。因此，在湖口水域监测进入鄱阳湖的长江四大家鱼幼鱼从每年 6 月 20 日开始。

图 6.4~图 6.7 给出了 2007 年和 2008 年长江四大家鱼幼鱼进入鄱阳湖的时间合布。从图中可知，6 月 20 日已有四大家鱼幼鱼从长江经过湖口水域进入鄱阳湖，到了 11 月、12 月，在湖口水域基本上捕不到进入鄱阳湖的长江青鱼、草鱼和鲢幼鱼，而由长江进入鄱阳湖的鳙幼鱼在 9 月就基本上捕不到。受鄱阳湖休渔期的影响，

本研究不能确定长江四大家鱼幼鱼从何时开始经过湖口水域进入鄱阳湖。长江四大家鱼幼鱼经过湖口水域进入鄱阳湖的时间主要集中在7月、8月，其中7月中下旬至8月底为青鱼、草鱼和鲢幼鱼的入湖高峰期；而鳙幼鱼的入湖高峰期出现在7月。

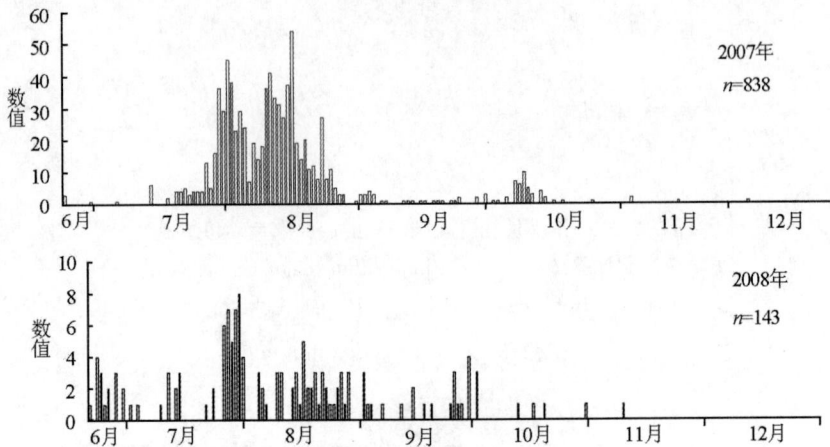

图 6.4 青鱼幼鱼由长江进入鄱阳湖的时间分布

Fig. 6.4 Time course of juvenile black carp migrating from Yangtze River to Poyang Lake

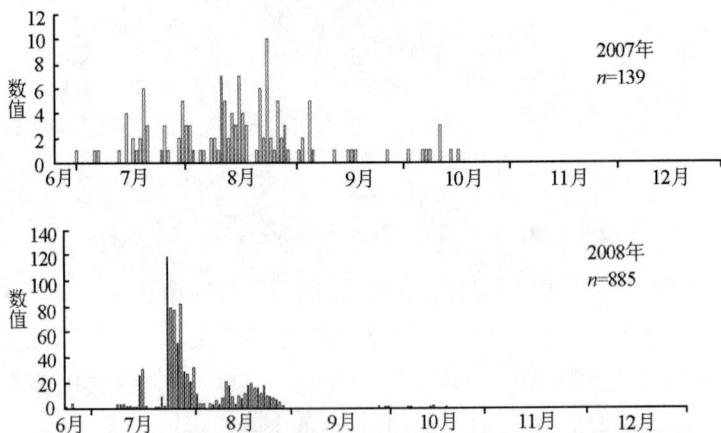

图 6.5 草鱼幼鱼由长江进入鄱阳湖的时间分布

Fig. 6.5 Time course of juvenile grass carp migrating from Yangtze River to Poyang Lake

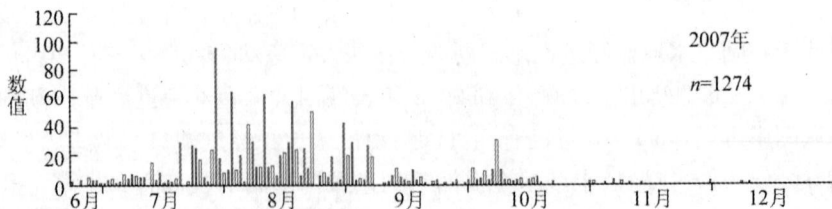

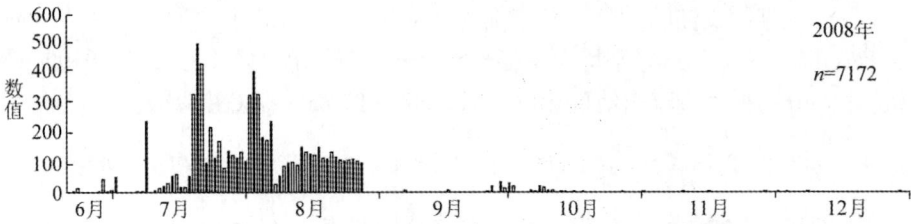

图 6.6 鲢幼鱼由长江进入鄱阳湖的时间分布

Fig. 6.6 Time course of juvenile silver carp migrating from Yangtze River to Poyang Lake

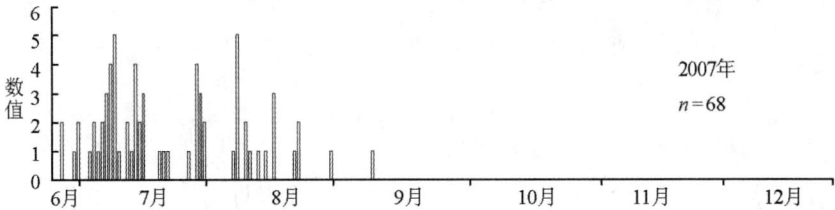

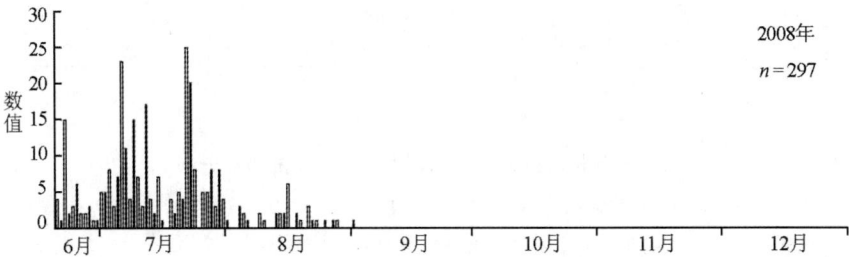

图 6.7 鳙幼鱼由长江进入鄱阳湖的时间分布

Fig. 6.7 Time course of juvenile bighead carp migrating from Yangtze River to Poyang Lake

6.1.2.3 入湖长江四大家鱼幼鱼的体长分布

2007 年入湖的长江青鱼幼鱼体长范围为 4.09~15.54cm，平均为 7.95±1.62cm；2008 年体长范围为 4.22~16.33cm，平均为 8.24±1.38cm。两年都以体长为 5.00~9.99cm 的个体为主，分别占各年青鱼幼鱼总数的 89.84% 和 84.62%（图 6.8）。

2007 年入湖的长江草鱼幼鱼体长范围为 4.13~16.45cm，平均为 9.13±2.53cm；2008 年体长范围为 4.18~16.08cm，平均为 9.36±2.14cm。两年均以体长为 5.00~9.99cm、10.00~14.99cm 的个体为主，各分别占对应年草鱼幼鱼总数的 63.31%、32.37% 和 63.95%、32.77%（图 6.8）。

2007 年入湖的长江鲢幼鱼体长范围为 4.31~21.30cm，平均为 10.16±2.84cm；2008 年为 4.36~22.45cm，平均为 10.63±2.75cm。两年均以体长为 5.00~9.99cm、10.00~14.99cm 的个体为主，各分别占对应年鲢幼鱼总数的 52.32%、40.44% 和 53.72%、41.82%（图 6.8）。

2007年入湖的长江鳙幼鱼体长范围为3.72~16.13cm，平均为7.95±2.59cm；2008年为3.98~16.67cm，平均为8.08±2.67cm。两年都以体长为5.00~9.99cm的个体为主，分别占对应年鳙幼鱼总数的70.59%和70.03%（图6.8）。

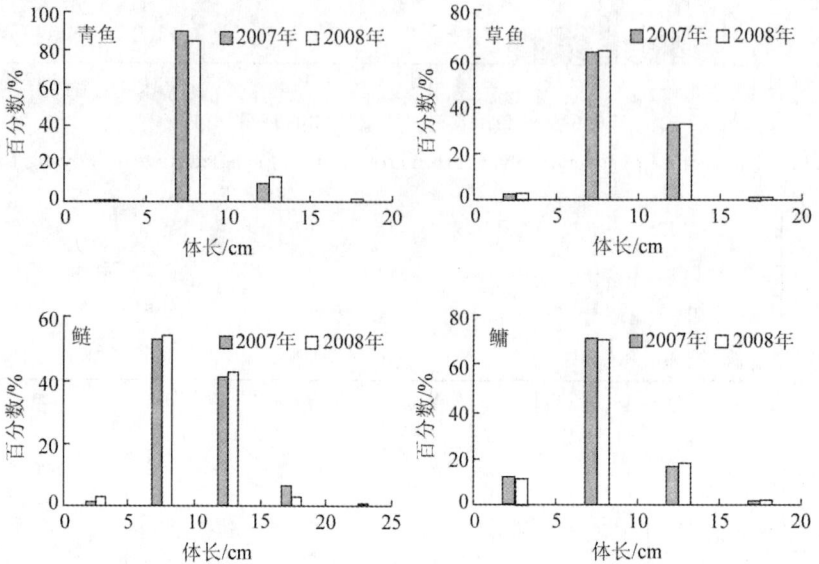

图6.8 由长江进入鄱阳湖四大家鱼幼鱼的体长分布

Fig. 6.8 Body length distributions of juvenile four major Chinese carps migrating from Yangtze River to Poyang Lake

6.1.2.4 入湖长江四大家鱼幼鱼的体重分布

图6.9列出了2007年和2008年入湖长江四大家鱼幼鱼的体重分布。

2007年入湖的长江青鱼幼鱼体重范围为1.33~83.78g，平均为11.33±8.78g；2008年体重范围为2.13~93.67g，平均为12.14±8.97g。两年都以体重为5.00~14.99g的个体为主，分别占63.24%和60.14%。

2007年入湖的长江草鱼幼鱼体重范围为1.59~91.98g，平均为19.19±16.74g；2008年体重范围为1.92~78.45g，平均为18.23±15.86g。两年都以体重小于20.00g的个体为主，分别占65.47%和98.19%。

2007年入湖的长江鲢幼鱼体重范围为1.33~205.23g，平均为22.95±21.74g；2008年体重范围为1.59~173.71g，平均为18.76±17.58g。两年都以体重小于20.00g的个体为主，分别占61.39%和94.17%。

2007年入湖的长江鳙幼鱼体重范围为0.88~83.36g，平均为13.38±15.11g；2008年体重范围为1.98~58.83g，平均为11.98±10.78g。两年都以体重小于20.00g的个体为主，分别占80.88%和87.21%。

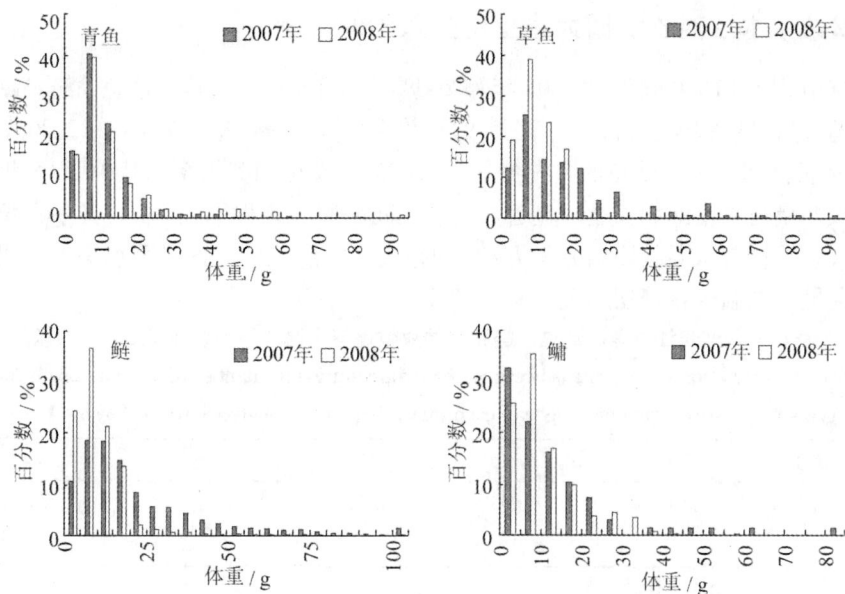

图 6.9 入湖长江青鱼、草鱼、鲢和鳙幼鱼的体重分布

Fig. 6.9 Body weight distributions of juvenile black carp, grass carp, silver carp and bighead carp collected at the mouth of the Poyang Lake

6.1.2.5　水位对长江四大家鱼幼鱼入湖的影响

应用 SPSS 13.0 软件对 2007 年和 2008 年湖口水位与长江青鱼、草鱼、鲢和鳙幼鱼的入湖数量进行相关分析,它们之间的相关系数及显著性检验见表 6.1。2007年和 2008 年长江四大家鱼幼鱼的入湖数量与湖口的水位都呈正相关,除了 2008 年草鱼幼鱼入湖数量以外,其余的入湖数量与湖口水位的相关性均极显著。

表 6.1 为依据 2007 年和 2008 年湖口水位资料,做出的长江四大家鱼幼鱼入湖数量与水位的关系表格。总体来看,长江四大家鱼幼鱼的入湖量与湖口水位之间存在二次或三次多项式关系,且它们之间的回归方程 F 检验的 P 值都小于 0.05 的显著水平。说明长江四大家鱼幼鱼的入湖量与湖口水位变化密切相关。

表 6.1 入湖青鱼、草鱼、鲢和鳙幼鱼数量与湖口水位的相关系数及显著性检验

Tab. 6.1 Correlation coefficient and tests between water level and number of juvenile black carp, grass carp, silver carp and bighead carp migrating from Yangtze River to Poyang Lake

环境因子	年份	青鱼	草鱼	鲢	鳙
湖口水位	2007	0.472*	0.439*	0.460*	0.340*
(Z) /m	2008	0.303*	0.133	0.245*	0.198*

* $P < 0.01$,相关性极显著。

6.1.2.6 水温对长江四大家鱼幼鱼入湖的影响

应用 SPSS 13.0 软件对 2007 年和 2008 年水温与长江青鱼、草鱼、鲢和鳙幼鱼的入湖数量进行相关分析，它们之间的相关系数及显著性检验见表 6.2。2007 年和 2008 年长江四大家鱼幼鱼的入湖数量与水温都呈现正相关关系，其中 2008 年青鱼幼鱼入湖量与水温的相关性极显著。它们之间的回归方程见表 6.3。其中青鱼、鲢幼鱼入湖数量与水温的回归方程 F 检验的 P 值均小于 0.05 的显著水平，表明它们的入湖量与水温变化密切相关。

表 6.2 入湖长江青鱼、草鱼、鲢和鳙幼鱼数量与水温的相关系数及显著性检验

Tab. 6.2 Correlation coefficient between water temperature and number of juvenile black carp, grass carp, silver carp and bighead carp migrating from Yangtze River to Poyang Lake

环境因子	年份	青鱼	草鱼	鲢	鳙
水温	2007	0.595	0.703	0.750	0.728
$WT/℃$	2008	0.950*	0.615	0.737	0.605

$* P < 0.01$，相关性极显著。

表 6.3 入湖的长江青鱼、草鱼、鲢和鳙幼鱼数量 (N)
与水温 (WT) 的回归方程及相关性检验

Tab. 6.3 Regression equations and tests between the water temperature and number of juvenile black carp, grass carp, silver carp and bighead carp migrating from Yangtze River to Poyang Lake

鱼类		拟合模型	回归方程	r 值	F 值	P 值
青鱼	2007 年	指数	$N = 0.004e^{0.257(WT)}$	0.908	23.567	0.005
	2008 年	三次多项式	$N = -0.0005(WT)^3 + 0.033(WT)^2 - 0.600(WT) + 3.229$	0.982	27.253	0.011
草鱼	2007 年	三次多项式	$N = 1.514(WT)^3 - 0.091(WT)^2 + 0.002(WT) - 7.754$	0.913	4.997	0.110
	2008 年	三次多项式	$N = 0.001(WT)^3 + 0.020(WT)^2 - 1.131(WT) + 8.941$	0.721	1.083	0.474
鲢	2007 年	S 型	$N = e^{[4.704 - 69.924/(WT)]}$	0.954	50.461	0.001
	2008 年	三次多项式	$N = 0.056(WT)^3 - 2.792(WT)^2 + 44.181(WT) - 217.672$	0.965	13.556	0.030
鳙	2007 年	三次多项式	$N = -0.0003(WT)^3 + 0.020(WT)^2 - 0.414(WT) + 2.363$	0.807	1.867	0.311
	2008 年	二次多项式	$N = -0.003(WT)^3 + 0.218(WT)^2 - 4.129(WT) + 23.088$	0.701	1.262	0.376

6.1.3　讨论

6.1.3.1　入湖长江四大家鱼幼鱼的变化

根据现场监测，2008 年进入鄱阳湖的长江四大家鱼幼鱼数量显著多于 2007 年的入湖数量，究其原因可能与湖口的水位、流量有关。2007 年 7 月下旬，由于长江洪水倒灌入湖，湖口水位抬高，8 月 7 日湖口水位开始下降，且 8 月水位迅速下降，由 8 月 7 日的 18.49m 下降到 8 月 31 日的 16.47m。在此期间，湖口的流量急剧上升，由 300 m^3/s 增加到 11 100 m^3/s，这可能对长江四大家鱼幼鱼的入湖存在阻碍作用。而 2008 年的 7 月、8 月处于湖口水位的上升期，且 8 月中下旬还出现长江洪水倒灌，使得此阶段湖口的流量偏小，有利于长江四大家鱼幼鱼进入鄱阳湖。

另外，在入湖的长江四大家鱼幼鱼组成中，两年都以鲢为主，草鱼、鳙均占较小比例，而青鱼比例 2008 年明显减少。究其原因可能主要与长江四大家鱼鱼苗成色有关。

6.1.3.2　鄱阳湖水利枢纽对长江四大家鱼幼鱼入湖影响

(1) 拟建鄱阳湖水利枢纽坝址及其调度方式

根据江西省水利厅的规划，鄱阳湖水利枢纽坝址位于鄱阳湖入江水道的屏峰山—长岭山卡口，星子县城下游 12km，距鄱阳湖入长江口 27km（图 6.10）。

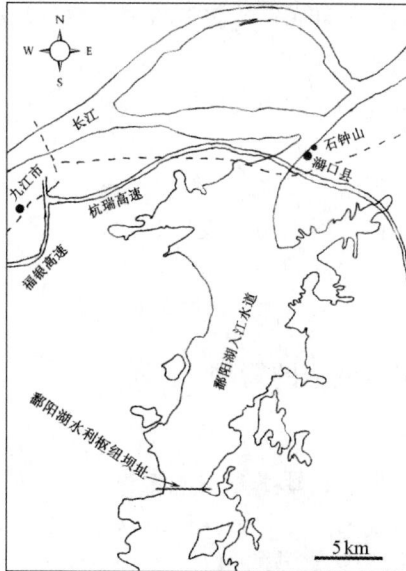

图 6.10 鄱阳湖水利枢纽坝址位置

Fig. 6.10 The position of Poyang Lake Hydro—junction Project

鄱阳湖水利枢纽采用"调枯畅洪"方案，枯水期调控高水位为14m。拟定调度运行方式为：a.5月1日至8月31日为主汛期，闸门全部敞开，江湖连通；b.9月1~30日为蓄水期，当鄱阳湖水位达到15.5m时，控制闸门开度，使鄱阳湖水位维持在15.5m左右；若遇枯水年，9月1日鄱阳湖水位低于14m（黄海高程），在满足航运、水生态与水环境用水需求的前提下，控制闸门开度，尽快充蓄，并控制鄱阳湖水位不超过15.5m；c.10月1~31日为补水期，加大枢纽泄量，将鄱阳湖水位降至调控水位14m，以补充下游因三峡水库蓄水造成的外江水量减少；d.11月1日至翌年2月底，为满足通航、生态基流需求，枢纽最小下泄流量按925m³/s控制，并尽量使湖泊维持在调控高水位运行；3月1日~4月30日，加大枢纽泄量，至4月30日将鄱阳湖水位降至调控低水位12m。

（2）拟建鄱阳湖水利枢纽对长江四大家鱼幼鱼入湖的影响

根据2007年和2008年长江四大家鱼幼鱼进入鄱阳湖的监测数据，结合鄱阳湖水利枢纽工程最新拟定的调度运行方式。在长江四大家鱼幼鱼经过鄱阳湖入长江口进入鄱阳湖入江水道的高峰期（7月、8月），由于鄱阳湖水利枢纽的闸门全部敞开，基本维持江湖连通的自然状态，因此在此期间，长江四大家鱼幼鱼进入鄱阳湖入江水道基本上不受影响。但由于鄱阳湖水利枢纽坝址距鄱阳湖入长江口27km，使得进入鄱阳湖入江水道的长江四大家鱼幼鱼需要一定的时间才能游至鄱阳湖水利枢纽坝址处。然而，鄱阳湖水利枢纽在9月控闸蓄水，这将阻碍鄱阳湖入江水道的长江四大家鱼幼鱼（特别是8月底经过鄱阳湖入长江口进入鄱阳湖入江水道的长江四大家鱼幼鱼）通过鄱阳湖水利枢纽进入湖区，使得一定数量的长江四大家鱼幼鱼滞留在鄱阳湖的入江水道，导致鄱阳湖区的四大家鱼资源受到一定的损失。另外，9月的控闸蓄水会引起湖口水位的下降，这将影响9月、10月长江四大家鱼幼鱼经过鄱阳湖入长江口进入鄱阳湖入江水道。综上所述，拟建的鄱阳湖水利枢纽对长江四大家鱼幼鱼入湖可能存在的影响主要表现为：a.一定数量的长江四大家鱼幼鱼滞留在鄱阳湖入江水道，导致鄱阳湖区四大家鱼资源减少；b.长江四大家鱼幼鱼经过鄱阳湖入长江口进入鄱阳湖入江水道的数量减少。

6.1.3.3　长江四大家鱼渔业的管理

四大家鱼是我国淡水养殖和捕捞的主要对象，由于自然因素和人为因素，长江水系四大家鱼资源日趋衰退，长江水系四大家鱼天然种群规模缩小[77]。关于长江水系四大家鱼的保护和合理利用，有学者提出以下几点建议[78]：a.保护长江四大家鱼天然产卵场；b.保持天然水域的相对稳定，疏通江湖，有利于四大家鱼的江湖洄游；c.降低四大家鱼的捕捞强度；d.建立长江四大家鱼增殖放流站；e.建立健全的禁渔制度；f.加强渔政管理，提高渔民的法制观念，改善渔政管理手段

g. 改四大家鱼资源管理模式为种质资源管理模式；h. 继续加强长江四大家鱼资源动态的研究。

本研究发现长江四大家鱼幼鱼的入湖数量与鄱阳湖湖口水位呈显著正相关。因此，在长江四大家鱼幼鱼的入湖高峰期（7月、8月），除了保持鄱阳湖与长江相通之外，还应保证这一时期的湖口水位处于较高值、变幅较小，以利于长江四大家鱼幼鱼进入鄱阳湖。

6.2　长江瑞昌段四大家鱼鱼苗资源及捕捞现状分析

长江是我国四大家鱼的主要栖息和繁殖场。多年来，由于江湖阻隔、渔业生产以及大型水利设施的建设，长江四大家鱼的资源量锐减。产卵场的减少和破坏，是导致长江及附属湖泊四大家鱼资源量下降的主要原因之一。

长江瑞昌江段位于江西省境内，其地理条件独特，有悠久的四大家鱼鱼苗捕捞历史。据瑞昌县志记载，早在唐朝时期就开始在此处捕捞鱼苗。自 20 世纪 90 年代以来，江西瑞昌和浙江嘉兴的两家国家级四大家鱼原种场每年均在此地捕捞和选育四大家鱼鱼苗，积累了系统的鱼苗捕捞量的历史数据。本节对长江瑞昌江段四大家鱼鱼苗的现况进行调查，并对历史数据进行整理，分析四大家鱼鱼苗资源量动态变化，为四大家鱼资源状况评价及渔业管理和保护提供参考。

6.2.1　材料与方法

6.2.1.1　捞苗时间与地点

江西省瑞昌市码头镇以东 5km 处的长江江段（老鼠尾）一直是四大家鱼重要的捞苗点，鱼苗捕捞一般每年 5～6 月进行。2007 年，对该江段的鱼苗捕捞数量和四大家鱼鱼苗的比例进行了统计。

6.2.1.2　捞苗方法

鱼苗捕捞采用琼网作业。琼网直径 5.00m，长约 6.00m。琼网末端连接一网箱（长×宽×高为 0.35m×0.20m×0.18m）收集鱼苗（图 6.11）。琼网和网箱的网目均为 0.83～0.91mm。琼网采用长约 8m 的毛竹固定，毛竹一端固定于江底，另一端固定于江岸。毛竹上安装 2 个捞苗琼网。捞苗期间每隔 2 小时用巴萝将网箱中的鱼苗集中到暂养网箱（长×宽×高为 1.00m×0.80m×0.50m，网目为 0.83～0.91mm）中暂养。在转入暂养网箱之前，用竹制粗筛（1.80～2.80mm/目）过滤鱼苗，去除杂物。

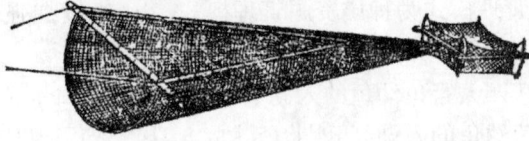

图 6.11 捞苗网具

Fig. 6.11 The net of catching fish fry

6.2.1.3　鱼苗计数方法

根据渔民传统的捕苗及销售规则，鱼苗用标准量碗计数，每碗按 4 万～7 万尾鱼苗计算。预估各类鱼苗总数中 1/5 为四大家鱼鱼苗，然后运回国家级江西省瑞昌长江四大家鱼原种场暂养，进一步筛选计算四大家鱼各种类鱼苗的数量。1991～2006 年和 2008 年的数据资料由原种场提供。

6.2.1.4　水环境监测

水环境监测指标有水位、水温、透明度、pH、溶解氧、亚硝酸盐、氨氮、硫化氢等，水位数据来自长江航道管理局发布的水文公报，其余环境因子用温度计、塞氏黑白盘以及厦门利洋水产科技有限公司提供的快速试剂盒现场测定。

6.2.2　结果与分析

6.2.2.1　2007 年长江四大家鱼鱼苗捕捞现状

2007 年共装捕捞鱼苗琼网 40 个，沿长江南岸摆放总长度约 500m。捕捞从 5 月 21 日开始，至 6 月 19 日结束，历时 29 天，共捕捞四大家鱼鱼苗 411 万尾。

2007 年鱼苗共发江三次，包括头江、正江和尾江。头江于 5 月 26 日基本结束，正江从 5 月 27 日至 6 月 7 日，尾江从 6 月 11 日开始。头江四大家鱼鱼苗的日捕捞量较正江、尾江少。

对风向与四大家鱼鱼苗日捕捞量的关系分析表明，风向对鱼苗捕捞工作影响较大（表 6.4），理想的捕捞鱼苗天气为阴或晴天，刮南风、东南风或西南风，风力 1～2 级。若遇暴风雨，或刮西北风、东北风、北风，则会导致停江，其对鱼苗捕捞影响主要有以下几个方面：a. 偏北风将江面上漂浮物吹至长江南岸，进入捞苗琼网，堵塞甚至破坏网具；b. 大风卷起江浪冲击江岸，使大量泥沙进入水体，挤死鱼苗；c. 大风浪使鱼苗沉入江底。

捕捞鱼苗期间，现场测定水温为 20.5～22.8℃、pH 为 6.0～7.0、透明度为 56.8～66.5cm、溶解氧为 4.0～5.0mg/L、亚硝酸盐浓度为 0.10～0.15 mg/L、氨氮浓度小于 0.20mg/L、硫化氢浓度小于 0.05mg/L。

表 6.4　水位、风向和四大家鱼鱼苗日捕捞量

Tab. 6.4 Water level, wind direction and daily catch of the four major Chinese carps fry

时间		水位*/m			风向	日捕捞量/万尾
		城陵矶	汉口	九江		
5月	21	5.58	4.61	3.43	南	<10
	22	5.25	4.50	3.37	东南	10
	23	5.07	4.24	3.24	南	10
	24	5.05	4.09	3.14	西北	停江**
	25	5.38	3.91	3.04	西北	停江**
	26	5.82	4.25	2.99	南	10
	27	6.20	4.53	3.01	南	20
	28	6.48	4.86	3.14	西南	20
	29	6.65	5.14	3.33	南	30
	30	6.76	5.36	3.53	南	35
	31	6.76	5.60	3.81	东南	30
6月	1	6.70	5.80	4.12	北	停江**
	2	6.82	6.07	4.56	东北	停江**
	3	6.98	6.22	4.82	东北	停江**
	4	7.21	6.39	4.99	东南	30
	5	7.46	6.54	5.10	南	25
	6	7.60	6.61	5.25	东南	21
	7	7.66	6.67	5.43	东北	停江**
	8	7.66	6.71	5.57	东北	断江***
	9	7.64	6.70	5.66	东北	断江***
	10	7.88	6.71	5.70	东北	断江***
	11	8.38	6.88	5.76	东	30
	12	8.92	7.26	5.92	东	30
	13	9.43	7.79	6.24	东	30
	14	9.81	8.30	6.69	东北	停江**
	15	9.99	8.62	7.11	西北	停江**
	16	10.15	8.84	7.46	东南	25
	17	10.25	8.99	7.72	东南	25
	18	10.33	9.09	7.95	南	20
	19	10.37	9.15	8.15	南	结束捕捞

* 为航道水位；** 江中有鱼苗，由于天气影响，捕不到鱼苗；*** 江中没有鱼苗。

6.2.2.2 长江四大家鱼鱼苗捕捞量变化

1991～2008 年，共从长江捕捞各类鱼苗 34 245 万尾。其中四大家鱼鱼苗 4660 万尾，年捕捞量为 129 万～386 万尾，平均为 259 万±84 万尾；四大家鱼鱼苗年捕捞量占各类鱼苗的比例变幅为 10.03%～15.76%，平均为 13.51%±0.02%。

1991～2008 年，长江瑞昌江段四大家鱼鱼苗年捕捞量所占比例总体呈现先降后升的趋势，其变化过程可分为界限明确的相对稳定、快速下降和缓慢增长三个阶段（图 6.12）。相对稳定阶段，1991～1995 年四大家鱼鱼苗平均年捕捞量所占比例波动在 15.09%±0.22%；快速下降阶段，1995～1996 年四大家鱼鱼苗捕捞量所占比例由 15.48% 下降到 10.03%，下降 5.45%；缓慢增长阶段，1996～2008 年四大家鱼鱼苗捕捞量所占比例由 10.03% 逐渐增加到 15.76%，年平均增长 0.43%。

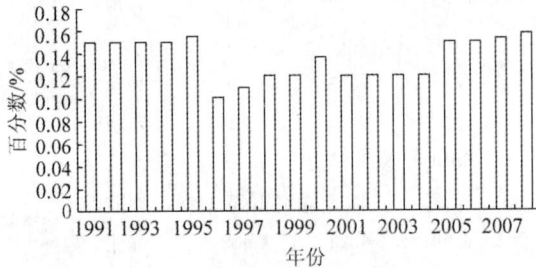

图 6.12 1991～2008 年长江瑞昌江段四大家鱼鱼苗捕捞量占各类鱼苗的比例

6.12 The ratio of four major Chinese carps fry in the Ruichang section of Yangtze River from 1991 to 2008

6.2.2.3 长江四大家鱼鱼苗组成

1991～2008 年，共从长江瑞昌江段捕捞四大家鱼鱼苗 4660 万尾。其中青鱼鱼苗 811.52 万尾，占四大家鱼鱼苗总数的 17.41%；草鱼鱼苗 2203.47 万尾，占 47.29%；鲢苗 952.93 万尾，占 20.45%；鳙苗 692.08 万尾，占 14.85%。

①青鱼：1991～2008 年，从长江瑞昌江段捕捞的四大家鱼鱼苗中青鱼鱼苗所占比例总体呈下降趋势，其随时间变化方程为

$$y = -1.140t + 29.355 \ (r = 0.686; \ P = 0.002)$$

1991～2008 年四大家鱼鱼苗中青鱼鱼苗所占比例的年变化过程可分为界限明确的相对稳定和快速下降两个阶段（图 6.13）。相对稳定阶段，1991～2002 年四大家鱼鱼苗中青鱼鱼苗所占比例波动在 22.53%±7.16%；快速下降阶段，2002～2008 年四大家鱼鱼苗中青鱼鱼苗所占比例由 22.91%，下降到 10.00%，年平均下降 2.84%。

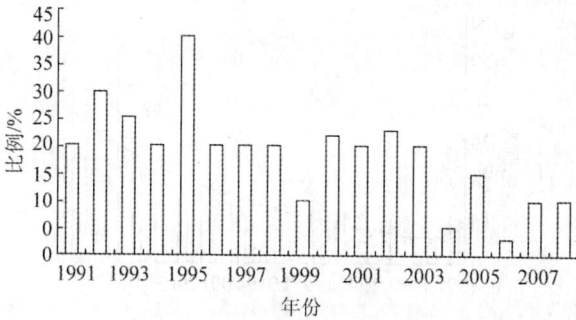

图 6.13 1991～2008 年四大家鱼鱼苗中青鱼鱼苗的比例

Fig. 6.13　The ratio of black carp in the four major Chinese carps fry from 1991 to 2008

②草鱼：1991～2008 年，从长江瑞昌江段捕捞的四大家鱼鱼苗中草鱼鱼苗所占比例总体呈下降趋势，其随时间变化方程为

$$y = -0.448t + 51.086 \quad (r = 0.427; \ P = 0.077)$$

1991～2008 年四大家鱼鱼苗中草鱼鱼苗所占比例的年变化过程可分为界限明确的相对稳定和快速下降两个阶段（图 6.14）。相对稳定阶段，1991～2005 年四大家鱼鱼苗中草鱼鱼苗所占比例波动在 47.73%±5.62%；快速下降阶段，2005～2008 年四大家鱼鱼苗中草鱼鱼苗所占比例由 50.00% 下降到 39.00%，年平均下降 2.75%。

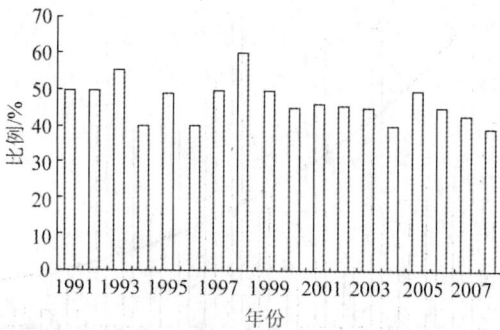

图 6.14 1991～2008 年四大家鱼鱼苗中草鱼鱼苗的比例

Fig. 6.14 The ratio of grass carp in the four major Chinese carps fry from 1991 to 2008

③ 鲢：1991～2008 年，从长江瑞长江段捕捞的四大家鱼鱼苗中鲢苗所占比例总体呈上升趋势，其随时间变化方程为

$$y = 4.586 \, e^{0.115t} \quad (r = 0.821; \ P = 0.000)$$

1991～2008 年四大家鱼鱼苗中鲢苗所占比例的年变化过程可分为界限明确的相对稳定和快速上升两个阶段（图 6.15）。相对稳定阶段，1991～2002 年四大家鱼鱼苗中鲢苗所占比例波动在 9.26%±3.03%；快速上升阶段，2002～2008 年四大家鱼鱼苗中鲢苗所占比例由 9.82% 上升到 50.00%，年平均增长 5.74%。

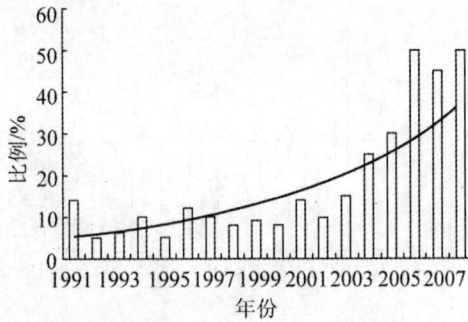

图 6.15 1991～2008 年四大家鱼鱼苗中鲢苗的比例

Fig. 6.15 The ratio of silver carp in the four major Chinese carps fry from 1991 to 2008

④ 鳙：1991～2008 年，从长江瑞昌江段捕捞的四大家鱼鱼苗中鳙苗所占比例总体呈下降趋势，其随时间变化方程为

$$y=33.288\ e^{-0.111\,t} \quad (r=0.560；P=0.016)$$

1991～2008 年四大家鱼鱼苗中鳙苗所占比例的年变化过程可分为界限明确的相对稳定和急剧下降两个阶段（图 6.16）。相对稳定阶段，1991～2004 年四大家鱼鱼苗中鳙苗所占比例波动在 20.54%±7.66%；急剧下降阶段，2004～2008 年四大家鱼鱼苗中鳙苗所占比例由 30.00% 下降到 1.00%，年平均下降 5.80%。

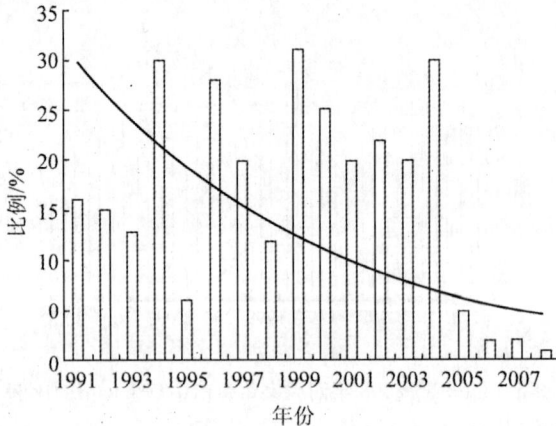

图 6.16 1991～2008 年四大家鱼鱼苗中鳙苗的比例

Fig. 6.16 The ratio of bighead carp in the four major Chinese carps fry from 1991 to 2008

6.2.3 讨论

江西省瑞昌市码头镇 19.5km 长的江段是国家级江西省瑞昌长江四大家鱼原种场的捞苗点。此处的鱼苗捕捞工作和鱼苗捕捞量受气候影响较大，而与此江段的水体环境因子无明显的关系。捕捞鱼苗的网具沿长江南岸摆放，因此有利于鱼苗捕捞

的天气多为南风、东南风或西南风（风力 1～2 级）的阴或晴天；而西北风、东北风、北风或暴风雨天气容易损坏网具、引起水体混浊挤死鱼苗或使鱼苗沉入江底，对鱼苗捕捞产生负面影响甚至造成停江，不能捕苗。

另外，此江段的四大家鱼鱼苗捕捞量还受上游四大家鱼产卵场的发江影响。在瑞昌江段所捕获的四大家鱼鱼苗全身透明，肉眼能看见体内有一黑点，俗称腰点。据文献报道[80]，这时的四大家鱼鱼苗处于胚后发育阶段的鳔雏形期至鳔一室期，一般是距鱼卵受精发育后在江水中漂流了 6 天左右的鱼苗，它们的漂流距离约为 500km，据此推测它们的产卵场应位于城陵矶一带。长江瑞昌江段四大家鱼鱼苗捕捞量与上游江段（城陵矶）的水位变化有关，当上游江段水位涨幅较大、持续时间长时，其四大家鱼鱼苗捕捞量大。这与文献报道[81,82]相一致，对于长江四大家鱼鱼苗发江量而言，四大家鱼产卵场所处江段每年 5～6 月的总涨水日数是决定其鱼苗发江量多寡的一个重要环境因子。每年 5～6 月的总涨水日数多，则对应江段的四大家鱼鱼苗发江量必然多，反之亦然。

在 1991～2008 年，长江瑞昌江段四大家鱼鱼苗年捕捞量所占比例呈先降后升的趋势，1994～2004 年的长江四大家鱼鱼苗所占比例较低，这可能与长江三峡工程有关。三峡工程从 1993 年开始启动，1997 年 11 月实现大江截流，随着工程进展，三峡工程将逐渐改变库区和长江中下游水域生态系统的结构与功能，给四大家鱼的自然繁殖带来不利影响，从而导致长江四大家鱼鱼苗数量下降，所占比例降低[83]。但随着 2003 年三峡工程正式蓄水运行后，三峡水库有规律地调度使得长江中下游的水位、流速等水文条件变化不影响四大家鱼的繁殖及产卵规模[84]。因此，随着三峡工程的正常运行，长江四大家鱼鱼苗所占比例有所回升。

另外，在 1991～2008 年，长江四大家鱼鱼苗组成变化表现为鲢比例呈上升趋势，草鱼比例略有下降，青鱼、鳙比例下降明显，这说明四大家鱼中青鱼、鳙生殖群体破坏较草鱼、鲢严重，这与邱顺林等[7]的研究报道是一致的。

6.3　鄱阳湖通江水道四大家鱼幼鱼的入湖格局分析

青鱼、草鱼、鲢、鳙四大家鱼是我国著名的传统养殖对象，在淡水渔业中占有很大的比例。长江是四大家鱼重要的栖息地，四大家鱼繁殖场所广泛分布于长江干流及较大的支流，从重庆到彭泽长 1695km 的干流上，共有四大家鱼产卵场 36 处，绵延里程 707km，分布十分广泛[80]。成熟的亲鱼是在江河流水中产卵繁殖的，卵和仔鱼则顺水漂流发育，随着泛滥的洪水进入沿江的附属水体，特别在是饵料极为丰富的湖泊中摄食生长。

自 20 世纪 70 年代初期起，长江中四大家鱼的资源量不断减少，成鱼捕捞量和鱼苗产量大幅度地减少，亲鱼群体数量减少，导致了产卵规模的下降。以长江中游而论，截止到 1988 年，家鱼产量从 60 年代中期占总渔获量的 20%～30%下降到 5%左右，天然鱼苗的数量大约也只有 1965 年的 1/5[89]。

引起家鱼资源量减少的原因，主要有：a. 沿江通江湖泊的港道上修建闸坝，致使江湖阻隔，通江湖泊已寥寥无几[90]，这一方面使湖泊得不到长江鱼苗的补充，天然渔获量急剧下降，同时，从湖泊洄游到长江产卵的亲鱼群体的来源也明显减少甚至完全断绝；另一方面，由于长江干流中的饵料生物贫乏，且数量也不稳定，仔、稚鱼又不能及时进入饵料丰富的沿江湖泊中摄食，可能会引起早期鱼苗的大量死亡。b. 大面积围湖造田，使家鱼的栖息水域缩小。长江中下游被围垦的湖泊面积达 1700 多万亩，占原湖泊总面积的 47.2%[91]。c. 捕捞过度，特别是繁殖季节在主要产卵场大量捕捞亲鱼以及夏秋之间在肥育区域滥捕当年幼鱼，影响了家鱼资源的补充。d. 长江水体越来越严重的污染，也对亲鱼的繁殖以及卵、苗的成活造成了相当大的影响[92]。此外，三峡水利枢纽将给长江中游家鱼繁殖带来显著的不利影响，水库的调蓄使坝下的涨水过程和江水温度发生显著变化，这势必使家鱼产卵规模变小，繁殖季节推迟[93]。

通江水道是长江四大家鱼幼鱼进入鄱阳湖的必经之路。在本章中，通过对鄱阳湖通江水道的渔获物中家鱼幼鱼的数据进行分析，探讨长江中下游家鱼幼鱼入湖的时间和格局，估算了家鱼幼鱼入湖数量，以期为野生家鱼资源的保护提供参考。

6.3.1 材料与方法

6.3.1.1 材料来源

材料来源于 2010 年 4 月 25 日至 9 月 20 日对鄱阳湖通江水道的中部星子县水域鱼类资源长期定点监测数据，监测期间对四大家鱼幼鱼进行调查，了解其江湖交流的规律。网具规格为：网箣长 70m，网围长 88m，网目 4.4cm，网笼网目为 1.5cm。网具捕捞时间为 8：00 至次日 8：00，每日统计一次。部分或者全部分类统计网具捕获的鱼类。将采集到的家鱼逐尾进行生物学测量（测量指标为体长、体重。其中，体长测量精确到 1mm，体重测量精确到 1g 或 0.1g）。

6.3.1.2 入湖四大家鱼幼鱼的时间分布

统计分析通江水道群落结构调查数据中四大家鱼幼鱼单网日密度变化。

6.3.1.3 四大家鱼幼鱼入湖数量的估算

根据调查期间四大家鱼幼鱼入湖密度的时间变化，对四大家鱼入湖数量进行估算，采用以下方法进行计算：

$$N=\lambda \sum_{j=1}^{i} n_j \times d_j$$

式中，j 为调查中出现四大家鱼幼鱼的日期；n_j 为第 j 天调查水道稀网迷魂阵总个数；d_j 为第 j 天平均每网中四大家鱼个体数，即密度；λ 为水道系数，指鄱阳湖通江水道总体水道面积与调查所覆盖水道面积的比，为常数。

6.3.1.4　数据分析

用 Microsoft Office 2007 及 SPSS 17.0 软件进行渔获物数据分析并绘图。

6.3.2　结果与分析

6.3.2.1　四大家鱼幼鱼入湖时间

调查期间，最早在 6 月 26 日捕捞到四大家鱼幼鱼，之后至 9 月中旬还有一定数量，高峰期集中在 7 月下旬和 8 月中旬，最大单网密度为 53 尾/（网·天），最高峰出现在 8 月 15 日（图 6.17）。

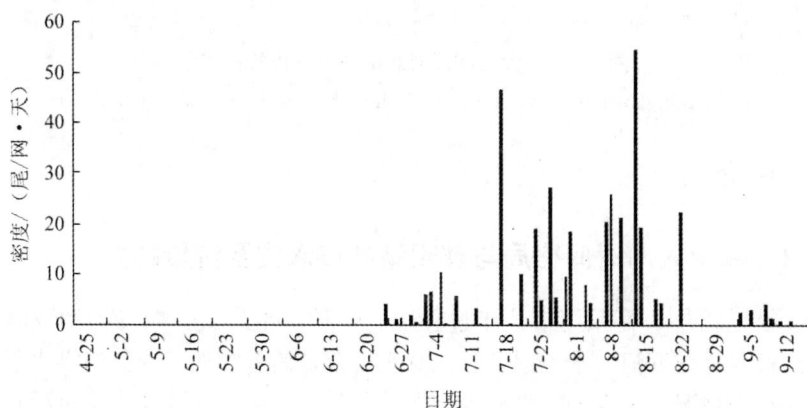

图 6.17 2010 年 4～9 月四大家鱼当年幼鱼密度日变化

Fig. 6.17 Daily variation of the four major Chinese carps density
from April to September in 2010

6.3.2.2　四大家鱼幼鱼入湖量的估算

根据调查与推算，通江水道范围内渔获物中共有 184 484 尾四大家鱼幼鱼，整个通江水道在调查期间四大家鱼幼鱼总产量为 3.1×10^6 尾。其中鲢占总产量的78.75%，草鱼占 18.43%，鳙和青鱼分别占 2.06%和 0.76%。

6.3.2.3 入湖四大家鱼幼鱼体长结构

对入湖四大家鱼幼鱼体长结构分析表明，入湖幼鱼平均体长随时间的变化而逐渐增加，不过在后期也不乏小个体存在（图6.18）。

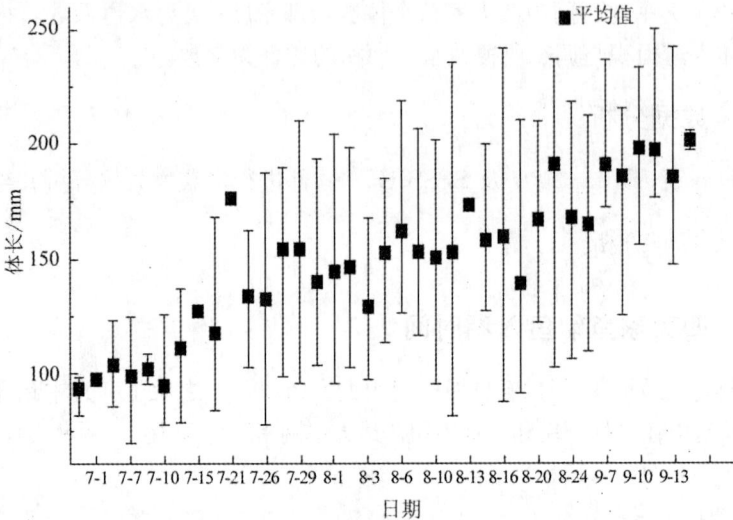

图6.18 四大家鱼入湖幼鱼平均体长的日变化

Fig. 6.18 Daily variation in average body length of the four major Chinese carps

6.3.3 讨论

6.3.3.1 家鱼入湖时间格局与鄱阳湖湖口水位及流量的关系

据文献记载[85]，鄱阳湖水位年过程线有两种基本形式：单峰型和双峰型。单峰型水位过程是在五河洪水推迟，长江洪水提前，两者相遇，或五河洪水很大，长江洪水很小的情况下出现的，洪峰水位即是年最高水位。双峰型水位过程是在五河洪水较早、长江洪水较迟，两者不相遇的情况下出现的，第一个峰是五河洪水造成的，第二个峰是长江洪水倒灌入湖造成的。有资料显示，湖口水位主要依长江流量的大小而涨落，与鄱阳湖内本身流量无关[86]。苏守德[87]指出鄱阳湖是个南高北低的吞吐型湖泊，它的存在与否，受长江和五河来水相互作用的影响，并且主要取决于长江水位的高低，若湖口处没有阻挡（如长江水的顶托等），湖水将会顺利地泄出，也就不会形成大湖面。由此可见，控制鄱阳湖湖口水位高低的主要因素是长江水位。

根据2010年4～9月的湖口水文资料，当年鄱阳湖水位为单峰型。如图6.19。

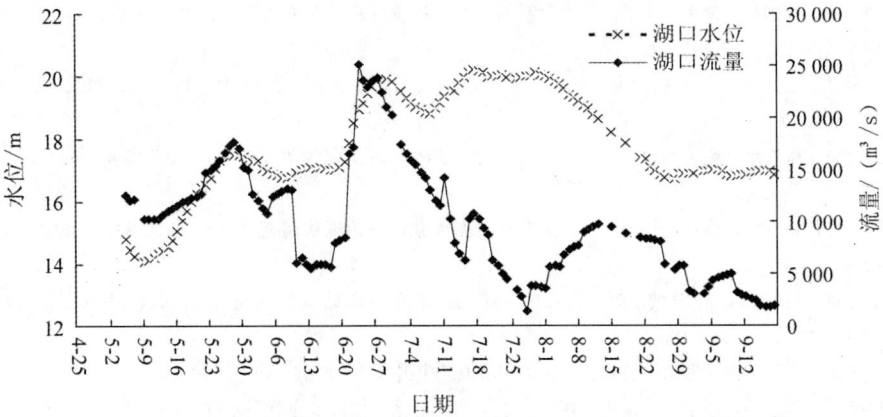

图 6.19 2010 年 4～9 月鄱阳湖湖口水位及流量的日变化

Fig. 6.19 Daily water lever and flow of Hukou in Poyang Lake from April to September in 2010

　　四大家鱼入湖高峰期出现的时间与湖口高水位持续时间较为一致，由于长江水位的顶托，湖口水位维持在较高水平，同时这段时期湖口的流量比前期下降了很多，通江水道水流速度下降，家鱼幼鱼能够顺利顶水入湖。

6.3.3.2　四大家鱼幼鱼入湖组成

　　本研究与胡茂林[65] 2007 年和 2008 年家鱼幼鱼入湖的组成相比较·（表 6.5），青鱼的比例有所减少，草鱼的比例有所增加，鲢占入湖幼鱼的比例一直较大，鳙的比例波动不大，但是仍然很低。

表 6.5 由长江进入鄱阳湖的四大家鱼组成的变化

Tab. 6.5 The variation of species composition of juvenile of four major

Chinese carps migrating from Yangtze River to Poyang Lake

种类	2007 年	2008 年	2010 年
青鱼	36.14%	1.68%	0.76%
草鱼	5.99%	10.42%	18.43%
鲢	54.94%	84.40%	78.75%
鳙	2.93%	3.50%	2.06%

　　有文献报道[88]长江青鱼数量减少的原因是大量使用滚钩、底层流刺网等作业工具，导致青鱼繁殖群体减少。值得一提的是，长江禁止采沙后，原来在长江进行采沙作业的船只涌入鄱阳湖，无序采沙，造成底栖生物数量的减少，这可能会导致青鱼饵料来源的减少，从而影响鄱阳湖青鱼的生长及群体数量的补充[94-98]。

参 考 文 献

[1] 李思忠，方芳. 鲢、鳙、青和草鱼地理分布的研究. 动物学报，1990，36（3）：244—250

[2] 刘绍平，邱顺林，陈大庆，等. 长江水系四大家鱼种质资源的保护和合理利用. 长江流域资源与环境，1997，6（2）：127—131

[3] 邱顺林，刘绍平，黄木桂，等. 长江中游江段四大家鱼资源调查. 水生生物学报，2002，26（6）：716—718

[4] 罗远忠，张汉华，张良明，等. 长江湖北江段四大家鱼资源现状调查（一）. 湖北渔业，1991，（4）：46—48

[5] 罗远忠，张汉华，张良明，等. 长江湖北江段四大家鱼资源现状调查（三）. 湖北渔业，1992，（2）：42—43，64

[6] 刘绍平，陈大庆，段辛斌，等. 长江中上游四大家鱼资源监测与渔业管理. 长江流域资源与环境，2004，13（2）：183—186

[7] 沈俊宝. 长江"四大家鱼"资源急需保护和增值. 中国水产，2002，（12）：16—18

[8] 廖亚明，刘金炉，汤学林. 浅析"四大家鱼"性状退化的原因及重视种质保护的建议. 水产科技情报，1994，21（2）：62—63

[9] 刘绍平，陈大庆，张家波，等. 老江河故道四大家鱼天然资源库研究. 水生生物学报，2002，26（6）：628—634

[10] 长江四大家鱼产卵场调查队. 葛洲坝水利枢纽工程截流后长江四大家鱼产卵场调查. 水产学报，1982，6（4）：287—305

[11] 刘乐和，吴国犀，曹维孝，等. 葛洲坝水利枢纽兴建后对青、草、鲢、鳙繁殖生态效应的研究. 水生生物学报，1986，10（4）：353—364

[12] 李修峰，黄道明，谢文星，等. 汉江中游江段四大家鱼产卵场现状的初步研究. 动物学杂志，2006，41（2）：76—80

[13] 李修峰，黄道明，谢文星，等. 汉江中游江段四大家鱼产卵场调查. 江苏农业科学，2006，（2）：145—147

[14] 李翀，彭静，廖文根. 长江中游四大家鱼发江生态水文因子分析及生态水文目标确定. 中国水利水电科学研究院学报，2006，4（3）：170—176

[15] 李翀，廖文根，陈大庆，等. 基于水力学模型的三峡库区四大家鱼产卵场推求. 水利学报，2007，38（11）：1285—1289

[16] 黄悦，范北林. 三峡工程对中下游四大家鱼产卵环境的影响. 人民长江，2008，39（19）：38—41

[17] 王尚玉，廖文根，陈大庆，等. 长江中游四大家鱼产卵场的生态水文特性分析. 长江流域资源与环境，2008，17（6）：892—897

[18] Wang Z W, Wu Q J, Zhou J F, et al. Silver Carp, Hypophthalmichthys molitrix, in the Poyang Lake belong to the Ganjiang River population rather than the Changjiang River population. Environmental Biology of Fishes, 2003, 68：261—267

[19] 陈荣昌，杜泓璇，马尧，等. 青鱼胰蛋白酶的分离纯化及部分性质研究. 安徽农业科学，2008，36（11）：4541—4543，4549

[20] Yu J Y L, Shen S T. Isolation of pituitary glycoprotein gonadotropins from the grass carp (*Ctenopharyngodon idell*). Fish Physiology and Biochemistry, 1989, 7：177—183

[21] Xiao D, Wong A O L, Lin H R. Lack of growth hormone—releasing peptide—6 action on in vivo and in vitro growth hormone secretion in sexually immature grass carp (*Ctenopharyngodon idellus*). Fish Physiology and Biochemistry, 2002, 26：315—327

[22] Zhang J, Xu Y, Li W, et al. Alterations in retinoids, tocopherol, and microsomal enzyme activities in the

liver of silver carp (*Hypophthalmichthys molitrix*) from Ya—Er Lake, China. Bulletin of Environmental Contamination and Toxicology, 2002, 68: 660—667

[23] Feng H, Cheng J, Liu Y, et al. In vitro expression and antibody preparation of black carp (*Mylopharyngodon piceus*) GH. Hereditas, 2005, 27 (5): 729—734

[24] 阎景智, 王国恩, 严绍颐. 青、草、鲢、鳙四大家鱼的血红蛋白和红细胞乳酸脱氢酶同工酶分析. 遗传, 1986, 8 (2): 25—27

[25] 姜建国, 熊全沫, 姚汝华. 青鱼不同组织中同工酶的表达模式. 水生生物学报, 1997, 21 (4): 353—358

[26] 姜建国, 熊全沫, 姚汝华. 青草鲢鳙四种鱼同工酶的比较研究. 遗传, 1998, 20 (2): 19—22

[27] 周暾, 凌均秀, 杨永铨. 青鱼的染色体组型. 武汉大学学报 (自然科学版), 1980, (4): 112—116

[28] Rothbard S, Shelton W L, Kulikovsky Z, et al. Chromosome set manipulations in the black carp. Aquaculture International, 1997, 5: 51—64

[29] 李思发, 吕国庆, L. 贝纳切兹. 长江中下游鲢鳙草青四大家鱼线粒体 DNA 多样性分析. 动物学报, 1998, 44 (1): 82—93

[30] 方耀林, 余来宁, 许映芳, 等. 长江水系青鱼遗传多样性的研究. 湖北农学院学报, 2004, 24 (1): 26—29

[31] 吴兴兵, 许璞, 杨家新. 四大家鱼的 ISSR 标记研究. 武汉生物工程学院学报, 2008, 4 (1): 5—7, 23

[32] Zhang Y B, Li Q, Gui J F. Differential expression of two Carassius auratus Mx genes in cultured CAB cells induced by grass carp hemorrhage virus and interferon. Immunogenetics, 2004, 56: 68—75

[33] Chang M X, Nie P, Xie H X, et al. Characterization of two genes encoding leucine—rich repeat—containing proteins in grass carp *Ctenopharyngodon idellus*. Immunogenetics, 2005, 56: 710—721

[34] Guo S S, Zou G W, Yang G P. Development of microsatellite DNA markers of grass carp (*Ctenopharyngodon idella*) and their cross-species application in black carp (*Mylopharyngodon piceus*). Conserv Genet, 2008, 592: 1—5

[35] 湖南师范学院生物系鱼类研究小组. 青鱼性腺发育的研究. 水生生物学集刊, 1975, 5 (4): 471—488

[36] 刘焕亮, 李华, 翟宝香, 等. 青鱼咀嚼器官胚后发育生物学的研究. 水生生物学报, 1990, 14 (4): 310—322

[37] 丁淑荃, 祖国掌, 韦众, 等. 草、鲢、鳙和青鱼形态及其生长发育的比较研究. 安徽农业科学, 2005, 33 (9): 1660—1662

[38] Krajhanzl A, Nosek J, Habrova V, et al. An immunofluorescence study on the occurrence of endogenous lectins in the differentiating oocytes of silver carp (*Hypophthalmichthys molitrix Valenc.*) and tench (Tinca tinca L.). Histochemical Journal, 1984, 16: 432—434

[39] Opuszynski K, Shireman J V, Cichra C E. Food assimilation and filtering rate of bighead carp kept in cages. Hydrobiologia, 1991, 220: 49—56

[40] Opuszynski K, Shireman J V. Food passage time and daily ration of bighead carp, Aristichthys nobilis, kept in cages. Environmental Biology of Fishes, 1991, 30: 387—393

[41] Garcia L M B, Garcia C M H, Pineda A F S, et al. Survival and growth of bighead carp fry exposed to low salinities. Aquaculture International, 1999, 7: 241—250

[42] Schrank S J, Guy C S. Age, growth, and gonadal characteristics of adult bighead carp, Hypophthalmichthys nobilis, in the lower Missouri River. Environmental Biology of Fishes, 2002, 64: 443—450

[43] Esmaeili H R, Johal M S. Ultrastructural features of the egg envelope of silver carp, Hypophthalmichthys

molitrix. Environmental Biology of Fishes, 2005, 72: 373—377

[44] 朱邦科, 曹文宣. 鲢早期发育阶段鱼体脂肪酸组成变化. 水生生物学报, 2002, 26 (2): 130—135

[45] G Vujkovi ć, Ð, Karlović, I Vujković, et al. Composition of muscle tissue lipids of silver carp and bighead carp. JAOCS, 1999, 76: 475—480

[46] Ahne W. A rhabdovirus isolated from grass carp (*Ctenopharyngodon idella Val.*). Archives of Virology, 1975, 48: 181—185

[47] Fang Q, Seng E K, Dai W, et al. Construction and co-expression of grass carp reovirus VP6 protein and enhanced green fluorescence protein in the insect cells. Virologica Sinica, 2007, 22 (5): 397—404

[48] Zhang L L, Shen J Y, Lei C F, et al. High level expression of grass carp reovirus VP7 protein in prokaryotic cells. Virologica Sinica, 2008, 23 (1): 51—56

[49] Fang Q, Seng E K, Ding Q Q, et al. Characterization of infectious particles of grass carp reovirus by treatment with proteases. Archives of Virology, 2008, 153: 675—682

[50] Alcaraz G, Rosas C, Espina S. Effect of detergent on the response to temperature and growth of grass carp, Ctenopharyngodon idella. Bulletin of Environmental Contamination and Toxicology, 1993, 50: 659—664

[51] Alcaraz G, Espina S. Effect of nitrite on the survival of grass carp, Ctenopharyngodon idella, with relation to chloride. Bulletin of Environmental Contamination and Toxicology, 1994, 52: 74—79

[52] Alcaraz G, Espina S. Acute toxicity of nitrite in juvenile grass carp modified by weight and temperature. Bulletin of Environmental Contamination and Toxicology, 1995, 55: 473—478

[53] Espina S, Salibian A, Diaz F. Influence of cadmium on the respiratory function of the grass carp Ctenopharyngodon idella. Water Air and Soil Pollution, 2000, 119: 1—10

[54] Li S, Xie P, Xu J, et al. Tissue distribution of microcystins in bighead carp via intraperitoneal injection. Bulletin of Environmental Contamination and Toxicology, 2007, 79: 297—300

[55] Spataru P, Gophen M. Feeding behaviour of silver carp Hypophthalmichthys molitrix Val. and its impact on the food web in Lake Kinneret, Israel. Hydrobiologia, 1985, 120: 53—61

[56] Leventer H, Teltsch B. The contribution of silver carp (*Hypophthalmichthys molitrix*) to the biological control of Netofa reservoirs. Hydrobiologia, 1990, 191: 47—55

[57] Bain M B. Assessing impacts of introduced aquatic species: grass carp in large systems. Environmental Management, 1993, 17 (2): 211—224

[58] Chilton E W, Muoneke M I. Biology and management of grass carp (*Ctenopharyngodon idella*, *Cyprinidae*) for vegetation control: a North American perspective. Reviews in Fish Biology and Fisheries, 1992, 2: 283—320.

[59] Fernando L R M S. Control of eutrophication by silver carp (*Hypophthalmichthys molitrix*) in the tropical Paranoa Reservoir (Brasília, Brazil): a mesocosm experiment. Hydrobiologia, 1993, 257: 143—152

[60] Domaizon I, Devaux J. Experimental study of the impacts of silver carp on plankton communities of eutrophic Villerest reservoir (France). Aquatic Ecology, 1999, 33: 193—204

[61] Lu M, Xie P, Tang H J, et al. Experimental study of trophic cascade effect of silver carp (*Hypophthalmichthys molitrixon*) in a subtropical lake, Lake Donghu: on plankton community and underlying mechanisms of changes of crustacean community. Hydrobiologia, 2002, 487: 19—31

[62] Pipalova I. grass carp (*Ctenopharyngodon idella*) grazing on duckweed (Spirodela polyrhiza). Aquaculture International, 2003, 11: 325—336

[63] Cooke S L，Hill W R，Meyer K P. Feeding at different plankton densities alters invasive bighead carp (*Hypophthalmichthys nobilis*) growth and zooplankton species composition. Hydrobiologia, 2009, 625：185－193

[64] 李成. 湘江四大家鱼捞苗现状与保护对策. 内陆水产，2006，(11)：27－28

[65] 胡茂林，吴志强，刘引兰，等. 长江瑞昌江段四大家鱼鱼苗捕捞现状分析. 水生生物学报，2009，33 (1)：136－139

[66] 解玉浩，李勃，富丽静，等. 鳙仔－幼鱼耳石日轮与生长的研究. 中国水产科学，1995，2 (2)：34－42

[67] 宋昭彬，常剑波，曹文宣，等. 人工饲养和野生草鱼幼鱼耳石微结构的比较研究. 水生生物学报，2003，27 (1)：7－12

[68] 宋昭彬，常剑波，曹文宣. 草鱼仔鱼耳石的自然标记和生长轮的清晰度. 动物学报，2003，49 (4)：508－513

[69] 解玉浩，李勃. 饥饿和光照对鳙仔鱼耳石沉积和日轮形成的影响. 大连水产学院学报，1999，14 (3)：1－5

[70] 夫伊拉坚科，伊阿阿利莫夫. 温度、光照对白鲢仔鱼生长和成活率的影响. 水产科技情报，1993，20 (4)：186－189

[71] 冯晓宇，周玉竹. 白鲢仔稚鱼食性与生长的初步研究. 湛江水产学院学报，1995，15 (2)：25－31

[72] 宋昭彬，曹文宣. 长江草鱼幼鱼的生长研究. 淡水渔业，2001，31 (5)：45－48

[73] 宋昭彬，常剑波，曹文宣. 长江中游草鱼仔鱼的日龄和生长研究. 水产学报，2001，25 (6)：500－506

[74] 宋昭彬，曹文宣. 长江中游四大家鱼仔鱼营养状况的初步研究. 动物学杂志，2001，36 (4)：14－20

[75] Du Z Y，Liu Y J，Tian L X，et al. The influence of feeding rate on growth, feed efficiency and body composition of juvenile grass carp (*Ctenopharyngodon idella*). Aquaculture International, 2006, 14：247－257

[76] 常剑波，曹文宣. 通江湖泊的渔业意义及其资源管理对策. 长江流域资源与环境，1999，8 (2)：153－157

[77] 郭治之. 鄱阳湖鱼类调查报告. 江西大学学报（自然科学版），1963，(2)：121－130

[78] 张堂林，李钟杰. 鄱阳湖鱼类资源及渔业利用. 湖泊科学，2007，19 (4)：434－444

[79] 中国科学院中国动物志编辑委员会. 中国动物志硬骨鱼纲、鲤形目（上卷）. 北京：科学出版社，1995

[80] 易伯鲁，余志堂，梁秩燊，等. 葛洲坝水利枢纽与长江四大家鱼. 武汉：湖北科学技术出版社，1988

[81] 胡茂林，吴志强，周辉明，等. 鄱阳湖南矶山自然保护区渔业特点及资源现状. 长江流域资源与环境，2005，14 (5)：561－565

[82] 张小谷，熊邦喜. 鄱阳湖鲌属（Culter）和原鲌属（Culterichthys）鱼类体重与体维关系. 湖泊科学，2007，19 (4)：457－464

[83] 黄亮. 水工程建设对长江流域鱼类生物多样性的影响及其对策. 湖泊科学，2006，18 (5)：553－556

[84] 杨春，李达，徐光龙，等. 鄱阳湖鳜鱼染色体组型的研究. 江西农业学报，1999，11 (1)：52－55

[85] 闵骞. 鄱阳湖水位变化规律的研究. 湖泊科学，1995，7 (3)：281－288

[86] 朱海虹，张本. 鄱阳湖. 合肥：中国科学技术大学出版社，1997：146－169

[87] 苏守德. 鄱阳湖成因与演变的历史论证. 湖泊科学，1992，4 (1)：41－48

[88] 任一平，徐宾铎，叶振江，等. 青岛近海春、秋季渔业资源群落结构特征的初步研究. 中国海洋大学学报，2005，35 (5)：792－798

[89] 易伯鲁，余志堂，梁秩燊，等. 葛洲坝水利枢纽与长江四大家鱼. 武汉：湖北科学技术出版社. 1988

[90] 王洪道，窦鸿身，颜京松，等. 中国湖泊资源. 北京：科学出版社，1989

[91] 刘乐和，吴国犀，杨德国，等. 长江葛洲坝水利枢纽兴建后对中上游主要经济鱼类生态效应的研究（研究报告），1990

[92] 蔡庆华，吴刚. 流域生态学：长江流域资源、环境与社会经济可持续发展研究的思考. 21 世纪长江大型水利工程中的生态与环境保护（黄真理，傅伯杰，杨志峰主编）. 北京：中国环境科学出版社. 1998

[93] 曹文宣，余志堂，许蕴开，等. 三峡工程对长江鱼类资源影响的初步评价及资源增殖途径的研究. 长江三峡工程对生态与环境影响及其对策研究论文集（中国科学院三峡工程生态与环境科研项目领导小组编），1987

[94] 胡茂林，吴志强，刘引兰. 鄱阳湖湖口水位特性及其对水环境的影响. 水生态学杂志，2010，3（1）：1—6

[95] 胡茂林，吴志强，刘引兰. 鄱阳湖湖口水域四大家鱼幼鱼出现的时间过程. 长江流域资源与环境，2011，20（5）：534—539

[96] 胡茂林，吴志强，刘引兰. 鄱阳湖湖口水域鱼类群落结构及种类多样性. 湖泊科学，2011，23（2）：246—250

[97] 胡茂林. 鄱阳湖湖口水位、水环境特征分析及其对鱼类群落与洄游的影响（南昌大学博士学位论文），2009

[98] 朱其广. 鄱阳湖通江水道鱼类夏秋季群落结构变化及四大家鱼幼鱼耳石与生长的研究（南昌大学硕士学位论文），2011